构建跨平台APP

HTML 5+PhoneGap移动应用实战

潘中强 曹卉 编著

清华大学出版社

北京

内 容 简 介

PhoneGap 的目的是用来快速开发移动跨平台 APP，它基于 HTML 5，支持市面上流行的移动设备，本书的特色就是快速学习如何利用 HTML 5 和 PhoneGap 开发移动 APP。

本书分为三篇，第一篇介绍 HTML 5 为移动页面设计的一些新元素，包含移动开发的大背景、移动布局、地理位置、Web 存储、多媒体等等；第二篇介绍 PhondeGap 辅助 HTML 5 开发应用的一些 API，包含事件处理、信息处理、加速度、地理位置、指南针、本地存储和多媒体等等；最后一篇通过两个实例，介绍了 HTML 5+PhoneGap 开发移动 APP 的两个项目开发流程和实现代码。

本书适合有一定 HTML+CSS+JavaScript 网页开发基础的人员，可作为培训教材使用。

图书在版编目（CIP）数据

构建跨平台 APP：HTML 5+PhoneGap 移动应用实战/潘中强，曹卉编著. - 北京：清华大学出版社，2015
ISBN 978-7-302-41457-5

I. ①构… II. ①潘… ②曹… III. ①移动电话机－应用程序－程序设计 IV. ①TN929.53

中国版本图书馆 CIP 数据核字（2015）第 206205 号

责任编辑：夏非彼
封面设计：王　翔
责任校对：闫秀华
责任印制：杨　艳

出版发行：清华大学出版社
　　　　网　　　址：http://www.tup.com.cn，http://www.wqbook.com
　　　　地　　　址：北京清华大学学研大厦 A 座　　　邮　　编：100084
　　　　社 总 机：010-62770175　　　　邮　　购：010-62786544
　　　　投稿与读者服务：010-62776969，c-service@tup.tsinghua.edu.cn
　　　　质 量 反 馈：010-62772015，zhiliang@tup.tsinghua.edu.cn
印 装 者：北京鑫海金澳胶印有限公司
经　　销：全国新华书店
开　　本：190mm×260mm　　　印　　张：22　　　字　　数：563 千字
版　　次：2015 年 10 月第 1 版　　　印　　次：2015 年 10 月第 1 次印刷
印　　数：1～3000
定　　价：55.00 元

产品编号：064414-01

前 言

　　PhoneGap 是一个创建跨平台移动应用程序的快速开发平台，它基于 HTML 5。因为 HTML 5 不能调用移动设备的底层功能，所以 PhoneGap 使开发者能够利用 iPhone、Android、Symbian、Windows Phone 和 Blackberry 智能手机的核心功能——包括地理定位、加速器、电话簿、声音、指南针和振动等等。PhoneGap 的这些功能与 HTML 5 实现了互补，所以中小型企业开始利用它们进行混合式移动开发，这也是本书的由来。

　　本书旨在帮助个人或中小型企业快速开发属于自己的 APP，尤其是这些 APP 能在所有设备上兼容，即减少了开发成本，也减少了各移动设备的重复开发成本。

本书的特点

　　本书的重点是支持学习人员快速开发 Web APP，主要具备如下特色：

- 详细介绍 HTML 5 在移动使用的各种元素，如移动布局、地理位置、多媒体、Web 存储等，为开发 Web 版移动页面打下基础。
- 详细介绍 PhoneGap 提供的一些调用手机核心功能的 API，如加速度、指南针、地理位置、信息、电话簿等，为开发兼容所有设备的 Web APP 打下基础。
- 本书重在应用，对于技术语法的使用和技巧，都穿插在实际 APP 的开发实例中。
- 本书以安卓和 iOS 设备为主要开发环境，让读者能最先熟悉这两个最流行的移动平台。
- 本书提供所有案例测试代码和效果，帮助读者在解决不了问题的时候可以通过对比源码来找到问题。

本书的内容

　　本书提供了完整的 HTML 5+PhoneGap 学习路线，全书安排如下：

　　第 1 章是 HTML 5 移动开发的大背景，主要是讲解 HTML 5 的发展、开发环境和调试环境，其中还会帮助读者创建自己的第一个 HTML 5 移动页面，最后还会介绍 HTML 5 与 PhoneGap 的关系。

　　第 2 章是 HTML 5 的页面元素，这些元素用来显示页面的内容与交互，可以让我们了解 HTML 5 中的元素在移动网页下的使用方法。

　　第 3 章是 HTML 5 的移动布局，这些布局要依靠 CSS 3 来完成，包括一些字体、特效和响应式设计方法。

　　第 4 章是 HTML 5 的地理位置定位，这是移动开发的一大特色，应用在目前很多的 LBS APP 和地图 APP 中，重点是实现设备的定位和导航。

　　第 5 章是 HTML 5 的 Web Workers，这是 HTML 5 通信的一种方式，可以监听用户的信息，实现一些实时操作。

　　第 6 章是 HTML 5 的 Web 存储，HTML 5 和 PhoneGap 都有存储功能，这里的存储区别于我们常说的 Cookis 和 Session。

第 7 章是 HTML 5 的多媒体，这可能是大家最熟悉的 HTML 5 特色了，多媒体特色让我们可以轻松设计一个视频网站。

第 8 章是 PhoneGap 入门，介绍了如何安装和配置 PhoneGap 的开发和测试环境，并帮助我们创建第一个属于自己的移动 APP。

第 9 章是 PhoneGap 的事件处理，本章属于原理性质的一章，因为 PhoneGap 的工作都是通过事件来触发的，所以事件处理非常关键，我们必须了解 PhoneGap 都支持哪些事件。

第 10 章是 PhoneGap 对信息的处理，本章包括两种信息：通讯录信息和提示信息。

第 11 章是加速度、地理位置和指南针，这些都是调用手机底层功能的 API，本章学习了如何使用这些 API，并将其与自己开发的 APP 结合。

第 12 章是 PhoneGap 中的多媒体控制，通过 PhoneGap 可以调用手机的录音、视频和图像，本章学习了如何来调用。

第 13 章是 PhoneGap 的本地存储，它不仅可以和 HTML 5 的本地存储组合使用，还可以使用数据库。

第 14 章是一个简单的"今日头条"新闻 APP，学习如何利用 HTML 5+jQuery Mobile 开发移动跨平台 APP。

第 15 章是 HTML 5+PhoneGap 实现通讯录 APP，本章使用前面学过的调用手机内置功能的 APP，开发一个跨平台的通讯录 APP。

本书的读者

本书是一本移动开发基础入门书，主要适合以下人群：

- 大一或大二的学生
- 移动开发培训班的学员
- 网页开发要转型移动开发的程序员
- 移动开发入门人员
- 网站的前端开发人员
- 所有想学习 Web APP 开发的人员

本书第 1~10 章平顶山学院的潘中强编写，第 11~15 章由河南广播电视大学的曹卉编写，其他参与编写的（排名不分先后）还有李阳、张学军、张海芳、张宇微、殷龙、张鑫、赵海波、张兴瑜、王铁民、王琳、陈宇、孙力、张喆、高阳、李为民，在此表示感谢。

源码下载

本书源代码下载地址（注意数字和字母大小写）：

http://pan.baidu.com/s/1mgjDFAw

下载如果有问题，请联系电子邮箱 booksaga@163.com，邮件主题为"PHONEGAP 源码"。

编者
2015 年 8 月

目　录

第 1 章
◀ HTML 5移动开发的大背景 ▶

2014 年 7 月 22 日起，一款名为围住神经猫的游戏在微信朋友圈疯传，引爆了 HTML 5 手游开发的一个小高潮。

2014 年 10 月底，W3C（万维网联盟）宣布 HTML 5 规范正式定稿，大部分媒体此时都预言 HTML 5 将开始颠覆原生（Native）App 世界。

2015 年 1 月 11 日，微信开放了 11 个 JS-SDK 接口，有人说微信这是顺势而为，因为腾讯发现通过公众号为用户提供服务似乎并不符合用户的使用习惯，而公布这些接口，让更多创业者通过用户熟悉的网页获得服务，并可享受微信朋友圈的用户流量、拍照、语音翻译、支付等能力，然后，HTML 5 页面将会大量出现在朋友圈的分享中。

2015 年 1 月 15 日，搜狐发布基于 HTML 5 的"手机搜狐网 3.0"，并邀请"HTML 5 中国"等相关网站举行了重大的发布会。

这些事件统统都表明，HTML 5 时代真的来了，本书的写作就是基于这么一个契机。

本章主要内容包括：

- 了解 HTML 5 的简要发展历史
- 学习如何创建第一个 HTML 5 页面
- 了解 HTML 5 移动开发的方向
- 熟悉 HTML 5 的开发工具

1.1　HTML 5 是什么

作为目前互联网标准的重要组成部分，HTML 5 的爆发备受广大技术人员、设计者、互联网爱好者的瞩目，本节先来了解一下 HTML 5 的发展历史。

1.1.1　HTML 5 的发展史

在 Web 发展早期中，HTML 标准的制定都是浏览器厂商们相互协商产生的，比如 HTML 2.0、HTML 3.2 到 HTML 4.0、HTML 4.01，即先有实现后有标准。在这种情况下，这些协商出来的 HTML

标准不是很规范，而浏览器厂商也心知肚明，对于很多含有错误 HTML 代码的页面也相当宽容，其中 IE 就是宽容的大神，以至于性能上落后许多。

W3C（World Wide Web Consortium，简称 W3C，中文译作万维网联盟）随后意识到了这个问题，为了规范 HTML，W3C 结合 XML 制定了 XHTML 1.0 标准，这个标准没有增加任何新的 tag，只是按照 XML 的要求来规范 HTML。

W3C 是一个纯粹为了标准化而存在的非盈利性组织，可是它太过于纯粹而忽略了各大浏览器厂商的利益。双方在两年多的时间里交涉未果的情况下，来自苹果、Mozilla 基金会以及 Opera 软件等浏览器厂商，在 2004 年成立了 WHATWG 工作小组（Web Hypertext Application Technology Working Group），意为网页超文本技术工作小组。WHATWG 致力于 Web 表单和应用程序，而 W3C 专注于 XHTML 2.0。

2007 年，苹果、Mozilla 基金会以及 Opera 软件建议 W3C 接受 WHATWG 的 HTML 5，正式提出将新版 HTML 标准定义为 HTML 5。于是 HTML 5 就正式和大家见面了。但此时此刻，HTML 5 规范并未定稿，从 2007 年到 2014 年，普罗大众在对 HTML 5 失落和期待反复交替的日子中度过，还好，8 年抗战终于结束，2014 年 10 月底，W3C 宣布已经完成了 HTML 5 标准的制定工作，将这种基本的 Web 技术在移动和云互联网时代统一起来。

HTML 5 提供一种不基于插件的播放多媒体内容和应用程序的方法。W3C 希望该规范成为未来"开放式网络平台"的基石，"开放式网络平台"是一套用于构建跨平台在线应用的标准。

1.1.2　如何学习 HTML 5

HTML 5 在设计之初就基于以下基本的理念：

- 新特性应该基于 HTML、CSS、DOM 以及 JavaScript。
- 减少对外部插件的需求（比如 Flash）。
- 更优秀的错误处理。
- 更多取代脚本的标记。
- HTML 应该独立于设备。
- 开发进程应对公众透明。

从这些理念不难看出，HTML 5 走的是开放、简洁的路子，这也是它支持跨平台最基本的原因。我们要学习 HTML 5，首先就要了解它能做什么？它基于 HTML+CSS 技术，所以它肯定是可以开发页面的，它独立于设备，所以更容易跨平台。这两点正是我们学习 HTML 5 最主要的原因。

学习 HTML 5，必须要了解它都具备什么功能，来看图 1.1。

2

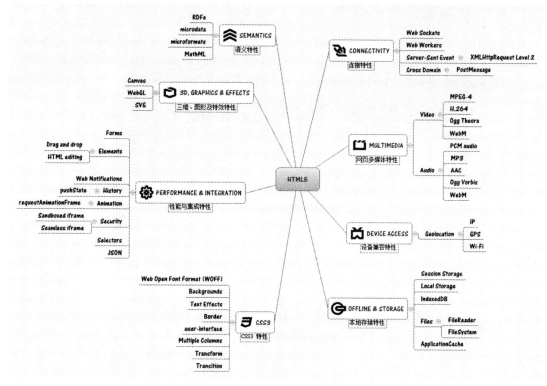

图 1.1　HTML 5 的 8 大特性

并不是所有特性学习完了，才叫学会了 HTML 5，实际上，我们常用到的共有 6 大特性：

- 页面元素：需要学习一些标签的变化和转为移动设计的拖放，参考第 2 章。
- 移动布局：需要学习 CSS3 的设计和移动页面的布局，参考第 3 章。
- 地理位置定位：需要学习获取地理位置的相关 API，参考第 4 章。
- Web Workers：需要学习有关页面之间相互通信的一些技能，参考第 5 章。
- Web Storage：需要学习 HTML5 提供的新 Web 存储方案，参考第 6 章。
- 多媒体：需要学习 HTML5 提供的两个多媒体标签，参考第 7 章。

1.2　搭建 HTML 5 的移动 Web 开发环境

搭建 HTML 5 开发环境只需要两样工具（开发工具和浏览器），而且基本无需任何配置。

1.2.1　开发工具 Sublime Text

开发工具建议选择 Sublime Text，它支持目前主流的操作系统，如 Windows、Mac、Linux，同时还支持 32 和 64 位，支持各种流行编程语言的语法高亮、代码补全等。该款编辑器插件相当丰富，同时版本更新勤快。非常酷的一点是编辑器右边跟随滚动条展示的有代码缩略图。

百度一下就可以下载 Sublime Text 软件，下载下来后是一个 exe 文件，安装即可。打开该软件，输入一些 HTML 5 代码，效果如图 1.2 所示，默认的界面颜色比较灰暗，如果看不太习惯，可以通过菜单项 Preferences|Color Scheme|Dawn 来设置底色。

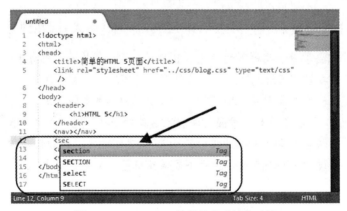

图 1.2　Sublime Text 软件界面

读者在自己的电脑上用这个软件打开一个页面文件，就可以看出来该编辑器的语法高亮功能，如果在界面中输入 HTML 5 特有的标签，还会给出"自动补全"的提示，如图 1.3 所示。

图 1.3　Sublime Text 软件的自动补全功能

使用网页常用的开发工具 Dreamweaver 也可以开发 HTML 5，但软件太大，下载和使用都很不方便。

1.2.2　浏览器 Chrome 或 Firefox

浏览器建议选择 Chrome 或 Firefox，因为它们都支持 HTML 5 的一些最新特性，而且也都具备浏览器内置的 HTML 5 调试工具。

下载并打开 Chrome 浏览器，单击浏览器右侧的 ☰ 按钮，然后单击"更多工具|开发者工具"

命令，就会在浏览器下方打开开发者工具界面，如图 1.4 所示。

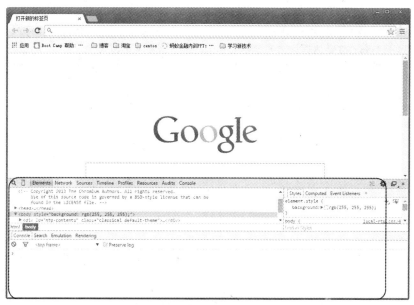

图 1.4　Chrome 开发者界面

Firefox 也有这个功能，打开 Firefox 浏览器，单击右侧的 ☰ 按钮，在打开的界面中，选择"开发者"选项，然后单击"切换工具箱"命令，就打开了如图 1.5 所示的界面

图 1.5　Firefox 开发者界面

Firefox 版本不同，打开方式可能会稍有差异。

有了开发工具和浏览器后，我们就可以正式进入 HTML 5 的开发阶段了。

 HTML 5 也可以直接写在记事本或写字板中，但如果编写的代码太多，还是建议使用开发工具，一是容易发现错误，二是标签的提示功能可以提高开发效率。

1.2.3　浏览器下的移动测试环境

既然是移动开发，肯定不像在 PC 上用浏览器显示网页这么简单，大部分的移动页面还只是显示在手机端，所以我们要设置浏览器的移动设备查看方式。

在 Chrome 浏览器的开发者工具页面下，有如图 1.6 所示的这一个设备按钮，单击该按钮就会打开移动设备的测试界面，如图 1.7 所示，这个时候我们可以通过选择设备、选择大小来查看页面在移动端的浏览效果。

图 1.6　开发者工具第一栏

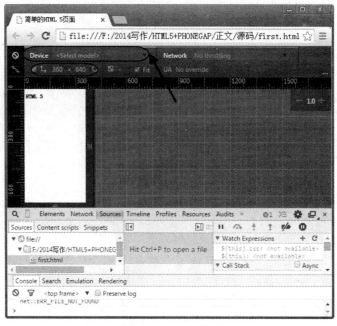

图 1.7　Chrome 下的移动测试界面

 如果没有图 1.6 所示的这个按钮，需要下载最新版的 Chrome 浏览器。

在 Firefox 中也有这个功能，打开开发者工具的"响应式设计视图"，效果如图 1.8 所示，在这里我们也可以通过调整大小来测试页面在移动端的效果。

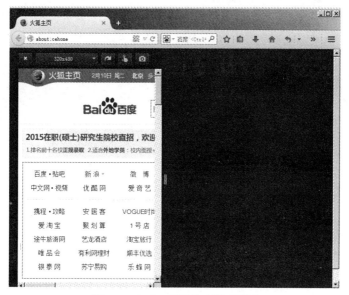

图 1.8　Firefox 下的移动测试界面

1.3 制作一个简单的 HTML 5 标准移动 Web 页面

前面我们初步了解了 HTML 5 的历史，本节开始学习一个简单的 HTML 5 移动页面。首先设计一个移动页面，结构如图 1.9 所示。

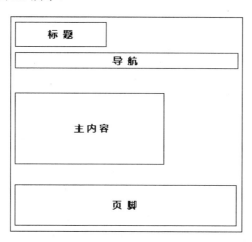

图 1.9　第一个页面的架构

打开 Sublime Text 软件，书写如下代码，然后保存为 first.html。

```
01    <!doctype html>
02    <html>
03    <head>
```

```
04              <title>简单的 HTML 5页面</title>
05              <link rel="stylesheet" href="../css/blog.css" type="text/css" />
06      </head>
07      <body>
08              <header>
09                  <h1>HTML 5</h1>
10              </header>
11              <nav></nav>
12              <aside></aside>
13              <footer></footer>
14      </body>
15      </html>
```

这里我们创建的是一个只有空结构的 HTML 5 页面，从第 2 章开始我们将会详细介绍每个标签的含义和使用。

1.4 检测移动设备是否支持 HTML 5 标签

在开发 HTML 5 应用时，为了实现浏览器的兼容性，需要对一些不支持新特性的浏览器做优雅降级，目的是为了尽可能使用户体验更加顺畅，这时候就需要对不同的浏览器做功能检测。通常有几种方法可以检测浏览器是否支持 HTML 5 标签，如原生的标签兼容提示、浏览器检测、特征检测等。

1.4.1 原生的标签兼容提示

首先查看原生标签提示，当浏览器遇到一些无法识别的标签时，只会将其作为一个普通文本节点进行展现，如 HTML 5 中的 canvas 标签。下面通过一个简单的实例对比支持与不支持浏览器的区别，示例代码如下：

```
//canvas.html
<!doctype html>
<html>
    <title>Canvas</title>
    <body>
        <canvas style="background-color:red">该浏览器不支持 canvas</canvas>
    </body>
</html>
```

先用支持 canvas 标签的 Google Chrome 浏览器打开该文件，可以看到该标签能够正常显示，效果如图 1.10 所示。再用不支持 canvas 标签的 Internet Explorer 8 打开文件，页面上显示"该浏览器不支持 canvas"提示信息，效果如图 1.11 所示。

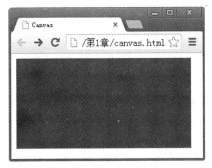
图 1.10　Google Chrome 浏览器打开网页文件

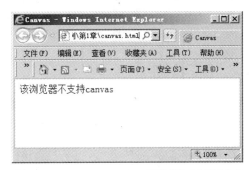
图 1.11　Internet Explorer 8 浏览器打开网页文件

1.4.2　浏览器检测

另外一种常用的检测手段是浏览器检测，主要原理是先判断浏览器的类型和版本，然后在知晓该类型版本浏览器支持的情况下进行操作。我们通过一个示例代码介绍如何实现，代码如下：

```
//explorer.html
01    <!doctype html>
02    <html>
03        <title>浏览器检测</title>
04        <body><canvas style="background-color:red"></canvas></body>   /* canvas
标签 */
05        <script>
06            var ua = navigator.userAgent.toLowerCase(),ie;        /* 获取浏览器
User Agent */
07            if (ie = ua.match(/msie ([\d.]+)/)) {                /* 使用正则获取 IE 相
关信息 */
08                ie = ie[1] >> 0;                                 /* 向右位移 2 位转为整型
*/
09                if (ie < 9) {                                    /* 是否是 IE9 以下版本 */
10                    document.body.innerHTML = '该浏览器不支持 canvas';
11                }; };
12        </script>
13    </html>
```

该示例运行效果与上一个示例效果相同。示例开始先获取浏览器的 User Agent，User Agent 是 HTTP 协议中头信息的一部分，用来告诉服务器用户客户端是什么浏览器，以及操作系统等的

9

信息。通过分析 User Agent 获取浏览器的类型和版本信息，对不支持的浏览器采取错误提示。浏览器检测这个方案看上去相当完美，不过有几个致命的缺点：

- User Agent 可以伪造，很多浏览器支持用户修改 User Agent 信息。
- 不断更新的浏览器版本，需要同步更新检测信息。

1.4.3 特征检测

最后介绍的一种方案应该是最完美的，一般称为特征检测，即通过判断特定的对象、属性、方法、行为确认功能是否可以使用。下面通过一个示例介绍这个检测方法，代码如下：

```
//att.html
01  <!doctype html>
02  <html>
03    <title>特征检测</title>
04    <body></body>
05    <script>
06      var _canvas = document.createElement('canvas');
07      if (_canvas.getContext) {
08        document.body.innerHTML                        = '<canvas
style="background-color:red"></canvas>';
09      } else {
10        document.body.innerHTML = '该浏览器不支持 canvas';
11      };
12    </script>
13  </html>
```

该段示例运行效果与首段示例"原生标签提示"效果相同。

代码第 6 行创建一个 canvas 标签元素，然后在第 7 行通过获取新创建 canvas 元素的 getContex 属性判断是否存在，当存在该属性时，表示浏览器支持 canvas 元素。特征检测的优势在于，开发者不需要了解浏览器的支持情况，而是通过直接检测获知某个特性是否支持。

1.5 为什么 HTML 5 需要 PhoneGap

HTML 5 已经能够在所有移动设备上使用了，那还为什么需要 PhoneGap 呢？因为 HTML 5 是仅为浏览器而生的，并没有权利调用手机底层的一些功能，如调用手机的加速器、电话簿、声音、震动、指南针等等，而移动 APP 是为手机而生的，它经常需要调用手机上的这些底层功能，于是 PhoneGap 出现了，当然 PhoneGap 诞生的原因并不是弥补 HTML 5 这方面的不足，重点是为了获得移动 APP 的跨平台兼容性。

　　HTML 5 可以实现 Web APP 的开发，而 PhoneGap 又是一个 HTML 5 平台，兼容 HTML 5 的这些重要特性，所以 HTML 5+PhoneGap 的混合开发模式，成为很多企业的首选 APP 开发模式，这也是本书写作的初衷。

　　PhoneGap 的标准称呼其实是"中间件"，它为每个 WebApp 提供一个原生的壳。借助于这个壳，WebApp 可以被安装到手机上，可以被发布到各大手机应用市场。同样地，借助于壳和设备之间的通信，壳内的 WebApp 可以轻松调用设备硬件。这种壳，就是"中间件"。

1.6　小结

　　本章首先介绍了 HTML 5 的发展历史，然后学习了利用开发工具来快速开发 HTML 5，最后学习了 3 种检测浏览器是否支持 HTML 5 的技术。通过本章的学习，读者应该能够开发一个简单的 HTML 5 页面，并且会用流行的浏览器来检测 HTML 5 页面的移动浏览效果。

第 2 章
◀ HTML 5的页面元素 ▶

HTML 5 毕竟是基于传统的 HTML 基础，所以在设计上，有很多基于页面基本元素的新设计，如常用的 input 输入型元素，这些元素以前很多输入和验证需要通过 JavaScript 和 Ajax 完成，而 HTML 5 新增了一些 input 元素，并且提供了新的、更加方便的验证方法。HTML 5 还提供了拖放操作，目前在移动开发中，这个操作非常常用。

本章主要内容包括：

- 了解 HTML 5 的结构
- 学习 HTML 5 的字符集
- 学习 HTML 5 新增的 input 元素
- 掌握 HTML 5 中的拖放

2.1 从全局了解 HTML 5

在 HTML 5 新元素出现之前，编写 HTML 一直试图用 DIV 去模拟各种形态，比如 section（章节）、header（页眉）、footer（页脚）、nav（导航）、article（条目）等，通过元素的 ID 属性赋予 DIV 新的特征，零碎的命名和没有统一的规范使得页面的语义差强人意，对页面的 SEO（Search Engine Optimization，即搜索引擎优化）缺乏友善的引导等等，HTML 5 在元素上的追加和增强正弥补这种不足。本章从 HTML 5 的页面结构和标签入手来引导读者全面了解 HTML 5。

2.1.1 显示内容的交互

HTML 5 不仅仅提供了一堆在语义上进行强化了的元素，而且在交互效果上也做了极大的改善。本节通过 details 与 summary 两个元素来介绍内容交互。

details 元素用来描述文档或文档片段的信息，summary 元素与 details 元素一同使用，用于说明文档的标题，同时，summary 元素应为 details 元素的第一个子元素。下面通过一个简单的示例展示 summary 与 details 的使用，代码如下：

```
//summary.html
01    <!DOCTYPE HTML>
02    <html>
03    <style>details details{padding:15px}</style>          <!-- 二级 details 样式-->
04    <body>
05    <details>
06      <summary>交互</summary>                              <!-- 第一级 detauls 标题-->
07      <details>
08        <summary>内容交互</summary>                        <!-- 第二级 detauls 标题-->
09        <p>details 与 summary 元素</p>                     <!-- 文档内容 -->
10      </details>
11    </details></body></html>
```

details 与 summary 元素示例的交互效果如图 2.1 所示。

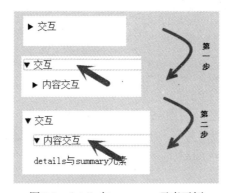

图 2.1 details 与 summary 元素示例

details 同时还具备 open 属性，用于表示是否展开可见，语法如下：

```
<details open="open">
```

2.1.2 HTML 5 页面与 XHTML 页面的对比

HTML 5 在结构上散发着简洁之美，同时又不失良好的语义结构。先看传统的 HTML 5 出现之前的网页设计结构，代码如下：

```
<!DOCTYPE html PUBLIC "-//W3C//DTD XHTML 1.0 Transitional//EN"
"http://www.w3.org/TR/xhtml1/DTD/xhtml1-transitional.dtd">          <!--
文档规范 -->
<html xmlns="http://www.w3.org/1999/xhtml">                 <!-- XML 命名空间 -->
<head>
  <meta http-equiv="Content-Type" content="text/html; charset=utf-8" />   <!--
页面编码 -->
```

```
<meta name="keywords" content="xxx" />          <!--关键字 -->
<meta name="description" content="xxx" />        <!--本页描述或关键字描述 -->
<title>标题</title>                              <!-- 页面标题 -->
</head>
<body>内容</body>
</html>
```

如果使用 HTML 5 诠释上面的页面，代码如下：

```
<!doctype html>
<html>
<head>
<meta charset="utf-8">
<meta name="keywords" content="关键字" />
<meta name="description" content="此网页描述" />
<title>标题</title>
</head>
<body>内容</body>
</html>
```

对比两段示例代码可以看到，不用再去复制冗长的文档规范，而且不用在意 doctype 是大写还是小写，这是极简的经典体现。另外，在 html 元素上的 xmlns 属性也得到了释放，这个早期用于设定 XML 命名空间的方法可以退出历史舞台了。

 meta 属性中的 keywords 和 description 类型，主要用于提供搜索引擎优化查询，让用户在使用搜索引擎时，能快速地通过关键字查找到对应的页面。

2.1.3 元素的使用场景和使用方法

在 HTML 5 的页面中，经常可以看到增强语义性的元素，通过元素的英文字面就能大致理解元素的使用场景。下面通过示例向读者介绍常用元素的使用场景和使用方法。

（1）header 元素，用于显示页面或者指定区域的页眉或头部，使用方法如下：

```
<header>
<h1>HTML 5页面</h1>
<p>header 元素示例</p>
</header>
```

（2）hgroup 元素，用于对网页或区段的标题进行组合，如对文章的标题和副标题进行组合，使用方法如下：

```
<hgroup>
 <h1>HTML 5元素</h1>
 <h2>hgroup 元素</h2>
</hgroup>
<p>标题类的组合</p>
```

（3）aside 元素，用于定义所处内容之外的内容，但又与附近内容有相关性，如用于显示某篇文章的作者信息，使用场景代码如下：

```
<p>HTML 5文章内容,略....</p>
<aside>
 <h1>作者介绍</h1>
 <p>小周，资深 Web 前端技术开发。</p>
</aside>
```

（4）section 元素，用于定义文档中的节，如章节、页眉、页脚或文档中的其他部分。如下代码表示文档中的段落：

```
<section>
 <h1>HTML 5</h1>
 <p>HTML 5是用于取代1999年所制定的 HTML 4.01和 XHTML 1.0标准的 HTML 标准版本... ...</p>
</section>
```

（5）article 元素，用于定义独立的内容，如来自论坛的帖子、新闻报纸的文章、博客文本、网站用户评论等。下面代码表示一篇文章：

```
<article>
 <header>
    <hgroup>
        <h1>HTML 5网页案例大全</h1>
        <h2> HTML 5的整体特性</h2>
    </hgroup
 </header>
 <p> HTML 5页面结构内容</p>
</article>
```

HTML 5 为使用者带来了大量的语义元素标签，表面上看会带来大量的学习成本，但一旦熟练使用，编写一张语义清晰并且对搜索引擎友好的页面将会是轻而易举的事情。如果想成为一位合格的前端开发者，那么学习这些新标签是学习 HTML 5 的第一步也是最容易上手的一步。

2.1.4　HTML 5 中的字符集

在 HTML 5 出现之前，浏览器会根据 3 种方式确认页面的编码格式，按优先级排列如下：

- 获取 HTTP 请求头中的 Content-Type 字符对应的值。
- 使用 meta 标签声明，语法格式如下：

```
<meta http-equiv="Content-Type" content="text/html; charset=utf-8">
```

- 外链资源使用 charset 属性声明编码格式，如 script 标签中使用语法格式如下：

```
<script type="text/javascript" src="myscripts.js" charset="UTF-8"></script>
```

HTML 5 出现后，对字符集的使用做了大量的简化，可以使用以下语法进行字符集声明：

```
<meta charset="utf-8">
```

对于日常使用网站开发而言，结合 HTML 5 的字符集使用，笔者给出如下建议：

- 最优先使用 HTTP 请求头指定编码。
- 统一全站字符集编码，HTML 5 推荐 UTF-8 字符集。
- 使用 meta 标签确认字符集编码，尽可能放在 html 标签的第一个子元素位置。
- 第三方引用的脚本，在不确认字符编码时，加上 charset 属性设置编码格式。

2.2　HTML 5 表单元素的变化

在表单的设计中，HTML 5 增加了比较多的元素。本节将介绍最常见的 input 元素和 HTML 5 特地为 input 元素增加的属性。

2.2.1　新增的 input 元素

表单中使用最多的莫过于 input 元素，主要用于填写用户信息。传统的 input 元素有 10 种类型，如表 2.1 所示。

表 2.1　传统的 input 元素类型

类型名称	说明
button	可点击的按钮
checkbox	复选框
file	输入字段和"浏览器"按钮，用于文件上传

（续表）

类型名称	说明
hidden	隐藏的输入字段
image	图像形式的提交按钮
password	密码输入框，输入的字符被掩码
radio	单选按钮
reset	重置按钮，清空表单内的所有数据
submit	提交按钮，提交表单数据至远程服务器
text	文本输入框

HTML 5 在此基础上做了进一步的加强，添加了另外 13 种类型，如表 2.2 所示。

表 2.2　HTML 5 新增 input 元素类型

类型名称	说明
date	带日历控件的日期字段
datetime	带日历和时间控件的日期字段
datetime-local	带日历和事件控件的日期字段
email	电子邮箱文本字段
month	带日历控件的日期字段的月份
number	带数字控件的数字字段
range	带滑动控件的数字字段
time	带时间控件的日期字段的时、分、秒
url	URL 文本字段
week	带日历控件的日期字段周
color	拾色器
search	用于搜索的文本字段
tel	用于电话号码的文本字段

为了便于读者观察学习，图 2.2 呈现了各种 input 元素新类型在网页中的预览效果。

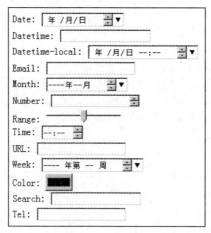

图 2.2　HTML 5 新增 input 元素类型的预览效果

目前不是所有浏览器都支持上述 input 新类型，读者可以使用 Chrome 最新版进行浏览。

2.2.2　新增的 input 属性

　　HTML 除了带来令人激动的 input 新类型，同时还带来了非常多的 input 新属性。以往需要用 JavaScript 实现的功能，现在只需要修改一个属性就能搞定。HTML 5 新标准带来了更加细致的分工，使得开发者拥有更多便捷的使用选择。

　　下面将介绍 input 新属性，首先通过表 2.3 看看到底都新增了哪些属性。

表 2.3　HTML 5 新增 input 元素属性

属性名称	说明
autocomplete	使用输入自动完成功能
autofocus	页面在载入成功后获得焦点，type 类型为 hidden 的除外
form	规定字段所属表单，可多个
formaction	覆盖所属表单的 action 属性，适用于 type 类型为 submit、image
formenctype	覆盖所属表单的 enctype 属性，适用于 type 类型为 submit、image
formmethod	覆盖所属表单的 method 属性，适用于 type 类型为 submit、image
formnovalidate	覆盖所属表单的 novalidate 属性，适用于 type 类型为 submit、image
formtarget	覆盖所属表单的 target 属性，适用于 type 类型为 submit、image
list	引用输入字段提示的对应 datalist 数据
max	输入数字的最大值
min	输入数字的最小值
pattern	输入字段值的模式，正则格式
placeholder	输入字段提示

（续表）

属性名称	说明
required	表示输入字段的值是必需的，不为空
step	输入数字的间隔
multiple	允许选择多个上传文件

接下来我们结合实际使用场景介绍部分新增属性功能，使读者能够在平时的开发中灵活地运用这些新功能。

1. autocomplete 属性

autocomplete 属性默认是开启状态，浏览器自身会记录页面对应文本框每次输入的信息，当用户键入相关的字符时，会出现相关的提示信息。但有些情况下，用户并不希望浏览器自己做出提示，因为很多时候用户错误的输入信息也会被记录下来。在很多第三方类库中都会提供下拉提示插件，即当用户输入文字时，将与文字相关的信息在输入文本框下方进行提示选择，使用者可以非常方便地在输入部分关键字后，找到自己真实想要的结果，如百度搜索框的下拉提示，如图2.3 所示。

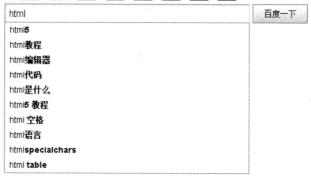

图 2.3　百度查询下拉提示

 对于使用下拉提示效果的文本输入框，都会将 autocomplete 属性设置为 off，以避免浏览器默认提示框与 JavaScript 插件模拟的提示框在页面上相互交叠。

2. autofocus 属性

autofocus 属性默认为关闭状态，在该属性没有出现之前，要实现类似的功能需要借助于 JavaScript。一般 input 元素的 autofocus 属性会用在表单的第一个填写元素上，如常见的登录页面，效果如图 2.4 所示。

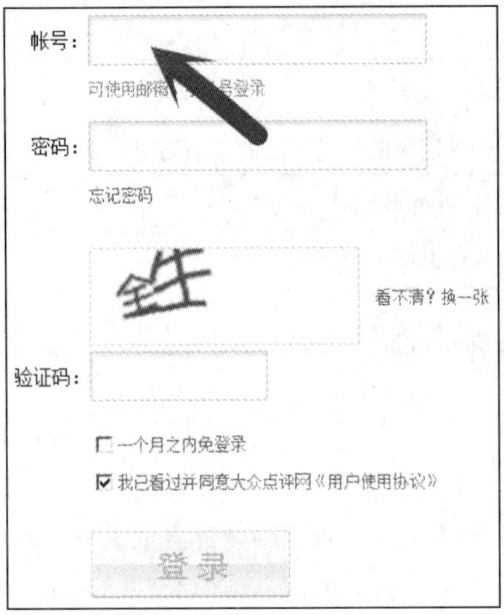

图 2.4　登录页面

autofocus 属性主要的用处是，当页面加载完毕后，用户可以通过键盘直接输入信息，而不需要通过鼠标点选输入框后再进行输入，是一种交互体验上的优化。为了在老版本的浏览器中实现类似于 autofocus 属性的效果，可以通过 JavaScript 强行触发元素的 focus 事件，代码如下：

```
document.getElementById('id').focus()
```

 正常的情况下，一个页面只会出现一个被设置了 autofocus 属性的 input 元素。

3. form 属性

form 属性的出现，使得 input 元素从表单结构中完全解放出来。使用过 HTML 5 之前的表单的开发者会知道，只有将 input 元素放置在表单标签内，数据才能同表单一起被提交，这样的设计使得页面元素利用率大打折扣，页面设计上出现过多无用的结构。新属性的使用方法如下：

```
<form action="login" method="post" id="login_form"><input type="submit" /></form>
账号:<input type="text" name="name" form="login_form"/>
密码: <input type="password" name="password" form="login_form" />
```

当一个 input 元素被用于多个表单，可以在 form 属性上将各表单 id 值以空格符隔开填写。

4. 重写表单的 input 属性

HTML 5 的 input 元素中，还有一类新属性用于重写 input 元素所属表单属性，如下：

- formaction: 重写表单的 action 属性，action 用于设定发送表单数据的请求地址。
- formenctype：重写表单的 enctype 属性，enctype 表示发送表单的编码格式，如 multipart/form-data，表单默认以 application/x-www-form-urlencoded 编码格式进行发送。

- formmethod: 重写表单的 method 属性，method 表示发送表单数据的方法，常用的如 get、post。
- formnovalidate: 重写表单的 novalidate 属性，novalidate 表示不对表单数据进行浏览器默认验证，如验证 input 类型为 url、email、telephoned 的元素。
- formtarget: 重写表单的 target 属性，target 属性规定在何处打开提交请求。

5. list 属性

input 元素的 list 属性是一个相当与时俱进的改进，它将以往用 JavaScript 实现的输入选择框通过原生的浏览器功能实现，使用方法如下：

```
网站: <input type="url" list="url_list" name="link" />
<datalist id="url_list">
<option label="谷歌" value="http://www.google.com" />
<option label="百度" value="http://www.baidu.com" />
<option label="淘宝" value="http://www.taobao.com" />
<option label="大众点评网" value="http://www.dianping.com" />
</datalist>
```

示例效果如图 2.5 所示。

图 2.5　input 元素 list 使用

6. placeholder 属性

input 元素的 placeholder 属性是一类实战性非常强的应用实现。多数网站在设计输入框的同时，为了达到良好的用户交互体验，会在输入框的空白输入处添加一段灰色的提示文字，方便用户按照设计意图进行填写。在 placeholder 属性出现之前通常有两类实现方法：

- 监听 input 元素的 focus 和 blur 事件，在获取焦点时，将预先输入在文本框内的文字清空，并修改文本框的输入字体颜色。
- 在文本框的上方悬浮一个用于提示的 lable 标签，当点击标签时，隐藏标签并通过脚本强行设置下方文本框获取焦点。

placeholder 使用方法如下：

```
链接: <input type="url" name="url" placeholder="http://www.dianping.com" />
```

placeholder 属性的出现有效地解决了这类常用问题，相同的功能可以完全使用原生的属性进行替代，减少了开发代码量和开发成本。

2.2.3　HTML 5 表单的验证方法

HTML 5 除了给表单带来了多种类型的 input 元素和多种新元素外，同时还加强了表单验证方面的体验。以往开发者想要给表单添加验证有两种方法：

- 通过浏览器脚本监听表单提交事情，验证提交数据是否符合输入格式，并给出提示。
- 在表单提交后，后台服务器对表单数据进行验证，对于无法通过的数据重新输出页面进行提示。

HTML 5 给开发者带来了第 3 种表单验证方法，即通过表单元素内置的验证属性。当使用者提交表单，浏览器会根据各元素自身的验证属性进行判断并给出提示。下面介绍一下与表单相关验证的属性。

1. novalidate 属性

novalidate 属性可以作用于 form 和 input 元素，表示该元素区域不进行表单验证。表单默认在提交时会验证类型为 url、telephone、email、date 的元素，代码如下：

```
01    <!DOCTYPE HTML>
02    <html><body>
03    <form method="get">
04    网址: <input type="url" name="user_email" />          <!-- 网址输入框 -->
05    <input type="submit" />                               <!-- 提交按钮 -->
06    </form>
07    </body></html>
```

网页运行效果如图 2.6 所示。

图 2.6　带有 url 类型的 input 元素表单

在文本框内输入不符合 URL 规则的内容，并单击“提交”按钮，表单出现“请输入网址。”的信息提示，效果如图 2.7 所示。

图 2.7　提交表单出现错误提示

假如在某些情况下，输入的网址内容并不一定需要严格遵循规范要求，则可以通过在 form 元素上添加 novalidate 属性解决，代码如下：

```
<form method="get" novalidate="true"></form>
```

2. pattern 属性

pattern 属性用于验证 input 提交内容的格式，验证格式为正则表达式。如下例子显示只能输入 3 个数字的文本框，代码如下：

```
//pattern.html
01    <!DOCTYPE HTML>
02    <html><body>
03    <form method="get">
04    3位数: <input type="text" name="num" pattern="[0-9]{3}" />       <!--
输入框 -->
05    <input type="submit" />                                <!-- 提交按钮 -->
06    </form>
07    </body>
08    </html>
```

在文本输入框内输入"a"，并单击"提交"按钮，此时输入的内容与 pattern 属性的验证规则不相符，表单出现"请与所请求的格式保持一致"的提示，效果如图 2.8 所示。

图 2.8 pattern 属性提交提示

正则表达式是用一个"字符串"来描述一个特征，然后去验证另一个"字符串"是否符合这个特征。比如，表达式"ab+"描述的特征是"一个 a 和任意个 b"，那么"ab"、"abb"、"abbbbbbbbbb"都符合这个特征。正则表达式的使用可以参考 http://msdn.microsoft.com/zh-cn/library/ae5bf541(VS.80).aspx。

3. required 属性

required 属性作用于 input 元素，规定输入的内容不能为空，可以与之前的 novalidate 和 pattern 属性组合使用，示例代码如下：

```
//required.html
01    <!DOCTYPE HTML>
02    <html><body>
03    <form method="get">
04    邮箱: <input type="email" name="email" required="required" />    <!-- 邮箱
输入框 -->
05    <input type="submit" />                                <!-- 表单提交按钮 -->
06    </form>
```

```
07    </body>
08    </html>
```

当用户不输入任何内容，直接单击"提交"按钮，表单会做出提示，显示"请填写此字段"，效果如图 2.9 所示。

图 2.9   required 属性使用

required 属性在表单的应用中最为常用，同时结合 pattern 属性，能发挥出强大的验证功能。

2.3 HTML 5 专为移动设计的拖放

HTML 5 页面允许跨平台，这也使得 HTML 5 在移动端得到更多的应用，本节介绍 HTML 5 为移动页面增加的一些设计。

2.3.1 控制拖放操作

Datatransfer 对象是 HTML 5 新增的数据对象，主要用于控制拖放操作中的数据，提供了预定义的剪贴板格式数据访问功能，如可在 dragstart 事件触发时进行数据设置，之后在触发 drop 事件时对数据进行读取和修改。Datatransfer 对象目前拥有如下 4 个属性：

- dropEffect：设置或获取拖曳操作的类型和要显示的光标类型，如类型"none"、"copy"、"link" 和"move"。
- effectAllowed：设置或获取数据传送操作可应用于该对象的拖放效果，如效果"none"、"copy"、"copyLink"、"copyMove"、"link"、"linkMove"、"move"、"all" 和"uninitialized"。
- files：拖放时的文件列表。
- types：返回在 dragstart 事件触发时为元素存储数据格式类型，如果是外部文件的拖放则返回 "files" 字符串。

另外，Datatransfer 对象还拥有 5 种常用方法，说明如下：

- addElement：添加一同跟随拖拽的元素。
- clearData：删除指定格式数据，如未指设定，则删除当前元素下所有携带数据。
- getData：返回指定数据，如果数据不存在，则返回空字符串。
- setData：给元素添加指定数据。
- setDragImage：指定拖拽元素时，跟随鼠标移动的图片，x、y 分别为相对于鼠标的偏移量。

Datatransfer 对象一般在 dragstart 事件触发时使用，关键方法 setData 一般采用两种数据格式：用于文本数据存储的 "text/plain" 和用于 URL 信息存储的 "text/uri-list"。

2.3.2　监听拖放事件

拖放行为的所有监听事件如表 2.4 所示。

表 2.4　拖放相关的事件

事件名	说明
dragstart	开始拖放
drag	拖放过程中
dragenter	被拖放元素进入本元素范围内
dragleave	被拖放元素离开本元素范围
dragend	拖放结束
dragover	被拖放元素在本元素上移动
drop	放置拖放内容

HTML 5 中要让元素具备拖放功能，首先需要打开元素 draggable 属性，设置为 true，表示开启元素拖放功能。被设置的元素可以是网页上任意的图片、链接、文件或其他 DOM 节点。下面通过一个示例了解部分拖放事件的实际使用情况，代码如下：

```
//draggable.html
01  <!DOCTYPE html>
02  <html>
03  <style type="text/css">div{width:100px; height: 100px; background-color:
blue;margin :5px;}</style>
04  <body>
05      <div id="drag-target" data-content="我是数据" draggable="true">拽我！
</div> <!-- 可拖放元素 -->
06      <div id="drat-dest"></div>                      <! 放置目标元素 -->
07  </body>
08  <script type="text/javascript">
09  var drag_target = document.getElementById('drag-target'),   // 可拖放元素
10      drat_dest = document.getElementById('drat-dest');        // 可拖放元素
11  drag_target.addEventListener('dragstart', function(e) {      // 监听开始拖拽
事件
12      e.dataTransfer.setData('text/plain',
e.target.getAttribute('data-content'));        // 使用文本存入属性值
```

```
13    },false);
14    drat_dest .addEventListener('drop', function(e) {              // 监听放置事件
15      drat_dest.innerHTML = e.dataTransfer.getData('text/plain'); //  设置
html 为获取数据
16    },false);
17    drat_dest .addEventListener('dragover', function(e) {    // 监听拖拽移动事件
18      e.preventDefault();                                    // 阻止元素默认事件
19    },false)
20    </script>
21    </html>
```

将文件保存为 html 格式，并使用 Chrome 浏览器打开，效果如图 2.10 所示。单击第 1 区域方块，并拖放至第 2 区域，然后松开鼠标，此时第 2 区域出现"我是数据"文字，表示数据已经转移完毕，效果如图 2.11 所示。

图 2.10　拖拽示例页面效果　　　　图 2.11　拖放数据内容

整个示例中主要运用了 3 种事件：dragstart、dragover、drop。dragstart 事件监听拖放开始，在拖放开始时，示例将第 1 区方块元素的数据使用 DataTransfer 对象的 setData 进行保存。dragover 事件用于监听第 2 区方块，并调用事件对象的 preventDefault 方法，阻止浏览器元素默认事件，这个过程是必须的，否则无法触发 drop 事件。最后监听的 drop 事件，用于监听放置内容结束过程，此时，从之前存入 DataTransfer 对象中获取数据并填充至第 2 方块区。示例代码非常简单，但完成了一个了不起的功能。

2.3.3　看看这些带拖放功能的网站

HTML 5 拖拽功能的强大常常体现在上传功能的应用上，很多网站将其用于图片上传。大家所熟悉的新浪微博也与时俱进，提供了带有 drag 和 drop 功能的图片上传模块。

使用 Chrome 浏览器打开新浪微博，图片上传功能出现在发送微博区域，如图 2.12 所示。

图 2.12　新浪微博图片上传功能

HTML 5 的 drop 功能并非通过图 2.12 箭头所示的操作触发，而且出现在微博内容输入区域，实现了用户可直接将计算机本地的图片文件拖放至该区域，并将图片上传。首先，在计算机本地用鼠标选中一张图片，将图片拖放至微博输入文本框区域，当正在拖拽图片的鼠标出现在文本输入区域时，网页提示用户上传准备就绪，效果如图 2.13 所示。

图 2.13　拖拽本地图片至微博文本输入区域

松开拖拽图片的鼠标，图片文件被应用读取并上传至服务器，同时文本框下方出现图片缩略图，效果如图 2.14 所示。

图 2.14　松开鼠标完成图片上传

微博应用的图片上传，除了运用上一示例中出现的 dragstart、dragover、drop 外，还运用了 dragenter、dragleave 事件，以实现文件移入文本输入区域的信息提示和隐藏。

HTML 5 的拖放功能除了出现在一些社交的网站以外，还出现在一些提供在线云存储的应用上，如金山快盘等，为一些高级浏览器用户提供了更加优秀的用户体验。

2.4 实例：构建网页的拖放应用

体验了 HTML 5 拖放功能给网站应用带来的优秀用户体验，本节将通过一个例子来实现模拟微博图片拖放的功能。本例效果如图 2.15 所示。

图 2.15　拖放实例

本例使用效果与微博相同，下面通过代码分析拖放功能的具体实现：

```
//drop.html
01  <!DOCTYPE html>
02  <html>
03  <head><link rel="stylesheet" type="text/css" href="css/weibo.css"></head>
04  <body> /* 省略 html 结构代码，参看下载源码 */</body>
05  <script type="text/javascript">
06  var textarea = document.querySelector('textarea');    // 微博文本输入框元素
07  var W_layer = document.querySelector('div.W_layer'); // 图片上传提示层元素
08  var W_close = document.querySelector('a.W_close');    // 提示层关闭按钮元素
09  var W_add = W_layer.querySelector('li.add');          // 追加图片元素
10  var W_list = W_add.parentNode;                        // 图片列表容器元素
11  var p_count =document.querySelector('i.J_count');     // 图片数量元素
12  function render_one(file){                            // 单个图片元素渲染
13      var reader;                           //reader 变量存放 FileReader 实例
14      if (file.type.toLowerCase().match(/image.*/)) {  // 正则判断文件是否为图片
类型
15          reader = new FileReader();                   // 实例化 FileReader 对
象，用于读取文件数据
16          reader.addEventListener('load', function (e) {  // 监听 FileReader
实例的 load 事件
17              var li = document.createElement('li');   // 创建上传图片容器
18              li.className = 'pic';
19              li.innerHTML ='<img src="' + e.target.result + '">';
20              W_list.insertBefore(li , W_add);         // 插入图片
21              p_count.innerHTML = (p_count.innerHTML>>0) + 1; // 更新图片数
```

```
22              });
23              reader.readAsDataURL(file);                 // 读取文件为 DataURL
24          };
25      }
26      document.addEventListener('dragenter', function(e) {// 监听拖放文件进入元素
27          textarea.classList.add('textarea-enter');
28      },false);
29      document.addEventListener('dragover', function(e) {  // 监听拖放文件在元素上移
动
30          e.preventDefault();                             // 阻止默认事件,确保drop
事件触发
31      },false);
32      document.addEventListener('dragleave', function(e) {// 监听拖放文件离开元素
33          textarea.classList.remove('textarea-enter');
34      },false);
35      document.addEventListener('drop', function(e) {     // 监听文件放置
36          e.preventDefault();
37          W_layer.style.display = 'block';
38          textarea.classList.remove('textarea-enter');
39          var files = e.dataTransfer.files;               // 获取文件列表
40          for(var i =0,l = files.length; i<l; i++){
41              render_one(files[i]);                       // 页面构建每张上传图片
42          };
43      },false);
44      W_close.addEventListener('click', function(e) {     // 监听浮层单击事件，执行
关闭操作
45          e.preventDefault();
46          W_layer.style.display = 'none';
47      },false);
48      </script>
49      </html>
```

　　本例主要的实现逻辑是监听 HTML 5 拖放事件，在不同的事件周期内执行对应的操作，拖放操作涉及的相关事件有 dragenter、dragover、dragleave、drop。

　　dragenter 事件在每次文件被拖放进入元素范围内触发，本例中当文件被拖放入页面，则给文本框元素添加 textarea-enter 样式，提示用户支持文件直接拖放上传区域，如图 2.13 所示。

　　dragover 事件当被拖放元素在本元素上移动时触发，要实现 drop 拖放功能，监听该事件在触发时阻止元素默认事件是必不可少的，否则无法在元素放置时触发 drop 事件。

　　dragleave 事件在每次文件被拖放离开元素范围时触发，本例将该事件监听添加在 document

上，即表示当文件离开网页时触发，触发后移除原本被添加在文本框元素上的 textarea-enter 样式，表示此时放置元素将无法实现拖放功能，需再次拖放入网页。

drop 事件是实现文件最终上传的关键，事件在文件被放置后触发，本例中当文件被放置于页面后触发 drop 事件，将从事件对象的 dataTransfer 属性中获取文件列表，并循环文件列表，渲染图片弹出上传提示信息框。

图片的渲染用到了自定义方法 render_one，该方法接收一个 File 对象作为参数。首先通过文件的 type 属性判断文件类型，当判断为图片文件时，表示该文件属于应用上传图片的范围，此时新建 FileReader 实例读取图片文件内容，并将返回的 base64 内容赋予图片，插入弹出的浮动提示信息框。

 本例只完成了网页前端效果部分，不涉及后端的图片保存功能。

2.5 小结

本章介绍了 HTML 5 相比 XHTML 出现的一些变化，其实 HTML 5 新增的表单元素不仅仅只有本章介绍的这么多内容，还有很多其他内容，读者可参考 W3C 的官方文档，因为有些元素很简单，这里也没有举例，希望读者在实践中学习和总结更多的 HTML 5 元素和技巧。

第 3 章

◀HTML 5的移动布局▶

HTML 5 不仅包括简单的页面元素，还包括 CSS 3 和 JavaScript。其中 CSS 3 用来实现页面的样式设计，JavaScript 实现一些前端与后台的交互。本章主要通过介绍 CSS 3 来学习如何为 HTML 5 页面进行布局。

本章主要内容：

- 了解 CSS 3 的一些特色
- 了解响应式设计流行的原因
- 使用 Bootstrap 框架提高页面的设计效率

3.1 移动页面的样式设计利器 CSS 3

CSS 3 是层叠样式表（Cascading StyleSheet）的第 3 个版本。在设计网页时采用 CSS 3 技术，可以有效地对页面的布局、字体、颜色、背景和其他效果实现更加精确的控制。本节将要学习 CSS 3 的一些常用特效和属性。

3.1.1 个性化的字体

一般情况下，开发者会使用 CSS 中的 font-family 属性来定义字体，通常会根据优先级定义多个。如果用户的计算机上安装了 font-family 中定义的字体，就会使用指定的字体（优先使用定义时顺序靠前的）。如果没有定义字体。或者定义的字体客户端上没有安装，就会显示默认的字体，如：

```
body {
    font: 12px '微软雅黑',"Microsoft JhengHei",'WenQuanYi Micro Hei', 'Helvetica Neue',
Verdana, Arial, Helvetica, sans-serif;
}
```

上面这段代码在 Windows 7 的机器上时，页面将采用微软雅黑字体来展示中文。而在很多

Linux 的机器上则会应用 "WenQuanYi Micro Hei" 字体，因为那台机器没有安装微软雅黑，但是安装了文泉驿字体。

如果想使用一些个性化的字体怎么办呢？@font-face 属性可以帮助我们，它可以加载服务器端的字体文件，让客户端显示客户端所没有安装的字体。@font-face 的基本语法如下：

```
@font-face{
font-family: myFirstFont;
src: url('Sansation_Light.ttf'), url('Sansation_Light.eot'); /* IE9+ */
}
div{
font-family:myFirstFont;
}
```

在@font-face 内：

- font-family 指定该字体的名称以便引用。
- src 指定字体文件的 url 来获取服务器上的字体。
- font-style 设置文本样式。
- font-variant 设置文本是否大小写。
- font-weight 设置文本的粗细。
- font-stretch 设置文本是否横向的拉伸变形。
- font-size 设置文本字体大小。

下面通过一个示例来演示如何使用自定义字体。首先下载一个字体库，保存在源代码的 font 文件夹下，字体库的扩展名为.ttf。详细的示例代码如下：

```
01    <!DOCTYPE HTML>
02    <html>
03    <head>
04    <style>
05     @font-face{
06        font-family:"xiang";
07        src:url("font/xiang.ttf");
08        }
09
10        div{
11           font-family:xiang;
12        }
13    </style>
14    </head>
15    <body>
```

```
16    <p>这里是默认字体</p>
17    <div>这里是大象鼻子字体</div>
18    </body>
19    </html>
```

本例首先引用了一个自定义字体 xiang（大象鼻子字体），然后在 div 中应用这个字体，效果如图 3.1 所示。

图 3.1　引用自定义字体

一般来说，个性化的字体需要给字体的版权方付费后才能使用。

3.1.2　可重复使用的背景图

在 CSS 3 出现之前，背景图片的尺寸是由图片的实际尺寸决定的。如果同样的图片要在多个不同的地方作为背景的话，就必须用制图工具做成不同的尺寸，这一方面加大了开发者的工作量，另一方面也占用了更多的磁盘空间和网络流量。在 CSS 3 中，开发者可以使用 background-size 属性来规定背景图片的尺寸，这样就可以在不同的环境中重复使用背景图片了。例如下面的代码：

```
div{
background:url(img_flwr.gif);
background-size:80px 60px;
background-repeat:no-repeat;
}
```

最基本的用法当然是直接使用长度单位或者百分比来指定背景的尺寸，其中第 1 个值是宽度，第 2 个值是高度。如果只设置一个值，则高度默认是 auto。

background-size 还有两个可选项：cover 和 contain。这两个选项都不会造成图像比例失真。其中 cover 相当于宽度等于元素宽度、高度设为 auto 的情况；而 contain 则相当于高度等于元素高度、宽度设为 auto 的情况。下面举例说明。

首先，先设置一个高度和宽度均为 300 像素的容器，然后将一张 1600×1200 尺寸的图片设置为图片的背景：

```
01   <style>
02   .container{
03    background:url(naicha.jpg) no-repeat;
04    border: 2px solid black;
05    margin:auto;
06    width:300px;
07    height:300px;
08   }
09   </style>
10   <div class="container"></div>
```

效果如图 3.2 所示，由于背景取决于背景图片的尺寸，但背景图片太大，导致实际只显示了原图的左上角的部分。

图 3.2　原始图片背景

下一步加上 background-size，效果如图 3.3 所示。

```
01   <style>
02   .container{
03    background:url(naicha.jpg) no-repeat;
04    background-size: 100% auto;      /*设置宽度100%，高度自动*/
05    /*使用 background-size: 100% auto; 等效于使用 background-size: contain; */
06    -webkit-background-size: 100% auto;
07    border: 2px solid black;
08    margin:auto;
09    width:300px;
10    height:300px;
11   }
```

```
12    </style>
13    <div class="container"></div>
```

现在读者可以发现图片的全貌展现出来了，宽度等于容器宽度，高度则根据原图比例生成，最终得到和原图比例一致的背景图片，使用 background-size: contain;等效于使用 background-size: 100% auto;。

如果想占满容器的高度，则只需设置 background-size: auto 100%;或者 background-size: cover;即可，效果如图 3.4 所示。

图 3.3　background-size: contain 效果 　　　　图 3.4　background-size: cover 效果

注意：background-size 一定要在指定图片后设定，否则不会生效。

3.1.3　轻松实现文字效果

CSS 3 对文字也增加了多种效果，下面将介绍其中的 4 种效果。

1. text-shadow

用于设置或检索对象中文本的文字是否有阴影及模糊效果，语法如下：

```
text-shadow : none | <length> none | [<shadow>, ] * <shadow> 或 none | <color> [,
<color> ]*
```

通过 text-shadow 示例查看使用效果，使用 Chrome 浏览器打开 text-shadow.htm 文件，效果如图 3.5 所示。

HTML 5

图 3.5　text-shadow 示例效果图

2. text-overflow

用于设置或检索是否使用一个省略标记 "..." 表示对象内文本的溢出，语法如下：

```
text-overflow ：clip | ellipsis
```

- clip: 不显示省略标记 "..."，而是简单的裁切。
- ellipsis: 当对象内文本溢出时显示省略标记 "..."。

下面创建 text-overflow.htm 页面，代码如下：

```
01    <!DOCTYPE HTML>
02    <html>
03    <head>
04    <style type="text/css">
05    .test_demo_clip{
06        text-overflow:clip;
07        overflow:hidden;
08        white-space:nowrap;
09        width:200px;
10        background:#ccc;
11      }
12    .test_demo_ellipsis{
13        text-overflow:ellipsis;
14        overflow:hidden;
15        white-space:nowrap;
16        width:200px;
17        background:#ccc;
18      }
19    </style>
20    </head>
21    <body>
22      <h2>text-overflow : clip </h2>
23      <div class="test_demo_clip">
24      不显示省略标记，而是简单的裁切条
25      </div>
26
27      <h2>text-overflow : ellipsis </h2>
28      <div class="test_demo_ellipsis">
29      当对象内文本溢出时显示省略标记
30      </div>
```

```
31    </body>
32    </html>
```

本例效果如图 3.6 所示。

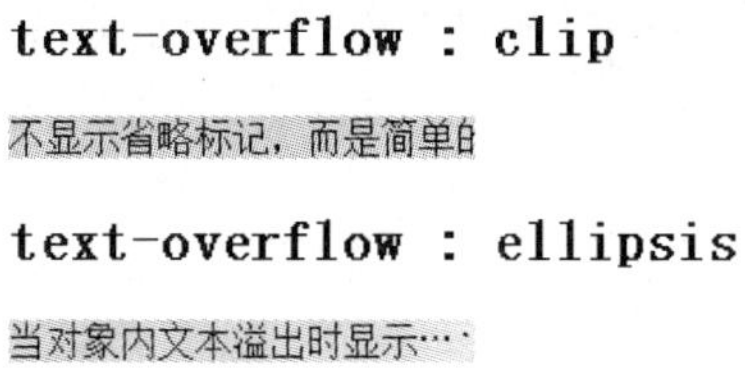

text-overflow : clip

不显示省略标记，而是简单的

text-overflow : ellipsis

当对象内文本溢出时显示…

图 3.6　text-overflow 示例效果图

3. word-wrap

用于检索或设置对象中的单词之间间隔，语法如下：

```
word-wrap : normal | break-word
```

- normal：控制连续文本换行。
- break-word：内容将在边界内换行。

4. word-break

用于断行的规则，语法如下：

```
word-break: normal|break-all|keep-all;
```

- normal：使用浏览器默认的换行规则。
- break-all：允许在单词内换行。
- keep-all：只能在半角空格或连字符处换行。

3.1.4　设计边框特效

CSS 中的 border 主要用于处理边框效果，经常用在网页中。新版的 CSS 3 对 Border 属性添加了更加丰富的功能，本节将介绍它的几种功能属性：

1. border-colors

border-colors 用于设置或检索对象边框的多重颜色，CSS 2 中 border-colors 已经出现，但 CSS 3 中的可以制作渐变边框，不过目前只有 Firefox 对 border-colors 支持比较完整。

下面创建一个页面 border-colors.htm：

```
01    <!DOCTYPE html>
02    <html>
03    <head>
04    <style type="text/css">
```

```
05      .color {
06          width: 200px;
07          height: 100px;
08          border: 10px solid transparent;
09          -moz-border-top-colors:red green yellow;
10          -moz-border-right-colors:yellow green red;
11          -moz-border-bottom-colors:yellow red green;
12          -moz-border-left-colors:green yellow red;
13      }
14  </style>
15  </head>
16  <body>
17      <div class="color">H T M L 5</div>
18  </body>
19  </html>
```

本例效果如图 3.7 所示，目前只能在 Firefox 中打开。

图 3.7　border-colors 示例效果

2. border-radius

border-radius 用于设置或检索对象使用圆角边框，这个属性应该是目前出镜率最大的 CSS 3 属性，也是目前各大网站最常用的 CSS 3 属性，语法如下：

```
border-radius : none | <length>{1,4} [ / <length>{1,4} ]?
```

下面创建一个 border-radius.htm 页面，代码如下：

```
01  <style type="text/css">
02  .color {
03  width: 200px;
04  height: 100px;
05  border-radius: 11px;
06  border: 5px solid gray;
07  }
08  </style>
```

效果如图 3.8 所示。

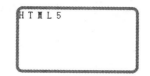

图 3.8　border-radius 示例效果

3. border-image

border-image 用于设置或检索对象的边框样式使用图像来填充，一直以来边框的填充只能使用颜色来进行，CSS 3 在这点上做了较大的突破，border-image 可以被拆解为另外 5 种属性：

- border-image-source：用于设置引入图片的地址。
- border-image-slice：用于切割引入的图片。
- border-image-width：设置边框的宽度。
- border-image-repeat：设置图片的排列方式，如 stretch、repeat、round。
- border-image-outset：设置边框图像超过边框盒的偏移量。

border-image 属性语法如下：

```
border-image:border-image-source
border-image-slice{1,4}/border-image-width{1,4} border-image-repeat{0,2}
```

border-image 的应用效果如图 3.9 所示。

图 3.9　border-image 示例效果

4. box-shadow

box-shadow 用于向边框添加 1 个或多个阴影，通过逗号分隔阴影列表，语法如下：

```
box-shadow: h-shadow v-shadow blur spread color inset;
```

各属性值说明如下：

- h-shadow：水平阴影的位置，允许负值。
- v-shadow：垂直阴影的位置，允许负值。
- blur：模糊距离，可选。
- spread：阴影的尺寸，可选。
- color：阴影的颜色，可选。
- inset：将外部阴影（outset）改为内部阴影，可选。

box-shadow 的应用效果如图 3.10 所示。

图 3.10　box-shadow 示例效果

3.1.5　实现文本的多列布局

文本的多列布局，是 CSS 3 增加的 1 个多列布局模块，排版布局是 CSS 中非常重要的功能，在报刊、杂志的布局中尤为重要，多列提供了以下几类功能：

- 列数和列宽：column-count、column-width。
- 列的间距和分列样式：column-gap、column-rule-color、column-rule-style、column-rule-width、column-rule。
- 列的分栏符：break-before、break-after、break-inside。
- 跨越列：column-span。
- 填充列：column-fill。

创建 Multiple Columns.htm 页面，代码如下：

```
01    <!DOCTYPE HTML>
02    <html>
03    <head>
04    <style type="text/css">
05    .newspaper{
06        -webkit-column-count:3;
07        column-count:3;
08        -webkit-column-gap:40px;
09        column-gap:40px;
10        -webkit-column-rule:4px outset #ff00ff;
11        column-rule:4px outset #ff00ff;
12        width:600px;
13    }
14    </style>
15    </head>
16    <body>
17    <div class="newspaper">
雾凇俗称树挂，是可遇不可求的自然奇观。雾凇非冰非雪，而是由于雾中无数零摄氏度以下而尚未结冰的雾
```

滴随风在树枝等物体上不断积聚冻粘的结果，表现为白色不透明的粒状结构沉积物。雾凇形成需要气温很低，而且水汽又很充分，同时能具备这两个形成雾凇的极重要而又相互矛盾的自然条件更是难得。美丽的雾凇难得，但我国东北地区的吉林市因其特殊的地理环境和人为条件却造就了相当于"可遇可求"的中国四大自然奇观之一的"吉林雾凇"。

```
18    </div>
19    </body>
20    </html>
```

本例效果如图 3.11 所示。

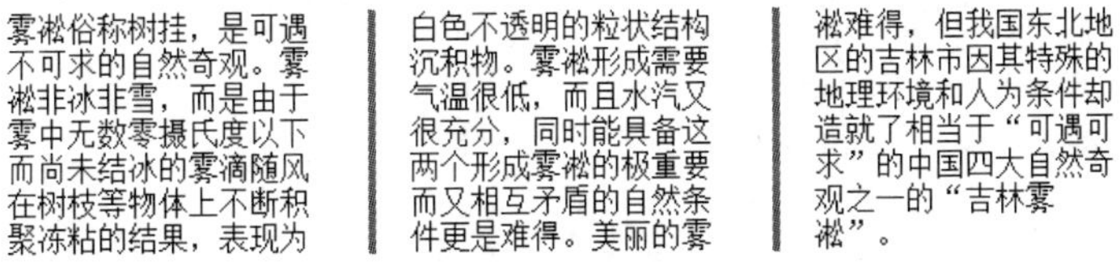

雾凇俗称树挂，是可遇不可求的自然奇观。雾凇非冰非雪，而是由于雾中无数零摄氏度以下而尚未结冰的雾滴随风在树枝等物体上不断积聚冻粘的结果，表现为　白色不透明的粒状结构沉积物。雾凇形成需要气温很低，而且水汽又很充分，同时能具备这两个形成雾凇的极重要而又相互矛盾的自然条件更是难得。美丽的雾　凇难得，但我国东北地区的吉林市因其特殊的地理环境和人为条件却造就了相当于"可遇可求"的中国四大自然奇观之一的"吉林雾凇"。

图 3.11　Multiple Columns 示例效果

3.1.6　转换特效

CSS 3 Transform 包含旋转（rotate）、扭曲（skew）、缩放（scale）、移动（translate）和矩阵变形（matrix），语法如下：

```
transform: rotate | scale | skew | translate |matrix;
```

当使用多个 transform 属性时，需要使用空格符号隔开，各属性说明如下：

- rotate：通过设置角度参数给元素指定 1 个 2D 旋转，正值为顺时针，负值为逆时针。
- skew：通过传入的矢量进行水平方向和垂直方向扭曲变形，即 X 轴和 Y 轴同时按一定的角度值进行扭曲变形，同时还支持使用 skewX 和 skewY 进行单个方向的扭曲变形。
- scale：通过传入的矢量进行水平方向和垂直方向缩放，同时还支持使用 scaleX 和 scaleY 进行单个方向的缩放。
- translate：通过传入的矢量进行水平方向和垂直方向移动，同时还支持使用 translateX 和 translateY 进行单个方向的移动。
- matrix：以 1 个含 6 位值的变换矩阵的形式指定 1 个 2D 变换，该属性涉及数学中的矩阵变化，可以说该方法是 transform 转换属性的根基，一切的 Transform 使用都是由 matrix 变化而来。

在使用 transform 属性前，还有一个非常关键的属性 transform-origin，用于设置每次转化前的基点位置，默认基点位置为中心位置，参数可以使用百分值、px 或者方向值（如 left、right、top、center 和 bottom）

创建一个 Transform.htm 页面，代码如下：

```
01    <!DOCTYPE HTML>
02    <html>
03    <head>
04        <style type="text/css">
05        hr{
06            margin: 0;
07            padding: 0;
08        }
09        div{
10            width: 100px;
11            height: 100px;
12            background-color: gray;
13            -webkit-transform:
14                rotate(30deg)
15                skew(10deg,5deg)
16                scale(1.2)
17                translate(30px,30px)
18                ;
19        }
20        </style>
21    </head>
22    <body>
23    <hr>
24    <div></div>
25    </body>
26    </html>
```

本例效果如图 3.12 所示。

图 3.12　Transform 示例效果

3.1.7　过渡特效

transition 将 CSS 的属性值在一定的时间区域内平滑的过渡，用于制作各种动态的效果。比如，当鼠标移入元素时，使得元素颜色发生渐变，语法如下：

```
transition : [<'transition-property'> || <'transition-duration'> ||
<'transition-timing-function'> || <'transition-delay'> [, [<'transition-property'>
|| <'transition-duration'> || <'transition-timing-function'> ||
<'transition-delay'>]]*
```

各属性说明如下：

- transition-property：指定当前元素某个属性改变时执行的过渡效果。
- transition-duration：指定转化过程的持续时间，单位为 s（秒）。
- transition-timing-function：根据时间的推进改变属性值的变换速率，有 6 种值，分别为 ease（逐渐变化）、linear（匀速）、ease-in（加速）、ease-out（减速）、ease-in-out（先加速后减速）、cubic-bezier（自定义贝塞尔曲线值）。
- transition-delay：设置延后执行时间，即当元素属性值发生改变后多少时间开始执行，单位为 s（秒）

下面使用 transition 创建一个页面 Transition.htm，代码如下：

```
01   <!DOCTYPE HTML>
02   <html>
03   <head>
04       <style type="text/css">
05       #main {
06           cursor: pointer;
07           position:relative;
08           width:200px;
09           height:200px;
10           margin:0 auto 10px;
11           border:3px #aaa solid;
12           padding:10px;
13       }
14       #main div {
15           width:50px;
16           height:50px;
17           position:absolute;
18           border-radius:50px;
19           text-align:center;
```

```
20        }
21        #t1 {
22            z-index:8;
23            top:70px;
24            left:100px;
25            background-color:red;
26            -webkit-transition-property:    top,    left,    border-radius,
background-color;
27            transition-property: top, left, border-radius, background-color;
28            -webkit-transition-duration: 2s, 1s, 0.5s, 0.5s;
29            transition-duration: 2s, 1s, 0.5s, 0.5s;
30            -webkit-transition-delay: 0s, 0.5s, 1s, 1.5s;
31            transition-delay: 0s, 0.5s, 1s, 1.5s;
32        }
33        #t2 {
34            z-index:9;
35            top:90px;
36            left:20px;
37            border:2px #aaa solid;
38            -webkit-transition-property: top, left;
39            transition-property: top, left;
40            -webkit-transition-duration: 1s, 1s;
41            transition-duration: 1s, 1s;
42            -webkit-transition-delay: 0s, 1s;
43            transition-delay: 0s, 1s;
44        }
45        #main:hover #t1 {
46            top:0px;
47            left:0px;
48            background-color:orange;
49        }
50        #main:hover #t2 {
51            top:0px;
52            left:160px;
53            border-radius: 0;
54        }
55        </style>
56    </head>
57    <body>
```

```
58    <div id="main">
59      <div id="t1"></div>
60      <div id="t2"></div>
61    </div>
62    </body>
63    </html>
```

本例效果如图 3.13 所示，将鼠标移入方框区域内，图中的两个圆形各自的位置、颜色、形状发生变化，变化后的效果如图 3.14 所示。

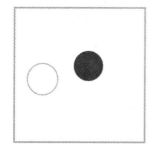

图 3.13　Transition 示例效果

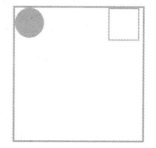

图 3.14　Transition 示例变化后

3.2　响应式 Web 设计

响应式 Web 设计在过去一段时间内非常流行，主要是因为用户使用的设备越来越分散，我们设计的页面要尽可能地保证在任何设备上都能保持原来的布局，这就用到了响应式 Web 设计。

3.2.1　什么是响应式 Web 设计

页面可以根据用户的设备尺寸或浏览器的窗口尺寸来自动地进行布局的调整，这就是响应式布局。在这个移动互联兴起的时代，响应式布局占据着越来越重要的地位。图 3.15 是一个直观的响应式布局设计示意图。

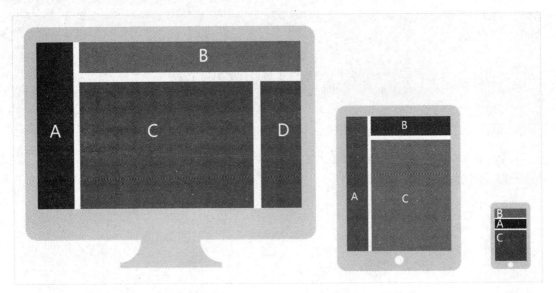

图 3.15　响应式布局设计示意图

近年来，移动互联网发展势头迅猛，尤其是高性能智能手机和平板的普及，使得在移动设备上浏览绚丽的页面成为了可能（相对于曾经的 WAP 手机站来说）。响应式设计越来越流行，预计在不久的将来，大部分的网站都会拥抱移动，响应式页面会成为主流选择。

响应式布局的设计原则如下：

1. 小屏幕只显示高优先级内容

在响应式网页设计中，切换到小屏幕移动设备时，有时候需要对页面内容进行删减，按照优先级显示内容，只显示高优先级内容是原则之一。在屏幕较小的移动设备上，应该优先考虑主要内容并移掉那些小的栏目。在顶部显示高优先级内容，即把最重要的内容放置在顶部。导航是否一定要出现在页头或者重新布局在页尾，都要依网站具体规划去考虑。

2. 提供清晰和友好的手指操作链接

尤其在手机设备上，可点击操作的区块不宜过小，引导要清晰强烈，不忽略任何一款设备。

3. 体验的一致性

要让用户在不同的设备上保持对同一页面拥有相同的视觉和感觉，这也遵循交互设计体验一致性的原则。读者可以参考 Oliver Russell 网站，它是一个设计非常灵活的网站，在不同的屏幕分辨率下可以保持一致的视觉和感受。

4. 考虑操作移动设备的习惯

大部分用户习惯于右手点击操作，左手负责握住设备。右侧的导航列表既方便右手的点击，又可以避免被握着设备的左手不小心触碰到。

3.2.2　流式布局

对于流式布局来说，我们可以通过直接定义模块和模块间距的百分比的方式来实现，对于复杂页面来说，把工作交给更规范、更快捷的栅格系统则是更好的选择。

和传统的固定布局不同的是，流式布局无需再去考虑 container 的宽度选择，在栅格计算上，直接将 container 的宽度值设为 100%进行计算，计算方法则和固定栅格是一致的。

如果需要构建一个 12 列的流式栅格系统，列+槽的宽度为：

```
100%/12 = 8.333%
```

如果列宽和槽宽的比为 3:1 的话，那么槽的宽度为：

```
8.333%/4 = 2.083%
```

N 列的宽度为：

```
8.333% * N - 2.083%
```

下面我们以一段 Bootstrap 2 框架的流式布局代码为例，了解一下流式布局：

```
01  .row-fluid [class*="span"] {
02    display: block;
03    float: left;
04    width: 100%;
05    min-height: 30px;
06    margin-left: 2.127659574468085%;
07    *margin-left: 2.0744680851106383%;
08    -webkit-box-sizing: border-box;
09      -moz-box-sizing: border-box;
10          box-sizing: border-box;
11  }
12
13  .row-fluid [class*="span"]:first-child {
14    margin-left: 0;                    /*设置第一个子元素的左外边距为0*/
15  }
16
17  .row-fluid .controls-row [class*="span"] + [class*="span"] {
18    margin-left: 2.127659574468085%;
19  }
20
21  .row-fluid .span12 {
22    width: 100%;
```

```
23    *width: 99.94680851063829%;        /*老版本的 IE 浏览器兼容代码*/
24    }
25
26    .row-fluid .span11 {
27      width: 91.489361702212765%;
28      *width: 91.43617021276594%;
29    }
30
31    .row-fluid .span10 {
32      width: 82.978723404425532%;
33      *width: 82.92553191489361%;
34    }
35
36    .row-fluid .span9 {
37      width: 74.46808510638297%;
38      *width: 74.41489361702126%;
39    }
40
41    .row-fluid .span8 {
42      width: 65.95744680851064%;
43      *width: 65.90425531914893%;
44    }
45
46    .row-fluid .span7 {
47      width: 57.44680851063829%;
48      *width: 57.39361702127659%;
49    }
50
51    .row-fluid .span6 {
52      width: 48.93617021276595%;
53      *width: 48.88297872340425%;
54    }
55
56    .row-fluid .span5 {
57      width: 40.42553191489362%;
58      *width: 40.37234042553192%;
59    }
60
61    .row-fluid .span4 {
```

```
62        width: 31.9148936170211278%;
63        *width: 31.861702127659576%;
64    }
65
66    .row-fluid .span3 {
67        width: 23.404255319148934%;
68        *width: 23.351063829787233%;
69    }
70
71    .row-fluid .span2 {
72        width: 14.893617021276595%;
73        *width: 14.840425531914894%;
74    }
75    .row-fluid .span1 {
76        width: 6.3829787234042555%;
77        *width: 6.329787234042553%;
78    }
```

可以看到 Bootstrap 计算值和笔者得出的计算结果并不一致，这是由于 Bootstrap 对第一个子元素的 margin-left 设置为 0 导致的。

 观察代码可以发现类似*width: 23.351063829787233%;这样的属性定义，原因是 IE 6/7 下宽度为 100%时是包含了外层滚动条的宽度的，因此需要有针对性地作出兼容设置。

3.2.3　媒体查询

实现页面的响应式设计，从技术上要如何实现呢？CSS 3 提供了媒介查询的功能帮助我们实现这个目标。

在 CSS 2 标准中就已经可以根据不同的媒介类型（Media Type）来设置不同的输出样式了。而 CSS 3 提供的@media 使开发者有能力在相同的样式表中，针对不同的媒介来使用不同的样式规则。可以将@media 看成是添加了 CSS 属性判断的 Media Type，其基本语法如下：

```
@media screen and (max-width: 600px) {
  .class {
    background: #ccc;
  }
}
```

这段代码定义了小于 600 像素的窗口所应用的样式。前半部分@media screen 和 Media Type 的语法是一样的，一般来说选择 screen 或 only screen，因为所有现代的智能手机、平板、PC 在类型上都是 screen。后半部分使用 and 作为条件添加符号，可以使用多个 and 添加多个条件：

```
@media screen and (min-width: 600px) and (max-width: 900px) {
  .class {
    background: #333;
  }
}
```

这段代码表示宽度在 600~900 像素之间的窗口应用该样式。width 作为条件是最常用、最基本的，根据我们的需求，还可以限定更多的条件以更精确地对设备进行适配。比如通过 orientation 来判断设备翻转、通过 device-aspect-ratio 来判断屏幕的纵横比等。表 3.1 列出了可以使用的一些判断条件。

表 3.1　适配设备的判断条件

媒体特性	说明/值	可用媒体类型	接受 min/max
width	窗体宽度	视觉屏幕/触摸设备	是
heigth	窗体高度	视觉屏幕/触摸设备	是
device-width	屏幕宽度	视觉屏幕/触摸设备	是
device-heigth	屏幕高度	视觉屏幕/触摸设备	是
orientation	设备手持方向（portrait 横向/landscape 竖向）	位图介质类型	否
aspect-ratio	浏览器、纸张长宽比	位图介质类型	是
device-aspect-ratio	设备屏幕长宽比	位图介质类型	是
color	颜色模式（例如旧的显示器为 256 色）整数	视觉媒体	是
color-index	颜色模式列表整数	视觉媒体	是
monochrome	整数	视觉媒体	是
resolution	解析度	位图介质类型	是
scan	progressive 逐行扫描/interlace 隔行扫描	电视类	否
grid	整数，返回 0 或 1	栅格设备	否

光学习语法肯定是不够的，下面来看一个流行的响应式开发框架中媒介查询的应用。

```
@media only screen { /*在不被覆盖的情况下适用于所有场景（仅作用于屏幕显示器，不包括打印机等设备）*/
```

```
……
  .column,
  .columns {
    position: relative;
    padding-left: 0.9375rem;
    padding-right: 0.9375rem;
    float: left; }

  .small-1 {
    position: relative;
    width: 8.33333%; }   /*Foundation 放弃了对旧版本 IE 的兼容，故无需兼容代码*/

  .small-2 {
    position: relative;
    width: 16.66667%; }

  .small-3 {
    position: relative;
    width: 25%; }
    ……
    ……
  .small-12 {
    position: relative;
width: 100%; }
……
……
}

@media only screen and (min-width: 40.063em) {   /*适用于中等大小窗口*/
  ……
  .column,
  .columns {
    position: relative;
    padding-left: 0.9375rem;
    padding-right: 0.9375rem;
    float: left; }

  .medium-1 {
    position: relative;
```

```
    width: 8.33333%; }


  .medium-2 {
    position: relative;
    width: 16.66667%; }
  ……
  ……
  .medium-12 {
    position: relative;
width: 100%; }
  ……
}
```

可以发现，响应式设计的栅格系统实际就是在流式栅格系统的基础上添加了媒介查询，使之更加灵活。

如果只使用 small-n 系列栅格，实际上和使用流式布局的栅格系统没有任何区别。响应式栅格系统实际就是告诉浏览器当前宽度下应当使用的样式。比如下面的代码：

```
<div class="small-12 medium-2" >……</div>
```

如果是小窗口，那么该<div>元素就占据 100%的宽度。如果是中等大小窗口，则只占据 16.66667%的宽度。

3.2.4　Twitter Bootstrap 理念

Bootstrap 是 Twitter 公司于 2011 年 8 月开源的整体式前端框架，它由 Twitter 的设计师 Mark Otto 和 Jacob Thornton 合作开发。经过短短几个月的时间就红遍全球，大量 Bootstrap 风格的网站出现在互联网的信息浪潮之中，而应用更为广泛的是它的后台管理界面。笔者近两年接触的所有互联网项目的后台均采用了 Bootstrap 进行构建。

Bootstrap 的官方网站地址是 http://getbootstrap.com/，界面如图 3.16 所示。可以在官网下载最新的版本和详细的使用说明文档。目前国内也有不错的 Bootstrap 汉化文档，地址是http://www.bootcss.com/。

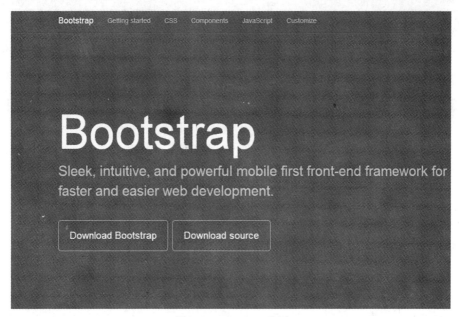

图 3.16　Bootstrap 官网

Bootstrap 的优势总结如下：

1. 功能强大和样式美观的强强联合

Bootstrap 包含了绝大多数的常用页面组件和动态效果，并且它是由专业的网页设计师精心制作的，足够的美观精致，即使是一个没有专业网页设计师的团队也可以利用 Bootstrap 快速地构建简洁美观的页面，而在 Bootstrap 出现之前，快速和美观往往是互斥的。

一些大型互联网公司（如 Google、雅虎、新浪、百度等）都会有强大的内部通用样式库和 JavaScript 组件库，但它们一方面是不开源的，另一方面大部分库都带有这些公司的特定风格和烙印，即使开源，应用面也并不广泛。

2. 简单易用，文档丰富

Bootstrap 使用起来非常简单，并且有非常详尽的文档（如图 3.17 所示），甚至可以不用查看代码，只需根据文档当做"黑盒"来使用，就可以构建出相当漂亮的页面效果，而且样式类的语义性非常好，根据英文单词的意义很容易记忆。

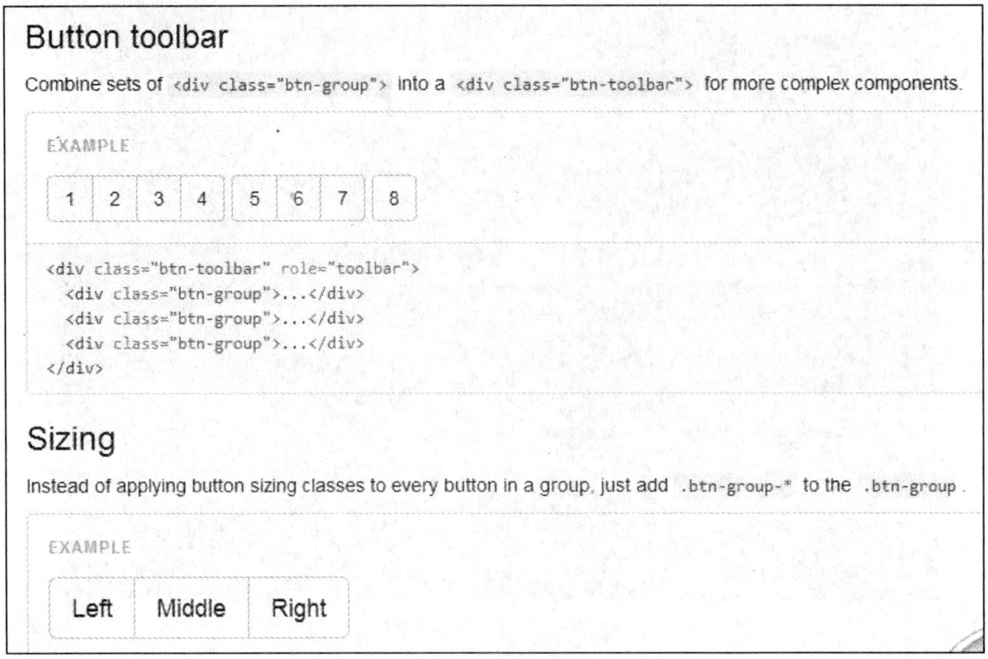

图 3.17　Bootstrap 的文档样例

3. 高度可定制

Bootstrap 的一大优点是它极佳的可定制性，一方面可以有选择性地只下载自己需要的组件，另一方面在下载前可以调配参数（如图 3.18 所示）来匹配自己的项目。由于 Bootstrap 是完全开源的，使用者也可以根据自己的需要来更改代码。

图 3.18　定制化选择界面

4. 丰富的生态圈

由于 Bootstrap 如此优秀，在 Web 开发领域出现了很多基于 Bootstrap 的插件，一些集成的 CMS

也开始应用 Bootstrap。例如图标字体插件 Font Awesome、富文本编辑器插件 bootstrap-wysiHTML 5、Rails 插件 bootstrap-sass 等等，还有很多基于 Bootstrap 的"皮肤"插件，弥补了 Bootstrap 流行后同质化严重的问题，例如基于 Window Metro 风格的 Flat UI、基于 Google 风格的 Google Bootstrap。

国内外都有 Bootstrap 的免费 CDN 服务，这更推动了 Bootstrap 的流行，由于国内无法使用 Google 的 CDN，建议使用百度 CDN 服务：

未压缩版本：

```
<script src="http://libs.baidu.com/bootstrap/2.0.4/js/bootstrap.js"></script>
<link href="http://libs.baidu.com/bootstrap/2.0.4/css/bootstrap.css"
rel="stylesheet">
```

压缩后的版本：

```
<script src="http://libs.baidu.com/bootstrap/2.0.4/js/bootstrap.min.js">
</script>
<link href="http://libs.baidu.com/bootstrap/2.0.4/css/bootstrap.min.css"
rel="stylesheet">
```

5. 布局兼容性良好

虽然 Bootstrap 采用了很多 CSS 3 的效果，但是在布局上可以兼容到 IE 7。使用 Bootstrap 可以很大程度上避免在 IE 下的布局错乱。当然，在较老版本的 IE 浏览器下，效果会打一些折扣。

3.2.5　将 Bootstrap 应用到自己的项目中

应用 Bootstrap 需要使用的是编译好的 CSS 文件。官方网站提供两个下载入口，一个是首页大大的 Download Bootstrap 按钮，另一个是首页导航栏的 Customize，这里可以提供定制化的下载。一般情况下，建议直接全部下载，在开发基本完成后，再考虑根据实际的使用情况进行定制化下载，以缩减前端代码。

在项目中引入 Bootstrap 的方法很简单，和引入其他 CSS 或 JavaScript 文件一样，使用<script>标签引入 JavaScript 文件，使用<link>标签引入 CSS 文件。不过需要注意的是 Bootstrap 的 JavaScript 效果都是基于 jQuery 的，因此需要使用 Bootstrap 的 JavaScript 动态效果的话，必须先引入 jQuery：

```
<head>
  <link href=" bootstrap.css" rel="stylesheet">
</head>
<body>
  Html code………

  ………………..
<script src=" jQuery.js"></script>          /*jQuery 应该放在前面优先加载*/
```

55

```
<script src=" bootstrap.js"></script>
</body>
```

 JavaScript 文件放在文档尾部有助于提高加载速度。

引入 Bootstrap 还可以使用第三方的 CDN 服务，Bootstrap 2 版本可以使用百度的 CDN 服务，网址是 http://developer.baidu.com/wiki/index.php?title=docs/cplat/libs。Bootstrap 3 版本则建议使用 Bootstrap 中文网提供的 CDN，网址是 http://open.bootcss.com/。当然如果是做国外的项目，首选则是 Google 的 CDN 服务了。

3.3 实例：应用媒介查询制作响应式导航栏

本章将构建一个简单的导航实例来了解一下媒介查询的具体应用。

 一般在实际应用中，只有简单页面才会手写媒介查询，复杂页面往往会采用各种响应式的框架来简化和规范开发。

（1）我们需要添加几个<meta>标签。

```
<meta name="viewport" content="width=device-width, initial-scale=1.0">
/*使用 viewport meta 标签在手机浏览器上控制布局*/
<meta name="apple-mobile-web-app-capable" content="yes" />
/*通过快捷方式打开时全屏显示*/
<meta name="apple-mobile-web-app-status-bar-style" content="blank" />
/*隐藏状态栏*/
<meta name="format-detection" content="telephone=no" />
/* iPhone 会将看起来像电话号码的数字添加电话连接，应当关闭*/
```

（2）为了让 IE 9 以下浏览器能够支持响应式，可以加上一个兼容性的 JavaScript 库，目前比较流行的有 media-queries.js 或者 respond.js。

```
<!--[if lt IE 9]>
<script src="http://CSS 3-mediaqueries-js.googlecode.com/svn/trunk/CSS
3-mediaqueries.js"></script>
<![endif]-->
```

（3）构建 html 结构并为其编写样式。

```
01   <!DOCTYPE HTML>
```

```
02    <html>
03      <head>
04        <meta name="viewport" content="width=device-width, initial-scale=1.0">
05        <meta name="apple-mobile-web-app-capable" content="yes" />
06        <meta name="apple-mobile-web-app-status-bar-style" content="blank" />
07    <meta name="format-detection" content="telephone=no" />
08    /*这部分是我们刚才提到的meta 标签*/
09    <style>
10          body{margin: 0}
11          .container{width:80%;margin:auto; }
12          .header{background-color: #333;}
13          li a{color:white;}
14    /*这部分是公共的样式，比如一些颜色的定义等*/
15          @media screen and (max-width:320px){
16           .logo{height: 40px}
17           .header{height:40px;}
18           li{
19            line-height: 50px;
20            padding:0 15px 0 15px;
21            display: block;
22            background-color: #333;
23            text-align: center;
24            border-top:1px solid white;
25           }
26             .logo{display:block;}
27          }
28    /*这里定义了窗体宽度在320px 以下的样式*/
29          @media screen and (min-width:320px) and (max-width: 765px){
30           .logo{height: 50px}
31           .header{height:50px;}
32           li{
33            line-height: 50px;
34            padding:0 15px 0 15px;
35            display: block;
36            background-color: #333;
37            text-align: center;
```

```
38              border-top:1px solid white;
39          }
40          .logo{display:block;}
41      }
42 /*这里定义了窗体宽度320px 到765px 的样式*/
43      @media screen and (min-width:765px){
44      .logo{height: 60px}
45      .header{height:60px;}
46      li{display: block; line-height: 60px; float:left; padding:0 15px 0
15px;}
47      .logo{display:block; float:left;}
48      }
49 /*这里定义了窗体宽度765px 以上的样式*/
50    </style>
51 </head>
52 <body>
53    <div class="header">
54      <div class="container">
55          <img                                      class="logo"
src="http://1.ruby-china.org/assets/text_logo-3609989243456a4c620bf2342986b638.pn
g"/>
56          <li><a href="#">热门帖子</a></li>
57          <li><a href="#">精华帖子</a></li>
58          <li><a href="#">最新原创</a></li>
59          <li><a href="#">文档翻译</a></li>
60      </div>
61  </div>
62 /*这里是导航栏的 HTML 结构*/
63    </body>
64 </html>
```

这样，一个简单的响应式导航栏就完成了。在 PC 上的显示效果如图 3.19 所示，在手机上的效果如图 3.20 所示。

图 3.19 PC 上的导航栏

图 3.20　手机上的导航栏

3.4　小结

　　本章的内容虽然不多，但包括了 HTML 5 设计中的几个大的技术点，如 CSS 3、响应式布局和 Bootstrap 框架。通过 CSS 3 技术，我们可以学习页面设计中一些元素的样式设计。通过响应式布局，我们可以设计一个跨平台的页面，而且能保证页面在不同设备的浏览器下面还保持应该有的布局。通过 Bootstrap，我们可以提高页面设计的速度，降低设计难度。

第 4 章

◀ HTML 5的地理位置定位 ▶

地理定位是 HTML 5 提供的最令人激动的特性之一，时下到处都是 LBS——基于位置的服务（Location Based Service）。HTML 5 的地址位置特性允许我们用相对简单的 JavaScript 代码，创建出能确定用户地理位置详细信息的 Web 应用，包括经纬度以及海拔等，还能设计出一些甚至能通过监控用户位置随时间的移动来提供导航功能的 Web 应用。

本章主要内容包括：

- 了解 HTML 5 中的 Geolocation API
- 学习有关经度和纬度的知识
- 使用 API 获取地理位置
- 定位手机的地理位置

4.1 复习一下纬度和经度

纬度和经度是一种利用三度空间的球面来定义地球上空间的球面坐标系统，能够标示地球上的任何一个位置。

谈到经纬度，可以追溯到公元前 344 年，亚历山大渡海南侵，随军的地理学家尼尔库斯沿途搜索材料，准备绘制一幅世界地图。尼尔库斯发现沿着亚历山大东征的路线，由西向东，无论季节变换与日照长短都很相仿。于是第一次在地球上划出了一条纬线，这条线从直布罗陀海峡起，沿着托鲁斯和喜马拉雅山脉一直到太平洋。

经线又称为子午线，定义为地球表面连接南北两极的半圆弧。任何两根经线的长度相同，相交于南北两极，每根经线都有相对应的值，称为经度。纬线定义为地球表面某个点随着地球自转所形成的轨迹，任何一根纬线都是圆形而且两两平行。

经 1884 年国际会议协商，决定以通过英国伦敦格林尼治天文台（原址）的经线为起始线，称本初子午线。以本初子午线为起点，向东为东经度（E），向西为西经度（W）。经度共 360°，本初子午线为 0° 经线，东西经度各为 180°，东、西经 180° 经线为同一条经线，统称 180° 经线。

纬度以赤道为起点，赤道以北为北纬度（N），赤道以南为南纬度（S）。赤道是 0° 纬度，北纬度的最大值是 90°，即北极点；南纬度的最大值为 90°，即南极点。

下面通过图 4.1 来了解地球经纬度。

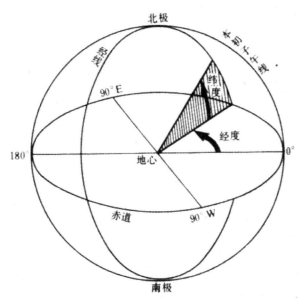

图 4.1 地球经纬度

4.2 了解 Geolocation API

开发者借助 Geolocation API 可以开发基于位置信息的高级应用，将虚拟世界和现实世界整合在一起。本节主要介绍 Geolocation API 的一些基础知识。

4.2.1 Geolocation 提供的方法

在 HTML 5 中，Geolocation 作为 navigator 的一个属性出现，它本身是一个对象，拥有 3 个方法：

- getCurrentPosition：获取用户当前的位置信息，只能获取 1 次。
- watchPosition：循环检测用户的地理位置，只要发生变化，浏览器就会触发 watchPosition 函数。
- clearWatch：清除 1 个用于对用户位置的循环监视。

getCurrentPosition 和 watchPosition 的用法类似，语法如下：

```
navigator.geolocation.getCurrentPosition(geolocationSuccess, geolocationError,
geolocationOptions);
```

geolocationSuccess 当获取经纬度信息成功时触发，回调函数接收 1 个带有用户信息的对象字面量，包含两个属性 coords 和 timestamp，其中 coords 属性对象包含以下 7 个属性值：

- accuracy：精确度
- latitude：纬度
- longitude：经度
- altitude：海拔，海平面以上以米计
- altitudeAcuracy：海拔的精确度
- heading：朝向，从正北开始以度计
- speed：速度，以米/每秒计

geolocationError 为错误回调函数，当无法获取用户经纬度时，浏览器会触发该函数，并传回错误对象，具体可能出现的错误情况可以参考文档 http://dev.w3.org/geo/api/spec-source.html#permission_denied_error。

geolocationOptions 参数为自定义的对象字面量，拥有 3 个自定义属性，如下：

- enableHighAccuracy：返回更加精确的用户信息数据，默认为 false 关闭，如果设置为 true，浏览器将消耗更多的时间用于获取信息，在移动设备上使用会消耗更多的电量。
- timeout：浏览器获取用户位置信息的超时时间，默认为 0。
- maximumAge：浏览器获取用户位置信息后的缓存时间，单位为毫秒，默认为 0，表示每次都重新获取。

下面是一段最简单的获取地理位置的代码：

```
navigator.geolocation.getCurrentPosition(function(){
 // 获取成功要做的事情...
}, function(){
 // 获取失败要做的事情...
},{
 // 指示浏览器获取高精度的位置，默认为 false
 enableHighAcuracy: true,
 // 指定获取地理位置的超时时间，默认不限时，单位为毫秒
 timeout: 5000,
 // 最长有效期，在重复获取地理位置时，此参数指定多久再次获取位置
 maximumAge: 3000
});
```

4.2.2 Geolocation 提供的地理数据

HTML 5 通过 Geolocation 接口获取用户地理位置信息，开发者不需要关心接口是在什么设备

上、使用什么底层技术去实现，只需要会简单的调用即可。

一般来说，浏览器可以从设备中获取以下数据来源：

- IP 地址
- GPS（Global positioning System，即全球定位系统）
- RFID（Radio Frequency IDentification，即射频识别），如汽车防盗和无钥匙开门系统的应用、门禁和安全管理系统
- Wi-Fi 地址
- GSM 或 CDMA 手机的 ID
- 用户自定义的地理位置数据

每种获取方式由于原理不同，所以在精准度上也会产生差异，比如使用笔记本连接 Wi-Fi 上网获取的经纬度信息与使用手机在 GSM 上获取的经纬度信息很可能会不完全一致。下面通过比对各项技术的优缺点让读者能够更加全面地了解差异，表 4.1 列出了定位数据来源的优缺点。

表 4.1　定位数据来源优缺点

定位数据来源	优点	缺点
IP 地址	连接上网的地方都可获取	不精确
GPS	非常精确	定位时间长、耗电大、室内效果差
RFID	精准、可在室内	接入设备少
Wi-Fi	精准、可在室内	需要有无线接入点
基于手机	较精准、可在室内	需要有手机网络，且基站点要多
用户自定义	自行输入位置更准备，定位快速	当用户位置发生变化时不准确

HTML 5 通过 Geolocation 除了能获取到经纬度坐标外，还能提供位置坐标的精准度。对于某些较高级的硬件设备，浏览器通过 Geolocation 还能获取到海拔、海拔精准度、行驶方向和速度等，开发者可以通过该接口获取到与原生应用同样丰富的数据形式，开发出更多酷炫的功能，而这一切都可以在浏览器里实现。

4.2.3　检测浏览器是否支持地理定位

目前并不是所有浏览器都支持地理定位功能，所以先通过一段 js 代码来测试一下：

```
01    <script>
02    var x=document.getElementById("demo");
03    function getLocation()
04      {
05      if (navigator.geolocation)
06        {
```

```
07        navigator.geolocation.getCurrentPosition(showPosition);
08      }
09    else{x.innerHTML="Geolocation 不被浏览器支持";}
10    }
11  function showPosition(position)
12    {
13    x.innerHTML="维度： " + position.coords.latitude +
14    "<br />经度： " + position.coords.longitude;
15    }
16  </script>
```

第 5 行判断浏览器是否支持 Geolocation，如果不支持，则给出提示，如果支持，调用 getCurrentPosition 方法获取地址位置，然后通过第 13~14 行显示地理信息。

4.3 使用 Geolocation API

前面了解了 Geolocation API 的语法，以及它到底能获取什么样的地理数据，本节开始通过例子演示如何调用 Geolocation API。

4.3.1 获取用户当前的地理位置

下面结合地图应用，在地图上显示用户当前的地理位置并进行标注，代码如下：

```
01  <!DOCTYPE html>
02  <html>
03  <script                                    language="javascript"
src="http://webapi.amap.com/maps?v=1.2"></script>    //高德地图脚本
04  <body>
05      <div id="imap" style="width:600px;height:200px;"></div>       //高德地图
容器
06  </body>
07  <script>
08  window.onload = function(){                          // 页面资源加载完毕后执行
09      navigator.geolocation.getCurrentPosition(function (position ) {
10        var              lnglat              =              new
AMap.LngLat(position.coords.longitude,position.coords.latitude); // 经纬度对象
11        var mapObj = new AMap.Map("imap",{            // 实例化地图对象
```

```
12              center:lnglat,                          // 地图中心点
13              level:13                                // 地图缩放登记
14          });
15          var marker = new AMap.Marker({              // 实例化图标对象
16              map:mapObj,                             // 地图对象
17              position:lnglat,                        // 基点位置
18              icon:"http://webapi.amap.com/images/marker_sprite.png", // 图
标，直接传递地址图片地址
19              offset:{x:-8,y:-34}                     // 相对于基点的位置
20          });
21      }, function(error){
22          debugger;
23      }, {
24          enableHighAccuracy : false,
25          maximumAge : 10,
26          timeout : 8000
27      });
28  }
29  </script>
30  </html>
```

示例效果如图 4.2 所示。

图 4.2　通过 Geolocation 接口获取经纬度

 如果浏览器显示"系统已阻止此网页跟踪您的地址"，则需要看看下一小节，设置管理位置，不同的浏览器设置方式不同。

4.3.2　访问地理位置的安全问题

Geolocation API 用于将用户当前地理位置信息共享给信任的站点，这涉及用户的隐私安全问

题，所以当一个站点需要获取用户的当前地理位置，浏览器会提示用户是"允许"or"拒绝"。

当用户访问一张使用HTML 5 Geolocation功能开发的页面时，浏览器会出现用户授权提示条，图 4.3 显示了在 Chrome 浏览器下用户授权条的样式（不同的 Chrome 版本提示可能略有不同）。

图 4.3　Chrome 浏览器下 Geolocation 功能授权提示

不同的浏览器，Geolocation 用户授权提示信息形式也不同，Firefox 的授权提示如图 4.4 所示。

图 4.4　Firefox 浏览器下 Geolocation 功能授权提示

HTML 5 Geolocation 方法在使用时除了会进行用户授权，浏览器还允许对过往进行授权的网站进行再修改，用户可以通过修改网站授权达到保护自己的隐私，比如在咖啡厅使用带有 Geolocation 的应用查找周边的商户信息，这时候应用通过经纬度信息定位周边商户，可以方便自己寻找信息，但当环境发生变化时，如回到自己的家中，此时可以重新将授权私有以起到保护作用。下面将通过图示来学习如何将授权的网站再次隐私。

以 Chrome 浏览器为例，首先，单击浏览器导航栏右侧圆形类似定位的按钮，如图 4.5 所示。

图 4.5　单击 Chrome 浏览器导航栏右侧定位按钮

然后，单击弹出提示框的"管理位置设置"链接，此时会重新打开一个窗口，链接地址为"chrome://settings/contentExceptions#location"，新开的页面显示当前浏览器的地理位置信息情况列表，用户可以通过编辑列表选择是否再次对网站进行授权，如图 4.6 所示。

图 4.6　Chrome 浏览器 Geolocation 授权编辑列表

修改完成后，单击"完成"按钮即可。

4.4　实例 1：手机地理定位

在一个以地点为核心的项目中，需要获取用户地理位置的坐标。本例演示通过 WI-FI 获取当前地理位置的坐标。当用户打开浏览器，页面上显示通过手机 3G 网络信号地理定位的当前坐标，同时用 Google Maps 显示标记当前的地理位置。

在 iPhone 4S 上使用 Safari 浏览器打开网页文件，运行效果如图 4.7 所示。

 本示例需要通过架设 Web 服务器来访问文件。

图 4.7　询问是否允许使用当前的位置。

单击"好"按钮，运行效果如图 4.8 所示。

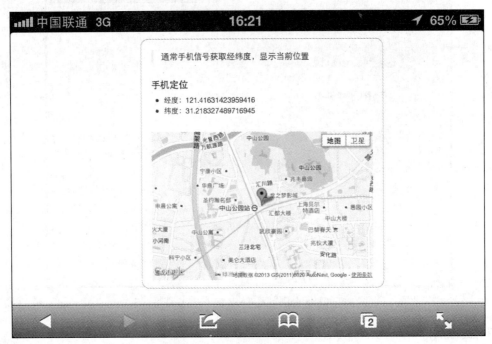

图 4.8　IP 使用联通 3G 网络定位

代码在 iPhone 4S 的 Safari 浏览器下测试通过，建议使用 Safari 浏览器打开；确保手机关闭 WI-FI；确保手机已通过手机信号连接上网络；出于隐私考虑，在第一次运行该页面时，会弹出提示是否授权使用您的地理位置信息，该程序需要授权才可正常使用定位功能。

通过手机地理定位的关键函数是 via3G，代码如下：

```
01    function via3G(){
02        if (navigator.geolocation) {                         // 判断浏览器是否支
持
03            // 通过 HTML 5 getCurrnetPosition API 获取定位信息
04            navigator.geolocation.getCurrentPosition(function(position) {
05                var info = $("#info"),                         // 获取地理位置信息控件
06                    longlat_html =                             // 拼接 HTML
07                '<h4>手机定位</h4>'+
08                '<ul>'+
09                '<li>经度: ' + position.coords.longitude + '</li>'+
10                '<li>纬度: ' + position.coords.latitude + '</li>'+
11                '</ul>';
12                info.html(longlat_html);                       // 设置显示内容结构
13                showMap(position.coords, document.getElementById("map"));
```

```
14          });
15      } else {
16        var _3g = $("#info");                       // 获取提示元素
17        _3g.html("您的浏览器不支持 HTML 5 Geolocation API 定位").css('color',
'#F30');
18      }
19   }
```

第 4 行调用 navigator.geolocation.getCurrentPosition 方法通过手机信号获取定位信息。

 通过 GPS 获取定位信息的函数与通过 WI-FI 获取定位信息的方法一样，不清楚的读者，可参见"通过 WI-FI 获取地理定位信息"的示例。

如图 4.9 所示，IP 地址地理定位最不精确，其他 3 种方式定位误差非常小，GPS 和手机定位方式最为精确。

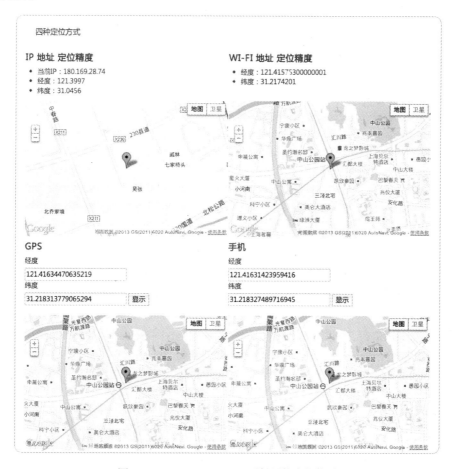

图 4.9　IP、WI-FI、GPS、手机网络定位比对

手机地理定位可在室内使用，精确度相当高，但手机需要能通过运营商上网。从目前智能机

的普及来着，手机这个缺点已经可以忽略不计了。

4.5 实例2：使用谷歌地图查找路线

本例演示一个生活中经常用到的场景，根据 Google 地图查找出行路线。路线查找需要提供起始位置和目的地位置。利用 HTML 5 提供的获取地理位置信息，可以非常方便地定位到当前地理位置，然后提供的目的地，就可以根据 Google 地图 API 查找出行路线。本示例演示的路线查找功能也可以选择出行方式，包括自驾车、公交、步行、自行车这4种方式。

使用 Chrome 浏览器打开"使用 Google 地图查找路线"网页文件，运行效果如图 4.10 所示。

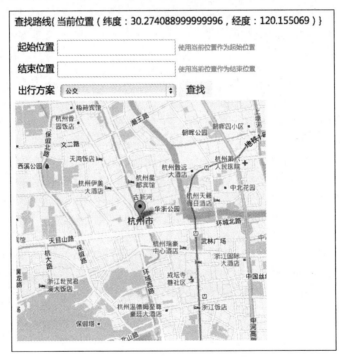

图 4.10　查找路线页面

在起始位置一栏单击"使用当前位置作为起始位置"文字按钮，运行效果如图 4.11 所示。

图 4.11　单击使用当前位置作为起始位置

在结束位置一栏，填写"西溪国家湿地公园"，出行方案选择"公交"，然后单击查找按钮，运行效果如图 4.12 所示。图中左侧以地图形式显示查找结果，标签 A 代表起始位置，标签 B 代表结束位置，图中右侧以文字的形式显示具体的路线信息。

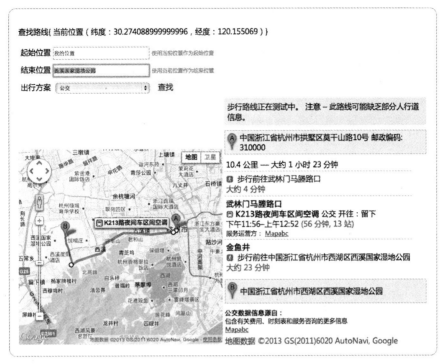

图 4.12　查找去西溪国家湿地公园的路线

在出行方案选项卡中，单击下拉框选择驾车，然后单击"查找"按钮，运行效果如图 4.13 所示。

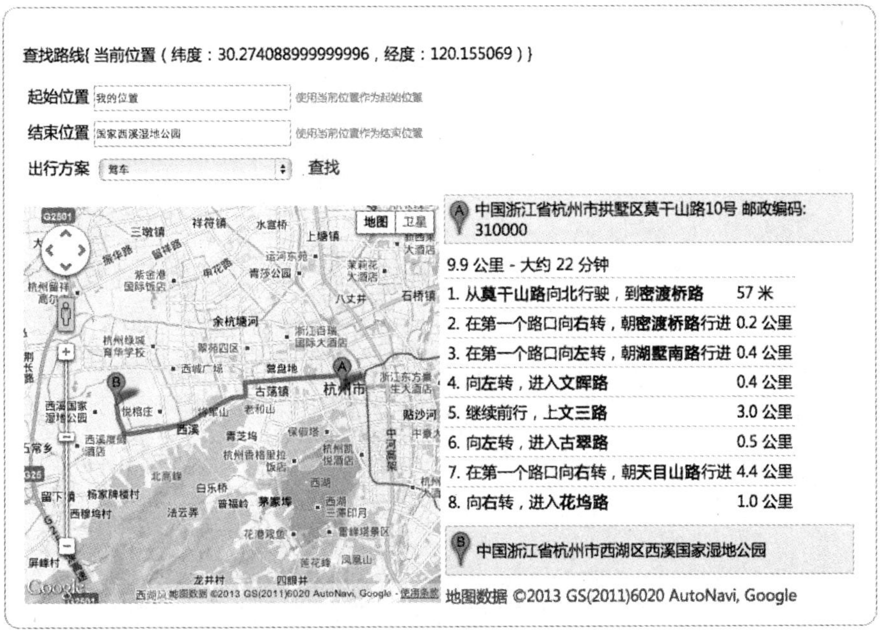

图 4.13　驾车路线

71

在出行方案选项卡中，单击下拉框选择自行车，然后单击"查找"按钮，运行效果如图 4.14 所示。

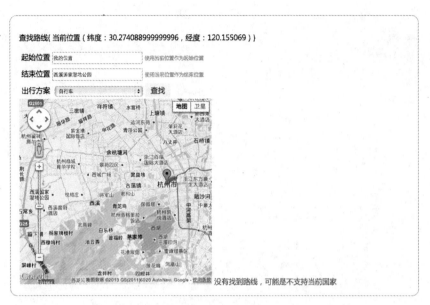

图 4.14　自行车路线

 没有找到自行车路线，因为 Google 地图目前只有美国地区支持自行车路线。

在出行方案选项卡中，单击下拉框选择步行，然后单击"查找"按钮，运行效果如图 4.15 所示。

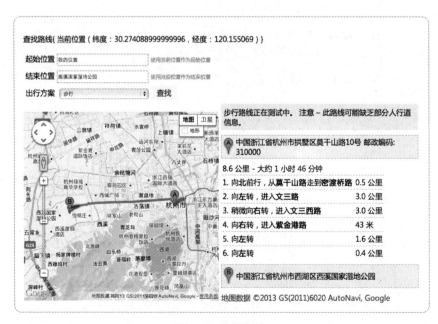

图 4.15　步行路线

创建"使用 Google 地图查找路线.html"页面，样式部分代码如下：

```
<style>
body{
    margin:50px auto;width:870px;padding:20px;border:1px solid #c88e8e;
    border-radius: 15px;
        height: 100%;                                          /* 设置高度自适应 */
    }
    .item { width:430px; display: inline-block;padding-right:2px;}      /* 设
置 ip 和 wifi 容器的宽度并左浮动 */
    .section{padding: 5px;}
    .btn{text-decoration: none; color: #c89191;font-size: 11px; }
    .btn:hover{text-decoration: underline;}
    input,    select{border:    #b9aaaa    1px    solid;    height:    22px;width:
200px;margin-left:5px;}
    #map{ height: 400px; width: 430px; text-align: center;}          /* 设置地
图宽高 */
    .search{                                              /* 设置查找按钮样式 */
      padding: 4px 12px;
      text-decoration: none;
      cursor: pointer;                                    /* 设置光标的手形
*/
      color: #333333;
      background-color: #f5f5f5;                          /* 设置查找按钮
背景色 */
      border-radius: 4px;
      box-shadow: inset 0 1px 0 rgba(255,255,255,.2), 0 1px 2px rgba(0,0,0,.05);/*
设置查找按钮阴影 */
    }
</style>
```

HTML 部分代码如下：

```
01   <p>查找路线<span id="info"></span></p>
02      <div class="section">                                          <!--起始位
置 -->
03      <label for="start">起始位置</label><input type="text" id="origin" />
      <!--起始位置输入框-->
04        <a href="javascript:;" class="btn" id="user-origin">使用当前位置作为起始位
置</a>
```

```
05        </div>
06        <div class="section">                          <!-结束位置 -->
07            <label for="end">结束位置</label><input type="text" id="destination"
/> <!-结束位置输入框 -->
08            <a href="javascript:;" class="btn" id="user-destination">使用当前位置
作为结束位置</a>
09        </div>
10        <div class="section">
11            <label for="travelMode">出行方案</label>                    <!-出行方案选择
-->
12            <select id="travelMode">
13                <option value="TRANSIT">公交</option>           <!-选择公交-->
14                <option value="DRIVING">驾车</option>           <!-选择驾车-->
15                <option value="BICYCLING">自行车</option>         <!-选择自行车-->
16                <option value="WALKING">步行</option>           <!-选择步行-->
17            </select>
18            <a href="javascript:;" class="search" id="search">查找</a><!-查找路线
按钮-->
19        </div>
20        <div id="map" class="item">加载中...</div>                   <!--地图方式显示控
件-->
21    <div id="directionsPanel" class="item"></div>                    <!-文字方式显示
路线-->
```

第 3 行和第 7 行，输入框可以让用户自己输入路线查找的起始位置或者结束位置。

第 4 行和第 8 行，定义用户可以选择以当前位置作为起始或者结束位置。

第 12~17 行，定义了 4 种出行方式，分别为：

- TRANSIT：公交
- DRIVING：驾车
- BICYCLING：自行车
- WALKING：步行

第 21 行，元素<div id="directionsPannel">作用是把路线查找的文字结果显示在这里。

JavaScript 逻辑代码部分如下：

```
01    var
02    gmap = document.querySelector("#map"),             // 获取地图 DOM
03    ginfo = document.querySelector("#info"),           // 获取显示经纬度 DOM
04    origin = document.querySelector("#origin"),        // 获取起始位置输入 DOM
```

```
05    destination = document.querySelector("#destination"),// 获取结束位置输入 DOM
06    userOrigin = document.querySelector("#user-origin"),// 获取使用当前作为起始位
置 DOM
07    userDestination = document.querySelector("#user-destination"),   // 获取使
用当前作为结束位置 DOM
08    travelMode = document.querySelector("#travelMode"),        // 获取出行方式 DOM
09    search = document.querySelector("#search"),                // 获取查找按钮 DOM
10    directionsPanel = document.querySelector("#directionsPanel"),   // 获取文
字结果 DOM
11    map,                                            // 定义 Google 围图变量
12    currentMaker,                                   // 定义当前位置标记
13    currentPosition,                                // 定义当前位置信息
14    directionsService = new google.maps.DirectionsService(),      // 初始化获取路
线服务
15    directionsDisplay = new google.maps.DirectionsRenderer(),     // 初始化显示路
线服务
16    showMap = function(position) {
17        currentPosition = new google.maps.LatLng(position.coords.latitude,
position.coords.longitude); // 经纬度
18        // 地图参数
19        var options = { zoom: 14, center: currentPosition, mapTypeId:
google.maps.MapTypeId.ROADMAP };
20        map = new google.maps.Map(gmap, options),              // 地图
21        // 地图位置标记
22        currentMaker = new google.maps.Marker({position: currentPosition, map:
map, title: "用户位置"});
23        ginfo.innerHTML = "{ 当前位置（纬度：" + position.coords.latitude
24                          +"，经度：" + position.coords.longitude + ") }";// 显
示定位结果
25        directionsDisplay.setMap(map);                  // 地图上显示路线
26        directionsDisplay.setPanel(directionsPanel);    // 显示路线查找文字结果
27    },
28    userSelectionCurrent = function(e){                // 设置当前位置作为查找点
29        var prev = this.previousElementSibling;        // 获取 input 元素
30        prev.value = '我的位置';                        // 设置 input 元素的值
31        prev.style.color = 'blue';                     // input 元素字体设置为蓝
色
32        prev.isCurrent = true;                         // 设置 input 使用当前位置来计算
33    },
```

```
34    cancelCurrent = function(){
35        this.style.color = '#111';                    // 设置 input 元素字体颜色为#111
36        this.isCurrent = false;                       // 设置不使用当前位置作为查找点
37    },
38    bind = function(){
39        [userOrigin, userDestination].forEach( function (item){
40            item.addEventListener('click', userSelectionCurrent, false); // 绑
定使用当前位置的单击事件
41        // 如果 input 元素的值为人为改变，则设置不使用当前位置作为查找点
42        item.previousElementSibling.addEventListener('change', cancelCurrent,
false);
43        });
44        search.addEventListener("click", calcRoute, false);  // 绑定查找按钮事件
45    },
46    calcRoute = function(){                                    // 路线查找函数
47        var
48        start = origin.isCurrent ? currentPosition : origin.value,    // 获取路
线的起始位置
49        end = destination.isCurrent ? currentPosition : destination.value,// 获
取路线的结束位置
50        selectedMode = travelMode.value,              // 获取路线的出行方式
51        request = {                                   // 封装 route 函数参数
52            origin:start,
53            destination:end,
54            travelMode: google.maps.TravelMode[selectedMode]
55        };
56        // 调用 Google 地图 API 请求路线
57        directionsService.route(request, function(response, status) {
58            if (status == google.maps.DirectionsStatus.OK) { // 路线找到
59                directionsPanel.innerHTML = '';               // 清除文字结果
60                directionsPanel.style.color = '';             // 清除文字结果颜色
61                directionsDisplay.setMap(map);                // 在地图上显示路线
62                directionsDisplay.setDirections(response);    // 显示文字结果
63                currentMaker.setMap(null);                    // 清除位置标记
64            }else{
65                directionsPanel.style.color = 'red';
66                // 没有找到路线
67                if(status === google.maps.DirectionsStatus.ZERO_RESULTS){
68                    // 自行车查找的特殊处理
```

```
69                    if(selectedMode === 'BICYCLING'){
70                      directionsPanel.innerHTML = '没有找到路线，可能是不支持当前国家
';
71                    }else{
72                        directionsPanel.innerHTML = '没有找到相关路线';
73                    }
74                }else if(status == google.maps.DirectionsStatus.NOT_FOUND){
75                    directionsPanel.innerHTML = '地址没有找到';
76                }else{
77                    directionsPanel.innerHTML = '其他错误: ' + status;
78                }
79                directionsDisplay.setMap(null);          // 清除上一次显示的路线
80                currentMaker.setMap(map);                // 显示当前的位置标记
81            }
82        });
83    },
84    getPosition = function(){
85        var
86        errorHandler = function(error){                  // 定位出错处理函数
87            switch(error.code){
88                case error.PERMISSION_DENIED:            // 定位失败，没有权限
89                    gmap.innerHTML = "定位被阻止，请检查您的授权或者网络协议(" +
error.message + ")";
90                    break;
91                case error.POSITION_UNAVAILABLE:    // 定位失败，不可达
92                    gmap.innerHTML = "定位暂时无法使用，请检查您的网络(" +
error.message + ")";
93                    break;
94                case error.TIMEOUT:                      // 定位失败，超时
95                    gmap.innerHTML = "您的网络较慢，请耐心等待...";
96                    gmap.innerHTML = "对不起，定位超时";    // 超时了
97                    break;
98            }
99        },
100       getCurrentPosition = function(){                 // 定位函数
101           navigator.geolocation.getCurrentPosition(showMap, errorHandler);
102       };
103       return getCurrentPosition;                       // 返回定位函数供外部调用
104   }();
```

```
105  var init = function(){
106     if (navigator.geolocation) {
107        gmap.innerHTML = "定位中...";
108        getPosition();                         // 定位开始
109        bind();
110     } else {
111        gmap.innerHTML = '您的浏览器不支持地理位置 ~O(∩_∩)O~';  // 定位失败, 浏
览器不支持
112     }
113  };
114  google.maps.event.addDomListener(window, 'load', init);     // 入口函数
```

　　第 17 行，在 navigator.geolocation.getCurrentPosition 函数的回调结果中，用 currentPosition 记录定位的结果。如果是使用当前位置进行查找路线，这个结果在执行路线查找时会用到。

　　第 28~33 行，定义 "使用当前位置作为起始位置" 和 "使用当前位置作为结束位置" 的事件处理函数，当用户单击其按钮时，设置其对应的文本输入框的值为 "我的位置"，并把字体颜色改为蓝色。然后设置变量 isCurent 的值为 true，用来标记要使用当前位置作为起始或者结束位置。

　　第 34~37 行，取消使用当前位置为作为查找条件。

　　当用户在输入框中敲入文字时，表示用户不想使用当前位置来查找。

　　第 38~45 行，定义了 "使用当前位置作为起始位置"、"使用当前位置作为结束位置"、2 个文本输入框和 "查找" 按钮的事件代理。

　　第 46~83 行，是查找路线的处理函数。

　　第 48~49 行，获取路线查找的起始和结束位置，如果使用当前位置，则其值为第 17 行代码赋予变量 currentPostion 的值，如果不使用当前位置作为查找条件，则对应获取用户输入的文字。

　　第 50 行，获取用户选择的出行方式。

　　第 57 行，调用 directionsService 的 route 方法，该方法提供两个参数。第 1 个参数为查找条件（包括路线的起始、结束位置和出行方式等），第 2 个参数为查找结果的回调函数。回调函数中第一个参数是具体的路线结果，第 2 个参数代表查找结果的状态。

　　了解更多谷歌地图相关的查找路线的信息接口，读者可以请参考 https://developers.google.com/maps/documentation/javascript/reference#DirectionsService。

　　第 58 行，表示已经查找到了结果。

　　第 61 行，如果查找到路线，在地图上显示出路线。

　　第 62 行，在<div id="directionsPanel">上显示查找结果的文字方案。

　　第 65~78 行，是没有正确查找到路线的错误处理逻辑。常见的有 3 种错误：

- OK: 表示找到路线
- NOT_FOUND: 表示起点和终点至少有一个位置没找到
- ZERO_RESULT: 表示起点和终点找到了，但没有找到相关路线

 更多的错误信息请参考 https://developers.google.com/maps/documentation/directions/?hl=zh-cn。

第 114 行，表示 Google 地图可用后马上调用 init 函数进行初始化。

4.6　小结

在没学习本章之前，很多人可能不了解，原来 PC 上的浏览器也可以获取地理位置。通过本章的学习，我们了解了移动网页也可以定位，也可以通过 IP 或 WIFI 来获取地理位置。鉴于谷歌地图在很多时候可能调用起来不太方便，读者可以尝试修改本章的地图，改成用百度地图来尝试一下。

第 5 章
◄ HTML 5的Web Workers ►

浏览器中的 JavaScript 一直运行在单线程的环境中，所以在做网站前端优化时，习惯性地将 JavaScript 放置在页面的底部，这样可以让页面的内容更快地加载渲染。有的时候，遇到前端处理页面包括大量数据时，会使用 setTimeout 方法，错开任务的执行时间，避开同一时间执行造成的交互停滞。这些做法虽然在一定程度上能起到优化效果，但显而易见的是浏览器单线程执行 JavaScript 的制约了浏览器实现富应用的脚步。

HTML 5 提出了 Web Workers 新功能，使得 JavaScript 可以类似于线程一样地实现并行，充分利用现在计算机多核 CPU 的处理优势。开发者可将一些脚本处理的计算密集型任务分配给 Web Workers 处理，而不阻碍页面 UI 与用户的交互。

本章主要内容包括：

- 了解 Web Workers 的使用场合
- 学习如何使用 Web Workers 进行通信
- 通过几个例子掌握 Web Workers 在现实项目中的应用

5.1 认识 Web Workers

Web Workers 是运行在后台的 JavaScript，独立于其他脚本，不会影响页面的性能，本节将学习如何使用 Web Workers。

5.1.1 Web Workers 的应用场合

Web Workers 虽然强大，但也需要在合适的场景内使用，对于有些情况的处理会受到浏览器的限制，比如在 Web Workers 中执行的脚本无法访问页面的 Window 对象，也就是说，Web Workers 无法直接访问页面与 DOM 相关的程序接口。同时，如果开发过程中出现过多的实例化 Web Workers 对象处理数据，会对计算机的 CPU 产生消耗，导致系统响应速度降低。

所以，只有在合适的场景使用 Web Workers 才能使浏览器应用变得更加流畅，目前，市面上的浏览器对 Web Workers 的支持情况各不相同，表 5.1 是主流浏览器对 Web Workers 的支持情况。

表 5.1　主流浏览器 Web Workers 支持情况

浏览器	支持版本
Chrome	4.0＋
Firefox	3.5+
Internet Explorer	10+
Opera	10.6+
Safari	4.0+

在创建 Web Workers 之前，可以通过如下代码来测试浏览器是否支持它：

```
if(typeof(Worker)!=="undefined")
{
  // 你的浏览器支持
  // 你的代码....
}
else
{
  // 对不起，您的浏览器不支持 Web Workers!
}
```

5.1.2　与 HTML 5 Web Workers 通信

作为一项在浏览器内使用的新技术，与页面 DOM 交互是必不可少的，但是 Web Workers 不能直接对 DOM 进行处理，需要通过事件模型和 postMessage 方法实现。postMessage 接受字符串或 JSON 对象作为参数，具体使用情况取决于用户的浏览器，在新型的浏览器中可以支持传递 JSON 对象。

下面通过一个 Hello World 示例介绍 Web Workers 的使用，浏览器端代码如下：

```
var worker = new Worker('web_worker.js');        // 实例化 Web Workers 对象，传递脚本
worker.addEventListener('message', function(e) {// 监听 worker 的 message 事件，接
收返回信息
    console.log(e.data);                         // 打印返回数据
}, false);
worker.postMessage('Hello World');               // 向 Web Workers 示例发送信息
```

Web Workers 脚本文件 web_worker.js 的代码如下：

```
self.addEventListener('message', function(e) {            // 监听 message 事件，接收页面
传递数据
```

```
    self.postMessage(e.data);                    // 向调用页面输送信息
}, false);
```

5.1.3 多个 JavaScript 文件的加载

对于一些较为复杂的应用来说，Web Workers 内部可能需要加载外部脚本，保持代码功能的唯一性。在网页上加载多个脚本，大家都知道可以通过添加多个 script 标签，当页面加载时同步加载 JavaScript 文件，对于 Web Workers 来说，道理也是类似的，不过需要借助于 importScripts 方法，语法如下：

```
importScripts('other.js');
```

importScripts 方法除了支持传递单个参数外，还允许接收多个脚本传递，语法如下：

```
importScripts('script1.js' , 'script2.js');
```

5.1.4 终止 Web Workers 的监听操作

前面提到，Web Workers 通过 addEventListener 来监听 message 事件来向页面传递信息，所以它始终处于监听状态，如果我们要终止这个监听操作，则需要使用 terminate()方法，语法如下：

```
w.terminate();
```

这个方法比较简单，没有任何参数，所以这里不特别举例，读者可通过下一个的终止计数器来了解它的具体应用。

5.1.5 利用 Web Workers 创建一个简单的页面计数器

前面已经了解了 Web Workers 的基本使用方法，本节通过一个常见的页面计数器来学习它的具体应用。

创建页面 count.htm，HTML 代码如下：

```
01    <!DOCTYPE html>
02    <html>
03    <body>
04
05    <p>计数器: <output id="result"></output></p>
06    <button onclick="startWorker()">开始计数</button>
07    <button onclick="stopWorker()">停止计数</button>
08    <br /><br />
09
```

```
10    <script>
11    var w;
12    function startWorker()
13    {
14      if(typeof(Worker)!=="undefined")
15      {
16        if(typeof(w)=="undefined")
17        {
18          w=new Worker("workers.js");
19        }
20        w.onmessage = function (event) {
21          document.getElementById("result").innerHTML=event.data;
22        };
23      }
24      else
25      {
26        document.getElementById("result").innerHTML="对不起，浏览器不支持 Web
Workers...";
27      }
28    }
29    function stopWorker()
30    {
31      w.terminate();            //终止监听
32    }
33    </script>
34
35    </body>
36    </html>
```

workers.js 的内容如下：

```
var i=0;
function timedCount()
{
  i=i+1;
  postMessage(i);            //发送消息
  setTimeout("timedCount()",1000);
}

timedCount();
```

运行本例的效果如图 5.1 所示。

图 5.1　页面计数器

5.2　实战 Web Workers

Web Workers 的语法特别简单，如果只是简单的几段 js 代码，当然也没法发挥 Web Workers 的作用，本节通过几个完整的应用来深入学习 Web Workers 的开发。

5.2.1　实例 1：大数量的图片处理

在现实开发中 Web Workers 常常用于处理大型密集型数据任务，可以有效地避免阻塞主 UI 线程渲染交互。本例将演示通过 Web Workers 在后台处理图片数据，包含对图片进行逆色和黑白处理功能，并将处理结束后的图片数据信息发送至前台页面进行渲染。

运行本例之前，首先将代码部署在 Web 服务器上，如 Apache、IIS 或 Nginx 等，使用浏览器打开 WebWorker.htm，效果如图 5.2 所示。

图 5.2　Web Workers 例子效果图

单击"逆色"按钮，按钮下方的黑色方框区域出现上方图片的逆色效果，如图 5.3 所示。

图 5.3　单击"逆色"按钮

单击"黑白"按钮，按钮下方显示出现图片的黑白色效果，如图 5.4 所示。

图 5.4　单击"黑白"按钮

HTML 页面代码如下：

```
01    <!DOCTYPE html>
02    <html>
03    <body>
04      <img src="webworker.jpg"></img>                        <!-- 例子图片
-->
05      <div><button  id="invert"> 逆 色 </button><button  id="grayscale"> 黑 白
</button></div>
06      <canvas width=550 height=100 style="border:1px solid black"></canvas>
07    </body>
08    <script type="text/javascript">
09    var worker = new Worker('webworker.js');            // 实例化 Web Workers 对象，
传递脚本
10    var context = document.querySelector('canvas') .getContext('2d');// canvas
容器上下文对象
11    var buttons = document.querySelectorAll('button');   // 所有按钮元素
```

```
12    var img = document.querySelector('img');                    // 图片元素
13    worker.addEventListener('message', function(e) {            // 监听 worker message
事件
14        context.putImageData(e.data, 0, 0);                      // 重新绘制canvas图片内
容
15    }, false);
16    for(var i =0; buttons[i]; i++){
17        buttons[i].addEventListener('click',function(e){          // 监听按钮单击事件
18            e.preventDefault();                                   // 阻止按钮元素默认事件
19            context.drawImage(img,0,0);                           // 使用 canvas 绘制图片
20            var imgData = context.getImageData(0,0,img.width,img.height);// 获
取 canvas 绘制的图片内容
21            worker.postMessage({ id : this.id, data : imgData});// 发送 webworker
图片数据
22        });
23    };
24    </script>
25    </html>
```

主页面要完成的功能比较简单，首先，实例化 WebWorkers 对象并传递对应后台脚本地址，监听该对象的 message 事件，接收后台脚本返回的数据信息。接着，监听页面逆色和黑白按钮的单击事件，当触发单击事件时，使用 canvas 的 drawImage 方法绘制图像，并通过 canvas 的 getImageData 方法获取图像的数据信息，然后调用实例化后的 WebWorkers 对象的 postMessage，向后端运行的脚本发送图片数据信息。后端 WebWorker 脚本代码如下：

```
01    var graph ={
02      "invert" : function(imgdata){                             // 图形逆色处理方法
03          var data = imgdata.data;
04          for(var i = 0; i < data.length; i += 4) {
05              data[i] = 255 - data[i];                           // 红色
06              data[i + 1] = 255 - data[i + 1];                   // 绿色
07              data[i + 2] = 255 - data[i + 2];                   // 蓝色
08          }
09          return imgdata;
10      },
11      "grayscale" : function(imgdata){                          // 图形黑白色处理方
法
12          var data = imgdata.data;
13          for(var i = 0; i < data.length; i += 4) {
```

```
14                    var brightness = 0.34 * data[i] + 0.5 * data[i + 1] + 0.16 * data[i
+ 2];
15                    data[i] = brightness;                         // 红色
16                    data[i + 1] = brightness;                     // 绿色
17                    data[i + 2] = brightness;                     // 蓝色
18                }
19            return imgdata;
20        }
21    };
22    self.addEventListener('message', function(e) {    // 监听 message 事件，接收页面
传递数据
23        self.postMessage(graph[e.data.id](e.data.data));// 返回接收的图形数据处理
后的信息
24    }, false);
```

后端 WebWorker 脚本要做的是，将主页面返回的图片数据信息交给对应的图形处理方法，在 invert 或 grayscale 图形方法处理完毕后，将返回处理后的数据交给主页面，主页面在接收到返回的图片数据后，通过 canvas 进行渲染呈现。

5.2.2 实例 2：实现微博消息的实时推送

HTML 5 提供了非常方便的通信机制，利用其跨文档间的通信可以非常容易地实现一些业务功能。本例演示利用 HTML 5 的跨文档通信功能，实现微博页面的实时刷新功能。

使用浏览器打开"微博消息实时推送-index"网页文件，运行效果如图 5.5 所示。

 本例程序需要在本地 Web 服务器上通过 http://localhost 地址运行。

微博消息实时推送

图 5.5　页面初始化

过几秒钟后，页面显示效果如图 5.6 所示。

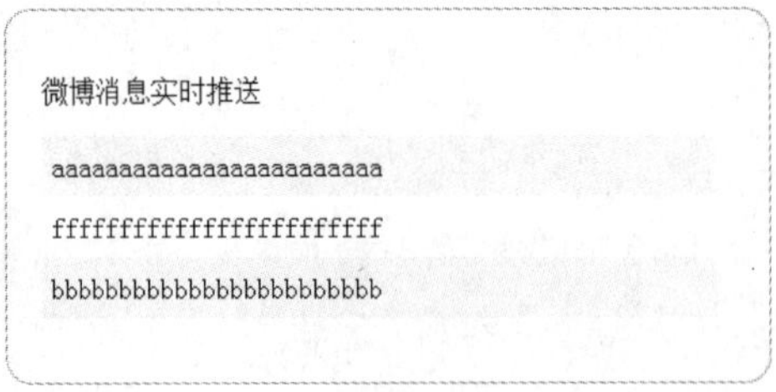

微博消息实时推送

aaaaaaaaaaaaaaaaaaaaaaaa

fffffffffffffffffffffffff

bbbbbbbbbbbbbbbbbbbbbbbbb

图 5.6　微博实时消息

 根据运行环境不同，等待的时间会不太一样，这取决于程序的随机计算。

创建"微博消息实时推送-index.html"文件，如无特殊说明，以下称此文件为主文件，代码如下：

```
01    <!DOCTYPE html>
02    <html lang="en">
03    <head>
04      <meta charset="utf-8">
05      <title>微博消息实时推送</title>
06      <style type="text/css">
07      body{
08       margin:50px auto;width:400px;padding:20px;border:1px solid #c88e8e;
09       border-radius: 15px;                          /* 设置圆角 */
10          height: 100%;
11          }
12      #weibolist{list-style: none; padding: 0;}
13      #weibolist li{ background: #F3F3F3;line-height: 24px;height: 24px;padding:
5px; width: 95%;}
14      #weibolist li:nth-child(2n){background: #fff;}          /* 设置微博列表的偶
数项目样式 */
15      #weibo-iframe{display: none;}                 /* 微博获取 iframe 设置为不可见 */
16      </style>
17    </head>
18    <body>
19      <p>微博消息实时推送</p>
20      <ul id="weibolist"></ul>
21      <iframe id="weibo-iframe" src="微博消息实时推送-server.html"></iframe>
22    </body>
23    <script>
24    ;(function(W){
```

```
25        var doc = W.document;
26        var weibolist = doc.querySelector("#weibolist");
27        var handler = function(weibo_data){              // 处理新的微博信息
28            var li = document.createElement("li");
29            li.innerText = weibo_data;
30            weibolist.appendChild(li);                   // 把微博信息显示在
weibolist 控件中
31        };
32        // 监听从"微博消息实时推送-server.html"页面是否有 postMessage 请求
33        W.addEventListener('message', function(evt) {    // message 事件代理
34            if(evt.origin === 'http://192.168.3.100'){    // 判断发消息的来源是否正
确
35                han+dler(evt.data);                       // 把新的微博消息交给处理函数处理
36            }
37        }, false);
38    }(window));
39    </script>
40    </html>
```

 这是本例代码的第 1 个文件，该文件作为程序的主文件。

第 21 行，引入微博消息实时处理的 Server 处理文件，即第 2 个文件，如无特殊说明，以下称此文件为 Server 辅助文件。因为要获取数据，需要经常和 Server 通信，如果把与 Server 进行通信的工作交给主文件处理，那么主文件的性能会损耗较大。通过 HTML 5 的通信机制，可以通过引入 Server 辅助文件。当 Server 辅助文件与 Server 通信后，获得了新的微博数据，则主动通知主文件有新的微博消息，需要主文件处理。主文件、Server 辅助文件、Server 三者的关系如图 5.7所示。

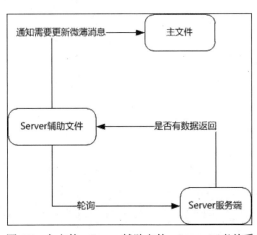

图 5.7　主文件、Server 辅助文件、Server 三者关系

代码第 33 行，监听 Server 辅助文件是否发来通知，如果 Server 辅助文件发出通知，则触发主文件的 message 事件，然后执行事件的回调函数。

> window.addEventListener('message',callback)是 HTML 5 中新增的事件监听方法，可以接收其他文档通过 postMessage 发来的消息。有关详细的信息可参考 http://dev.w3.org/HTML 5/postmsg/。

第 34 行，判断消息来源是否可靠，message 事件代理中的参数包含 2 个重要的信息，origin 和 data。origin 保存了消息的来源，data 保存了消息的消息体。其他有关信息可参考 http://dev.w3.org/HTML 5/postmsg/。

第 35 行，如果通过了来源检测，则调用处理函数处理消息。

第 27~31 行，是具体的处理逻辑，读者可根据业务自行扩展。

创建"微博消息实时推送-server.html" Server 辅助文件，代码如下：

```
01    <html>
02    <head>
03    </head>
04    <body>
05        <script type="text/javascript">
06            ;(function(){
07                // 模拟的数据，真实环境中，数据可以从服务器取得。
08                var virtualData = [
09                    'aaaaaaaaaaaaaaaaaaaaaaaaa',
10                    'bbbbbbbbbbbbbbbbbbbbbbbbb',
11                    'ccccccccccccccccccccccccc',
12                    'ddddddddddddddddddddddddd',
13                    'eeeeeeeeeeeeeeeeeeeeeeeee',
14                    'fffffffffffffffffffffffff',
15                    'ggggggggggggggggggggggggg'
16                ];
17                /**
18                 * 这里是获取是否有新的微博信息产生的逻辑
19                 * 如果有，则返回微博信息
20                 * 如果没有，则返回 null
21                 */
22                // 从服务器获取数据。此函数为模拟环境，真实环境请从服务器读取
23                var getData = function(){
24                    var index = Math.floor(Math.random() * 10); // 获取模拟数据
25                    return virtualData[index] || null;          // 如果数据不存在,返
```

```
回 null
26                  }
27            var aniloop = function(){
28                  var randTime = Math.floor(Math.random() * 10000);
29                  setTimeout(function(){
30                        var data = getData();          // 获取是否有新微博消息
31                        if(data !== null){             // 判断是否有新微博
32                              // 发消息，通知父页面有新消息到了
33                              window.parent.postMessage(data,
'http://localhost');
34                        }
35                        aniloop();                      // 在下一阶段继续调用处理程序
36                  }, randTime);
37            }
38            aniloop();
39      }());
40      </script>
41  </body>
42  </html>
```

第 08 行，为了模拟 Server 返回数据，此数据是我们伪造的。

第 24~25 行，随机获取 1 个 0~9 的整数 index，并判断 virtualData 是否存在 index 的索引。如果存在，返回其值，不存在返回 null。

第 27 行，定义了 1 个轮询函数，轮询间隔从 1~10 秒间随机。

第 32 行，如果有微博更新，则使用 HTML 5 的 postMessage 向 windows.parent（即主文件）发消息。postMessage 的调用对象为 window.parent，即主文件。也就是说向谁发消息，需要获取对方的引用。该方法包含 2 个参数，第 1 个参数为需要发送的内容，一般为文本，有些浏览器也支持对象、数组等。第 2 个参数为允许的发送源。

> postMessage 有关详细信息请参考 http://dev.w3.org/HTML 5/postmsg/。

5.2.3　实例 3：预览网页的内容

在新闻阅读类网站中，经常需要处理的一个场景是，把新闻信息嵌入到一个 iFrame 中供用户阅读详细的新闻。而这种情况一般的处理流程是跳到一个新的页面，本例通过 HTML 5 的 postMessage 通信，可以不用跳转，而是直接在当前页面新开一个页面，供用户阅读。

使用浏览器打开"预览网站内容.html"网页文件，运行效果如图 5.8 所示。

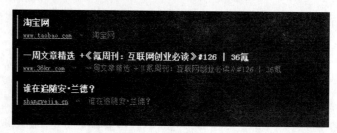

图 5.8　新闻列表

单击淘宝网标题链接，运行效果如图 5.9 所示。

图 5.9　预览网站具体内容

单击左侧"关闭"按钮，如图 5.10，页面回到图 5.8 所示状态。

图 5.10　单击"关闭"按钮

创建"预览网站内容.html"文件，如无特殊说明，以下称此文件为主页面，代码如下：

```
01    <!DOCTYPE html>
02    <html lang="en">
03    <head>
04        <meta charset="utf-8">
05        <title>预览网站内容</title>
06        <script type="text/javascript" src="jquery-1.8.3.js"></script>
07        <style type="text/css">
```

```
08              // 样式内容见代码源文件
09          </style>
10      </head>
11      <body>
12          <div class="news">
13              <!- 新闻列表 ->
14              <div class="clist clearfix">
15                  <div class="clist-center clist-noavatar">
16                      <h3><a       href="http://taobao.com/"       class="item"
target="_blank">淘宝网</a></h3>
17                      <div class="clist-con">
18                          <a       href="http://taobao.com/"       class="item"
target="_blank">www.taobao.com</a>
19                              <span>  - </span> 淘宝网
20                      </div>
21                  </div>
22              </div>
23              <!-更多阅读列表见代码源文件 -->
24              <!- // 新闻列表 end ->
25          </div>
26          <iframe src="preview.html" id="iframe"></iframe><!-预览页面 -->
27      </body>
28      <script>
29      $(function(){
30          var body = document.querySelector("body"),       // 获取 body 控件
31              iframe = document.querySelector("#iframe"),   // 获取 iframe 控件
32              win = iframe.contentWindow;                   // 获 取 iframe 的
document
33          $(".item").on("click", function(e){              // 绑定每一个新闻标题的单击事
件
34              e.stopPropagation();                         // 阻止事件冒泡
35              e.preventDefault();                          // 阻止事件的默认行为
36              // var style = window.getComputedStyle(iframe); // 获取 iframe 的样
式对象
37              // 设置样式
38              body.style.height = document.documentElement.clientHeight;
39              iframe.style.display = 'block';
40              iframe.style.height = (document.documentElement.clientHeight - 15)
+ 'px';
```

```
41              var width = (document.documentElement.clientWidth - 50) + 'px';
42          win.postMessage({                                    // 发送消息给 iframe
43              href: e.target.href,
44              height: iframe.style.height,
45              width: width },
46          '*');
47      });
48      window.addEventListener("message", function(evt){          // 监 听 从
iframe 中传来的动作
49          if(evt.data === 'closed'){                           // 动作为关闭操作
50              iframe.style.display = 'none';                   // 关闭当前预览
51          }
52      });
53  })
54  </script>
55  </html>
```

第 14~22 行，定义一则新闻的 HTML 模板。由于篇幅限制，更多的新闻列表请参见下载源代码。第 33 行，获取 DOM 元素 class 类名为 item 的链接元素，监听新闻标题单击事件，当用户单击新闻标题时，弹出新闻预览页面。第 34~35 行，分别是阻止 a 链接的冒泡事件和默认打开新页面的行为。

第 38 行，设置当前 body 的高度为窗口可视区域的高度，可以保证 iFrame 样式不出错。第 39 行，设置 iFrame 的高度为窗口可视区域高度减去 15 像素，其中 15 像素是滚动条的偏移量。第 40 行，获取当前窗口可视区域的宽度减去 50 像素，其中 50 像素正是详情页动作面板的宽度。

第 42~46 行，把当前用户单击的标题对应的链接及宽与高度通过 postMessage 传给详情页面。第 48~52 行，监听从详情页面发送来的动作，并做相应的处理，该例只模拟了关闭预览页面的行为。

创建 "preview.html" 文件，如无特殊说明，以下称此文件为详情页面，代码如下：

```
01  <!DOCTYPE html>
02  <html lang="en">
03  <head>
04      <meta charset="utf-8">
05      <title>预览网站内容</title>
06      <style type="text/css">
07      // 样式代码见代码源文件
08      </style>
09  </head>
10  <body>
```

```
11              <p>             <!--动作面板 →
12              <a href="javascript:;" onclick="alert('请自己扩展此功能');">收藏</a>
13              <a href="javascript:;" onclick="alert('请自己扩展此功能');">评论</a>
14              <a href="javascript:;" id="close">关闭</a>
15              </p>
16              <iframe src="" id="iframe"></iframe>                      <!--加载第三方的内容
→
17      </body>
18      <script>
19      ;(function(W){
20          var doc = W.document;
21          var parent = window.parent;
22          var iframe = document.querySelector("#iframe");
23          var close = document.querySelector("#close");
24          window.addEventListener('message', function(evt) {         // 监  听
message 事件
25              iframe.src = evt.data.href;                             // 设置 iframe 的
src
26              iframe.style.height = evt.data.height;                  // 设置 iframe
的高度
27              iframe.style.width = evt.data.width;                    // 设置 iframe 的宽
度
28              // console.log(evt.data);
29          }, false);
30          close.addEventListener("click", function(){
31              window.parent.postMessage("closed", "*");               // 发送 "关闭详情页
面" 动作
32          }, false);
33          // 当文档加载完毕，给父级来源发送信息。
34          window.addEventListener('load', function(e){
35              window.parent.postMessage("ready", "*");                // 告诉主页面"已经准
备好"，可以向我发消息
36          }, false);
37      }(window));
38      </script>
39      </html>
```

第 13~15 行，详情页面的动作控件页面，本例模拟了关闭动作。

第 24~29 行，监听从主页面发来的信息。一旦收到主页面发来的信息，立即执行，并设置 iFrame

的 src 属性、宽度和高度。第 30 行，监听动作面板的关闭事件，并通知主页面做关闭操作。

5.2.4 实例 4：定时给网站用户发消息

本例模拟微博系统中，不刷新页面的新消息提醒。一般微博采用 AJAX 技术进行 HTTP 轮询判断是否有新的微博消息。本例采用 EventSource 技术，建立 1 个长连接，如果有新消息来，则对用户进行提醒。

 运行本例必须在客户端安装 Node.js，Node.js 是一个跨平台的、基于 V8 引擎的 JavaScript 编译器，具体可参考 http://nodejs.org。

在本地创建数据库"HTML 5"，创建表名为"demo_12_5"，数据库脚本如下：

```
CREATE DATABASE HTML 5;
USER HTML 5;
CREATE TABLE `demo_12_5` (
 `id` int(11) NOT NULL AUTO_INCREMENT,            // 索引序号
 `msg` text NOT NULL,                             // 消息
 `addDate` timestamp NOT NULL DEFAULT CURRENT_TIMESTAMP,  // 添加时间
 `isRead` tinyint(1) DEFAULT '0',                 // 是否已读
 PRIMARY KEY (`id`)
) ENGINE=InnoDB AUTO_INCREMENT=13 DEFAULT CHARSET=utf8;
```

在命令行模式下，使用 Node 命令运行"server.js"文件，命令行如下：

```
node server.js
```

运行效果如图 5.11 所示。

图 5.11　启动 Node.js 服务

 如果运行失败，有可能是机器的端口被占用，请在源码中更改端口号。

使用 Chrome 浏览器打开 http://localhost:8000 地址，运行效果如图 5.12 所示。

图 5.12　无未读消息时的状态

单击"进入后台添加消息"按钮，Chrome 浏览器新开 1 个标签页，运行效果如图 5.13 所示。

图 5.13　模拟添加微博消息界面

在文本框中输入一则消息"测试消息"，单击"提交"按钮。运行效果如图 5.14 所示。

添加成功，返回首页 或者 继续添加

图 5.14　模拟微博消息成功

在 Chrome 浏览器返回"定时给客户发消息"标签页面，可以看到页面顶部出现了"有 1 条新消息"的提示。如图 5.15 所示。

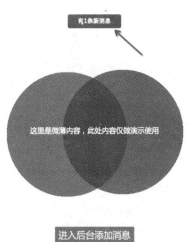

图 5.15　后台检测到有新消息，推送到前台提醒

读者可以继续到"模拟添加微博消息后台"页面，添加更多的消息，再切换回"定时给客户发消息"页面，查看是否有新的微博消息提醒。

打开"server.js"文件，如无特殊说明，以下称此文件为 Server 文件，代码如下：

```
01   var config = {                                        // 配置文件
02       db: {
03           host: 'localhost',                            // 数据库连接地址
04           user: 'root',                                 // 数据库用户名
05           password: 'root',                             // 数据库密码
06           database: 'HTML 5'                            // 数据库名
07       },
08       port: 8000                                        // 服务端口号
09   };
10   var http = require('http');                           // HTTP 模块
11   var sys = require('sys');                             // 系统模块
12   var fs = require('fs');                               // 文件系统模块
13   var mysql = require('mysql');                         // 数据库连接模块
14   var url = require('url');                             // URL 解析模块
15   var connection = mysql.createConnection(config.db);   // 创建数据库连接
16   connection.connect();                                 // 连接数据库
17   http.createServer(function(req, res) {                // 创建 http server
18       if (req.headers.accept && req.headers.accept == 'text/event-stream') {
19           if (req.url == '/notice') {                   // 判断请求的 URL
20               res.writeHead(200, {
21                   'Content-Type': 'text/event-stream',
22                   'Cache-Control': 'no-cache',
23                   'Connection': 'keep-alive'
24               });
25               loop(req, res);
26           } else {
27               console.log('404');
28               res.writeHead(404);
29               res.end();
30           }
31       } else if(req.url == '/admin'){                   // 后台模拟添加消息
32           res.writeHead(200, {'Content-Type': 'text/html'});
33           res.write(fs.readFileSync(__dirname + '/admin.html'));  // 载入
admin.html 文件
```

```
34              res.end();
35          } else if(req.url.indexOf('/addmsg') !== -1 ){          // 添加消息处理
36              var url_parts = url.parse(req.url, true);           // URL 解析
37              var query = url_parts.query;                        // 获取参数
38              res.writeHead(200, {'Content-Type': 'text/html'});
39              if(query.msg){
40                  var msg = {msg: query.msg};                     // 获取消息内容
41                  // 插入数据到数据库中
42                  connection.query("insert   into   demo_12_5   set   ?",   msg,
function(err, result){
43                      console.log(result);
44                      res.write("添加成功，  <a  href='/'>返回首页</a>  或者  <a
href='/admin'>继续添加</a>");
45                      res.end();
46                  });
47              }else{                                              // 添加失败逻辑
48                  res.write("添加失败，  <a href='/admin'>重新添加</a>");
49                  res.end();
50              }
51          } else {                                                // 默认页面（首页）
52              res.writeHead(200, {'Content-Type': 'text/html'});
53              res.write(fs.readFileSync(__dirname + '/定时给客户发消息.html'));
54              res.end();
55          }
56      }).listen(config.port);
57      console.log('listen on http://localhost:' + config.port);// 在控制台输出端口
号
58      function loop(req, res){                                    // 后台轮询函数
59          getMoreSMS(res, function(data){                         // 查看是否有新消息
60              sendSSE(req, res, data);                            // 通知客户端有新消
息
61          });
62          //.在一个长链接中每隔10秒服务端进行事件推送到客户端
63          setInterval(function() {
64              getMoreSMS(res, function(data){
65                  sendSSE(req, res, data);
66              });
67          }, 10000);
68      }
```

```
69    function sendSSE(req, res, data) {
70        var id = (new Date()).toLocaleTimeString();          // 获取当前的时间戳
71        res.write('id: ' + id + '\n');                       // 发送时间戳
72        res.write("data: " + JSON.stringify(data) + '\n\n'); // 发送数据（JSON 格
式化）
73    }
74    function getMoreSMS(res, callback){
75        // 查询数据库，查找所有未读的消息
76        connection.query('SELECT id, msg, addDate from demo_12_5 where isRead =
0', function(err, rows, fields) {
77            if (err || !rows.length) {
78                console.log('errors');
79            }else{
80                callback(rows);
81            }
82        });
83    }
```

代码第 01~09 行，为服务器的配置文件，配置数据库的信息和服务启动的端口号，第 03~06 行分别是数据库连接地址、数据库用户名、数据库密码、数据库名。第 08 行为服务启动的端口号。

如果服务启动时，提示端口号被占用，需要在第 08 行修改成一个未被使用的端口号。

第 10~14 行，包含本例需要用到的 Node.js 模块。第 15~16 行，创建一个数据库连接实例，数据库连接类库采用的是 node-mysql。

更多关于 node-mysql 的信息请参考 GitHub 开源项目 https://github.com/felixge/node-mysql。

第 17 行，创建 1 个 httpServer 实例，createServer 方法接收 1 个匿名函数。该匿名函数包括两个参数，分别是 request 和 response，request 包含了请求的信息，response 包含了响应的信息。

更多关于 httpServer 信息请参考网址 http://nodejs.org/api/http.html。

第 18~30 行，判断请求是否为 EventSource，并进一步验证 URL 路径是否与 "/notice" 相等。如果相等，发送 Content-Type 为 text/event-stream，并调用 loop 函数，loop 函数是每间隔 10 秒查询一次数据库，并向客户端发送事件。第 31~34 行，判断请求路径是否为 "/admin"，如果是，则加载 "后台模拟消息" 文件。

后台模拟消息文件即对应源代码中的 "admin.html" 文件。

第 35~50 行，判断请求是否为后台添加消息操作，如果是，则在数据库中增加 1 条模拟消息。第 36~37 行，从 URL 的 QueryString 中取得消息内容，它用到了 url.parse 模块。

第 42 行，操作数据库，把消息内容添加到数据库中。如果添加成功，数据库新增 1 条未读消息。

第 51~53 行，如果所有的请求路径都不满足 "/notice"、"/admin"、"/addmsg"，则执行加载"主页"文件，即默认载入主页"定时给客户发消息.html"文件。

创建"定时给客户发消息.html"文件，如无特殊说明，以下称此文件为主页文件，代码如下：

```
01    <!DOCTYPE html>
02    <html>
03    <title>定时给客户发消息</title>
04    <style>
05        // 样式见例子源代码
06    </style>
07    <body>
08        <div class="msg hidden" id="msg"></div>              <!--新消息元素-->
09        <br>
10        <p class="content">这里是微博内容，此处内容仅做演示使用</p><!--微博列表区域-->
11        <a href="/admin" target="_blank" class="btn">进入后台，添加消息</a> <!--添加后台入口-->
12    </body>
13    <script type="text/javascript">
14    if(typeof(EventSource) !== "undefined"){              // 判断是否支持 EventSource
15        var source=new EventSource("/notice");            // 实例化 EventSource
16        var msg = document.querySelector("#msg");
17        msg.addEventListener('click', function(e){        // 添加消息区域的单击事件
18            alert("本例不尝试如何处理消息，如查看消息，标记消息为已读状态等！");
19        });
20        source.addEventListener('message', function(e) {  // 添加 EventSource 事件
21            var data = JSON.parse(e.data),                // 解析服务器推送过来的数据
22                newMsgNum = data.length;                  // 计算新消息数据
23                msg.style.display = 'block';              // 显示消息区域
24                msg.innerHTML = "有" + newMsgNum + "条新消息";   // 打印消息数量
25        }, false);
```

```
26        source.addEventListener('open', function(e) {          // 监听事件源打
开时
27            console.log('open');
28        }, false);
29        source.addEventListener('error', function(e) {         // 监听事件源错
误时
30            console.log('error');
31         if (e.readyState == EventSource.CLOSED) {             // 如果事件源连接被
关闭
32                console.log('Connection was closed');          // 打印出事件已经被
关闭
33            }
34        }, false);
35    }else{
36        alert('您的浏览器 Out 了！');                            // 浏 览 器 不 支 持
EventSource
37    }
38    </script>
39    </html>
```

代码第 08 行为新消息提醒区域，如果消息数小于 0，默认不显示，当未读消息数大于 0 时，显示未读消息数。

第 10 行，微博信息列表区域。该例中，微博消息列表不是本例的核心，所以采用区域代替，读者可根据实际情况填充。第 11 行，后台添加模拟消息的入口，因为是模拟消息列表，所以该入口在实际环境中并不存在。

第 14 行，判断浏览器是否支持 EventSource 技术。第 15 行，实例化 EventSource，参数设置为 "/notice"，是告诉服务器的请求地址为 "/notice"，对应 "server 文件" 的第 19 行程序逻辑。

第 17~19 行，监听用户单击未读消息数的按钮，该例没有给出清除未读消息的方法，请读者结合实际环境进行清除。

第 20~25 行，监听服务器端发来的消息，如果服务器端发来新消息，表明有新的未读消息，程序重新统计未读消息数。第 24 行，把新的消息数显示在新消息提醒区域上。第 26 行，监听事件打开状态。当服务端与客户端建立起连接时，可以通过 open 事件做一些逻辑处理。

第 29 行，监听事件的错误状态。当服务端与客户端建立连接发生错误时，该事件被调用。

创建 "admin.html" 文件，如无特殊说明，以下称此文件为后台模拟消息文件，代码如下：

```
01    <!DOCTYPE html>
02    <html>
03    <title>定时给客户发消息</title>
04    <style>
```

```
05          // 样式见代码源文件
06      </style>
07      <body>
08          <div class="admin">
09          <a href="/" class="back">返回首页</a>
10          <p>模拟其他用户添加一则微博消息</p>
11          <form id="msgform" method="GET" action="/addmsg">      <!--添加消息表单
→
12              <input type="text" id="msg" name="msg" />          <!--添加消息文本
输入框→
13              <br />
14              <input type="submit" value="提交" />               <!--提交按钮 →
15          </form>
16          </div>
17      </body>
18      </html>
```

第 11~15 行，定义了添加模拟消息的表单，该表单提交到 "/addmsg" 请求上，对应 "server 文件" 的第 35 行执行程序。

5.3　小结

本章介绍了如何在页面中使用 Web Workers，并通过几个实例演示了与 Web Workers 通信的一些方法和技巧。Web Workers 是运行在后台的 JavaScript，独立于其他脚本，在它运行的时候，我们可以继续做任何愿意做的事情，比如点击、选取内容等等，这样就提高了页面的交互性及性能。

第 6 章

◀HTML 5的Web存储▶

HTML 5 之前，我们通过 Cookies 来保存网页数据，基本上保存的内容很少，仅限于一些常用的用户名和密码等信息。现在 HTML 5 提供了新的 Web 存储方案，并且已经获得了广泛的支持，如 Internet Explorer 8+、Firefox 3.5+、Safari 4+、Chrome 4+、Opera 10.5+，手机平台包括 iPhone 2+ 和 Android 2+，都已经实现并且支持 HTML 5 的 Web 存储。

本章主要内容：

- 了解 HTML 5 的存储模式
- 学习使用 LocalStorage 来存储数据
- 熟悉 HTML 5 下数据的读取与存储

6.1 认识 HTML 5 的 Web Storage

Cookies 不能存放大量数据，而在 HTML 5 中，数据不是由每个服务器请求传递的，而是只有在请求时才使用数据，这就使得我们可以在不影响网站性能的情况下存储大量数据成为可能。

6.1.1 为什么使用 Web Storage

传统的客户端存储一直都是使用 Cookies 实现的，但由于 Cookies 自身的局限，它并不适合存储大量数据。因为浏览器每次发送请求都会将 Cookies 信息发送至服务器端，这使得网页访问速度下降且不够高效，同时不同的浏览器对 Cookie 有不同的限制，如早期的 Internet Explorer 6 浏览器对 Cookies 限制大小为 5KB，同一域名下只允许存在 20 个 Cookies，后续新增的 Cookies 数据会将先前的踢出，这将会导致很多意想不到的问题，所以对于 Cookies 的使用一定要满足后台数据服务，同时要在知晓的情况下才可使用，切记避免滥用 Cookies。

现今的 Web 应用需要更加强大的数据存储方式来替代早期的 Cookies，在 HTML 5 出现之前已经有很多相关的技术解决方案，如 Internet Explorer 的 User Data、Flash 的 Cookie、谷歌的 Gears 技术等，每种技术都有自己的特点和局限，同时需要不同插件的支持，使得开发人员需要消耗大量的时间和精力（成本）完成这些 Cookies 替代方案，维护成本攀升。在 4G 时代，Web Storage 出现得非常及时。

6.1.2　Web 的存储方式：LocalStorage 与 SessionStorage

HTML 5 的 Web 存储提供了两种客户端数据存储方式：LocalStorage 和 SessionStorage。LocalStorage 主要用于持久化的本地存储，除非主动删除数据，否则数据永远不会过期。SessionStorage 用于本地存储 1 个会话过程中的数据，这些数据在该会话结束时一同销毁，如浏览器关闭，所以 SessionStorage 不是一种持久化的本地数据存储。

SessionStorage 功能被实现在浏览器进程的内存中，浏览器关闭后自动销毁。LocalStorage 功能是一种持久化的存储，数据实际上被放置于用户的本地计算机，不同的浏览器实现的 LocalStorage 存放的格式和位置也不相同，表 6.1 列举了目前主流浏览器 LocalStorage 数据存放形式，以 Windows 系统为例。

表 6.1　主流浏览器 LocalStorage 数据存放形式

浏览器	格式	加密方式	存放路径
Firefox	SQLite	明文	C:\Users\user\AppData\Roaming\Mozilla\Firefox\Profiles\tyraqe3f.default\webappsstore.sqlite
Chrome	SQLite	明文	C:\Users\user\AppData\Local\Google\Chrome\User Data\Default\Local Storage\
IE	XML	明文	C:\Users\user\AppData\Local\Microsoft\Internet Explorer\DOMStore\
Safari	SQLite	明文	C:\Users\user\AppData\Local\Apple Computer\Safari\LocalStorage
Opera	XML	base64	C:\Users\user\AppData\Roaming\Opera\Opera\pstorage\

 SQLite 是一款轻型的数据库，遵守 ACID 的关联式数据库管理系统，主要用于嵌入式系统。目前它已经在很多嵌入式产品中使用，占用资源非常低，在嵌入式设备中，可能只需要几百"K"的内存就够了。

下面将以 Windows 系统下 Chrome 浏览器为例，查询用户本地的 LocalStorage 存储信息。首先在浏览器内打开一个网站（如 http://www.dianping.com），在控制台输入测试存储的 LocalStorage 信息，代码如下：

```
localStorage.setItem('1','test');
```

代码执行效果如图 6.1 所示。

图 6.1　储存测试 LocalStorage 信息

下　载　SQLite　用　于　打　开　Chrome　浏　览　器　本　地　LocalStorage　存　储，　地　址　为 http://www.sqlite.org/download.html，下载页面如图 6.2 所示。

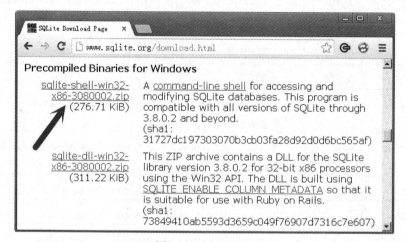

图 6.2　下载 SQLite

打开本地目录 “C:\Users\{user}\AppData\Local\Google\Chrome\User Data\Default\Local Storage”，其中 “{user}” 按照读者本地用户而定，查找与 “www.dianping.com” 相关的文件，笔者计算器本地文件名为 “http_www.dianping.com_0.localstorage”，使用 SQLite 打开，如图 6.3 所示。

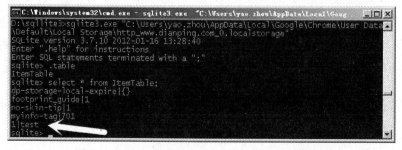

图 6.3　使用 SQLite 打开本地 LocalStorage 存储文件

从图中可以找到之前存入的数据，读者可以参照图 6.1 查找其他浏览器本地的 LocalStorage 信息，马上动手吧。

6.1.3　Web Storage 如何获取和保存数据

HTML 5 的 Web 存储提供了一套键值对的存储模型，同时对于不同网站，数据被存储于不同区域，并且 1 个域名下只能访问自身的存储数据，在安全上做到了与 Cookies 同样的效果。存储大小也进行了调整，现在开发者可以使用 HTML 5 的 Web 存储至少 5MB 的数据，对于一般的应用来说已经绰绰有余了。

HTML 5 的 Web 存储一共提供了 5 种方法，如下：

- setItem(key,value)：添加存储键值对，存储数据为字符类型。
- getItem(key)：根据 key 获取对应的值。
- clear()：清空 Web 存储中所有数据。
- removeItem(key)：从 Web 存储移除某个指定键值对应数据。
- key(n)：获取第 n 个键值。

下面以 LocalStorage 功能介绍具体的方法使用，代码如下：

```
localStorage.setItem('1','test');
console.log(localStorage.getItem('1'))                    // 打印出数据'test'
```

读者可以使用 Chrome 浏览器，打开开发者工具查看被存储的数据，效果如图 6.4 所示。

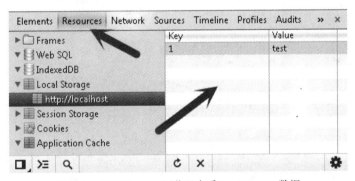

图 6.4　使用 Chrome 浏览器查看 localStorage 数据

Web 存储中的 key 方法，用于获取当前域名下对应索引序号的键值，游标默认从 0 开始，如果要获取之前存储的数据键值，代码如下：

```
localStorage.key(0);                                      // 输出为'1'
```

想要删除一个或者多个 Web 存储数据可以使用 removeItem 或 clear 方法，代码如下：

```
localStorage. removeItem ('1');                           // 删除键值'1'对应的缓存数据
localStorage.clear();                                     // 删除当前域名下所有缓存数据
```

6.2 网站本地存储兼容性方案

HTML 5 的 LocalStorage 功能目前只能在高级的浏览器上使用，如果要将 LocalStorage 在网站应用，需要考虑到历史浏览器的兼容问题。前面已经介绍使用 Cookies 在网络传输和浏览器上的瓶颈和局限，下面将介绍笔者编写的 LocalStorage 类库，用于解决不同浏览器的兼容问题，代码如下：

```
01   (function (WIN) {
02     var NOOP = function () { },
03     DOC = document,
04     DB_NAME = 'HTML 5_storage',                    // Web SQL 数据库名
05     DB_DISPLAYNAME = 'HTML 5 storage data',        // Web SQL 数据表名
06     DB_MAXSIZE = 1048576,                          // Web SQL 数据库大小
07     DB_VERSION = '1.0',                            // Web SQL 数据版本
08     USERDATA_PATH = 'HTML 5_storage',              // UserData 路径
09     USERDATA_NAME = 'data',                        // UserData 存储键值
10     MODE_NOOP = 0,                                 // 无法匹配状态
11     MODE_HTML 5 = 1,                               // HTML 5状态
12     MODE_GECKO = 2,                                // 部分 Firefox 状态
13     MODE_DB = 3,                                   // 部分 Safari 状态
14     MODE_USERDATA = 4;                             // 部分 IE 状态
15     var data = {},                                 // 缓存数据
16     readys = [],                                   // 启动方法队列
17     storageDriver,                                 // 当前浏览器缓存
18     storageMode;
19     function _mix(r, s) {                          // 对象合并方法
20       var key;
21       for (key in s) { r[key] = s[key]; }
22       return r;
23     };
24     try {                                          // 浏览器判断
25       if (WIN.localStorage) {                      // 支持 LocalStorage
26         storageMode = MODE_HTML 5;
27       } else if (WIN.globalStorage) {              // Firefox 2 and 3.0
28         storageMode = MODE_GECKO;
29       } else if (WIN.openDatabase && navigator.userAgent.indexOf('Chrome')
=== -1) {
30         storageMode = MODE_DB;                     // Safari 3.1 and 3.2
```

```
31          } else if (D.UA.ie >= 5) {                    // IE5、6and 7
32              storageMode = MODE_USERDATA;
33          } else {
34              storageMode = MODE_NOOP;
35          };
36      } catch (ex) {
37          storageMode = MODE_NOOP;
38      };
39      var Storage = {                                     // 类库接口
40          clear: NOOP,                                    // 清空所有存储数据
41          length: function () { return 0; },              // 获取缓存数量
42          getItem: NOOP,                                  // 根据键值获取数据
43          removeItem: NOOP,                               // 移除单个键值对
44          setItem: NOOP,                                  // 存储键值对
45          ready: function (fn) {                          // 类库模块准备完毕
46              if (Storage.isReady) { fn();}
47              else { readys.push(fn); };
48          },
49          isReady: false                                  // 类库模块是否准备完毕
50      };
51      function _doReady() {                               // IE5、6and 7模块完毕
52          DOC.body.appendChild(storageDriver);
53          storageDriver.load(USERDATA_PATH);
54          try { data = JSON.parse(storageDriver.getAttribute(USERDATA_NAME) ||
'{}');
55          } catch (ex) { data = {}; };
56          Storage.isReady = true;
57      };                                                  // 可以使用原生的LocalStorage方法
58      if (storageMode === MODE_HTML 5 || storageMode === MODE_GECKO) {
59          _mix(Storage, {
60              length: function () { return storageDriver.length; },
61              removeItem: function (key) {
62                  storageDriver.removeItem(key);
63              },
64              setItem: function (key, value, json) {
65                  if (value === undefined || value === null) {
66                      Storage.removeItem(key);
67                  } else {
68                      storageDriver.setItem(key, json ? JSON.stringify(value) :
```

```
value);
   69                    };
   70                 }
   71             });
   72          if (storageMode === MODE_HTML 5) {      // 可以使用原生的 LocalStorage 方
法
   73              storageDriver = WIN.localStorage;
   74            _mix(Storage, {
   75              clear: function () { storageDriver.clear(); },
   76              getItem: function (key, json) {
   77                 try {
   78                    return json ? JSON.parse(storageDriver.getItem(key)) :
   79                       storageDriver.getItem(key);
   80                 } catch (ex) { return null; };
   81              }
   82            });
   83          } else if (storageMode === MODE_GECKO) {  // Safari 3.1 and 3.2
   84              storageDriver = WIN.globalStorage[WIN.location.hostname];  // 使
用 globalStorage 方法
   85            _mix(Storage, {
   86              clear: function () {
   87                 for (var key in storageDriver) {
   88                    if (storageDriver.hasOwnProperty(key)) {           // 判
断是否是非原型对象属性
   89                       storageDriver.removeItem(key);
   90                       delete storageDriver[key];      // 删除对应属性
   91                    };
   92                 };
   93              },
   94              getItem: function (key, json) {              // 获取单条数据,支持 JSON
   95                 try {
   96                    return json ? JSON.parse(storageDriver[key].value) :
   97                       storageDriver[key].value;
   98                 } catch (ex) { return null; };
   99              }
  100            });
  101          };
  102          Storage.isReady = true;                        //  IE5、   6and 7 下使用
UserData
```

110

```
103        } else if (storageMode === MODE_DB || storageMode === MODE_USERDATA) {
104            _mix(Storage, {
105                clear: function () {
106                    data = {};
107                    Storage._save();                    // 调用私有方法存储
108                },
109                getItem: function (key, json) {
110                    return data.hasOwnProperty(key) ? data[key] : null;
111                },
112                length: function () {                    // 循环属性获取长度
113                    var count = 0, key;
114                    for (key in data) {
115                        if (data.hasOwnProperty(key)) { count += 1; }
116                    };
117                    return count;
118                },
119                removeItem: function (key) {
120                    delete data[key];
121                    Storage._save();
122                },
123                setItem: function (key, value, json) { // 存入当条数据，支持 JSON
124                    if (value === undefined || value === null) {
125                        Storage.removeItem(key);
126                    } else {
127                        data[key] = value.toString();    // 转为字符型存储
128                        Storage._save();
129                    };
130                }
131            });
132            if (storageMode === MODE_DB) {               // 使用 openDatabase 方法
133                storageDriver    =    WIN.openDatabase(DB_NAME,    DB_VERSION,
DB_DISPLAYNAME,
134 DB_MAXSIZE);
135                _mix(Storage, {
136                    _save: function () {
137                        storageDriver.transaction(function (t) {    // 新建事务创建
数据库
138                            t.executeSql("REPLACE INTO " + DB_NAME + " (name, value)
VALUES ('data', ?)", 139[JSON.stringify(data)]);
```

```
140                    });
141                }
142            });
143            storageDriver.transaction(function (t) {            // 新建事务创建
数据表
144                t.executeSql("CREATE TABLE IF NOT EXISTS " + DB_NAME + "(name
TEXT PRIMARY
145 KEY, value TEXT NOT NULL)");
146                t.executeSql("SELECT value FROM " + DB_NAME + " WHERE name =
'data'", [], function (t, 147    results) {
148                    if (results.rows.length) {
149                        try { data = JSON.parse(results.rows.item(0).value);
150                        } catch (ex) { data = {}; };
151                    };
152                    Storage.isReady = true;
153                });
154            });
155        } else if (storageMode === MODE_USERDATA) {    // IE5、6 and 7下使用
UserData
156            storageDriver = DOC.createElement('span');
157            storageDriver.addBehavior('#default#userData');       // 添加存储数据
行为
158            _mix(Storage, {
159                _save: function () {
160                    var _data = JSON.stringify(data);
161                    try {
162                        storageDriver.setAttribute(USERDATA_NAME, _data);
163                        storageDriver.save(USERDATA_PATH);    // 存入用户本地
164                    } catch (ex) { };
165                }
166            });
167            if ($.isReady) { _doReady();
168            } else { $(document).ready(_doReady); };    // 监听文档 domready 事
件
169        };
170    } else { Storage.isReady = true; };
171    var interval = WIN.setInterval(function () {         // 处理类库预准备完毕
172        if (Storage.isReady) {
173            readys.forEach(function (fn) { try { fn() } catch (e) { }; });
```

```
        // 循环执行监听方法
174            WIN.clearInterval(interval);
175            interval = null;
176            readys = [];
177        };
178    }, 100);
179    WIN.Storage = Storage;                      // 转到到全局对象
180 })(this);
```

 本类库依赖于 JSON 和 jQuery，读者可以使用 DouglasCrockford 大师的 JSON.js 类库，前往 GitHub 下载，地址 https://github.com/douglascrockford/JSON-js。

该类库支持市面上所有的浏览器，包括移动端浏览器，表 6.2 列举了不同兼容存储技术对应的浏览器类别。

表 6.2　不同兼容存储技术对应的浏览器类别

存储技术	浏览器
LocalStorage	IE 8+、Firefox 3.5+、Safari 4+、Chrome 4+、Opera 10.5+、iPhone 2+、Android 2+
GlobalStorage	Firefox 2+、Firefox 2.x 、Firefox 3.0.x
Database Storage	Safari 3.1 、Safari 3.2
UserData	IE 5、6、7

代码第 39~50 行是类库的应用接口和属性，提供了 6 个方法和 1 个属性，说明如下：

- clear：清空当前域名下所有存储数据。
- length：获取当前域名下存储的键值对个数。
- getItem：获取当前域名某个键值的数值，传递的第 3 个参数为是否返回 JSON 格式。
- removeItem：移除当前域名下某个键值对。
- setItem：存储键值对到当前域名，传递的第 3 个参数表示是否存储为 JSON 格式。
- ready：类库准备完毕事件回调函数。
- isReady：类库是否准备完毕。

与传统的 LocalStorage 不同，本类库的 getItem 和 setItem 方法允许接收 JSON 格式数据，而传统的数据格式只能为字符串，这是考虑到日常开发的使用，而且还提供了 length 方法，方便开发者获取存储键值的个数。

6.3 如何在实际开发中使用本地存储

虽然 HTML 5 的 Web 存储技术非常强大，但并不能完全替代 Cookies。Web 存储是一种完全作用于客户端的存储技术，无法随着客户端请求被发送至服务器，而 Cookies 可以作为请求数据信息被发送到后端服务器进行处理，比如最常用的网页登录信息还是需要通过 Cookies 来做实现，但过多地使用 Cookies 是一种低效的做法，甚至会引发一些意想不到的异常问题，HTML 5 的 Web 存储的出现正好弥补了 Cookies 的这些缺陷。

当某天维护的网站新上了一个产品，作为网站的产品想让用户第一时间知道已经有一个新的功能可以使用，这时候需要制作一个提示框用来提醒用户使用。产品需求方可以接收到用户操作信息，当用户关闭提醒时，只针对于当前使用的浏览器类型，而用户再次使用其他浏览器打开时，提醒仍然会出现。下面将结合上一节的类库，通过示例制作这一功能，代码如下：

```
01    <!DOCTYPE html>
02    <html>
03    <style type="text/css">/* 样式代码省略，详见下载源码 */</style>
04    <script src="jquery-1.8.3.js"></script>
05    <script src="localstorage.js"></script>              <!-- localstorage 类库
引用 -->
06    <body>
07    <div class="top-tips" style="display:none">
08        <p>网站有新功能上线啦，快来体验吧！</p>
09        <a href="#" class="delt" title="不再提示">不再提示<span></span></a><!--
关闭按钮 -->
10    </div>
11    </body>
12    <script type="text/javascript">
13        Storage.ready(function () {                      // 存储模块准备就绪回调
14            var tips = document.querySelector('div.top-tips'),  // 提示容器
15                key = 'HTML 5_close',                        // 存储键值
16                data = Storage.getItem(key);                // 获取存储数据
17            if(!data){
18                tips.style.display = 'block';
19
 tips.querySelector('a.delt').addEventListener('click',function(e){// 监听关闭按
钮单击事件
20                    e.preventDefault();
21                    Storage.setItem(key,1);              // 存储数据，表示已被用户关闭
```

```
22                    tips.style.display = 'none';
23              },false);
24         };
25      })
26 </script>
27 </html>
```

使用 Chrome 浏览器打开示例，效果如图 6.5 所示。

图 6.5　LocalStorage 示例效果图

当用户单击右侧关闭按钮时，程序将调用 LocalStorage 类库的 setItem 方法，将数据"1"存储于键值"HTML 5_close"中，下次打开网页时，首先会获取"HTML 5_close"键值的数据，当发现数据存在时就不显示提示信息。

6.4　实例 1：保存与读取登录用户名与密码

对于常见的登录页面，现在的浏览器已经可以记录每次登录成功的信息，用户可以在下次登录时，轻松地输入部分内容，补充完整信息即可登录。本例从实际出发，采用 HTML 5 本地存储功能模拟浏览器这个过程。

使用 Chrome 浏览器打开网页文件，运行效果如图 6.6 所示。在"昵称"输入框和"密码"输入框内输入测试用户信息，昵称和密码均为"test"，单击"登录"按钮，运行效果如图 6.7 所示。

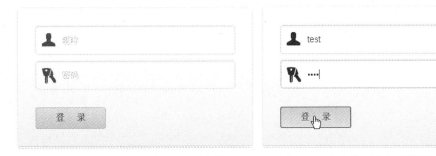

图 6.6　使用 Chrome 打开网页文件　　　　图 6.7　输入信息单击"登录"按钮

登录后，"昵称"和"密码"输入信息消失。单击"昵称"输入框，下方出现下拉账户提示，内容为刚刚输入的"昵称"信息，效果如图 6.8 所示。单击提示框内"test"账号，提示框消失，

"昵称"和"密码"输入框内被填入内容，效果与图 6.7 相同。

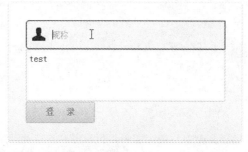

图 6.8 "昵称"输入框下方出现账户提示信息

创建"保存与读取登录用户名与密码.html"文件，代码如下：

```
01    <!doctype html><html>
02    <head>
03      <style>/* ......省略样式代码，详见下载源码 */</style>
04      <script src=" /jquery-1.8.3.js"></script>            <!-- 本例依赖于 jQuery
-->
05    </head>
06    <body>
07      <header><h2>保存与读取登录用户名与密码</h2></header>
08      <section>
09        <form action="" method="post">
10          <div class="clearfix first">                <!-- 去除输入框默认下拉
提示 -->
11            <input type="text" tabindex="1" id="name" class="item-name"
placeholder="昵称"
12    autocomplete="off" required/>
13            <ul class="suggest"></ul>            <!-- 下拉提示区域 -->
14          </div>
15          <div class="clearfix">                    <!-- 去除输入框默认下拉提示
-->
16            <input    type="password"    tabindex="2"    id="password"
class="item-password" placeholder="密17 码" autocomplete="off" required/>
18          </div>
19          <div    class="clearfix"><input    type="submit"    tabindex="3"
id="submit" value="登 录" /></div>
20        </form>
21      </section>
22    </body>
```

116

```
23  <script>
24      var el_name = $('#name'),                                // 昵称输入框
25          el_password = $('#password'),                        // 密码输入框
26          el_submit = $('#submit'),                            // 登录按钮
27          el_suggest = $('ul.suggest'),                        // 下拉提示容器
28          el_form = $('form'),                                 // 表单
29          storage_key = 'HTML 5_local';                        // 缓存 key
30      el_suggest.on('click', function (e) {
31          var target = $(e.target);
32          el_name.val(target.text());                          // 写入昵称
33          el_password.val(target.attr('data-pass'));           // 写入密码
34      });
35      el_form.on('submit', function () {                       // 截取表单提交
                                                                    保存账号密码
36          var data = localStorage.getItem(storage_key);        // 获取 key 缓存内容
37          data = data ? JSON.parse(data) : {};
38          data[el_name.val().trim()] = el_password.val().trim();  // 缓存账
                                                                    号和密码
39          localStorage.setItem(storage_key, JSON.stringify(data));  // 设
                                                                    置缓存
40      });
41      var storage_data = localStorage.getItem(storage_key),    // 读取缓存
42          html_arr = [];                                       // html 字符数组
43      if (storage_data) {
44          storage_data = JSON.parse(storage_data);             // 解析为对象
45          for (var key in storage_data) {                      // 循环缓存对象
46              html_arr.push('<li data-pass="' + storage_data[key] + '">' + key
+ '</li>');
47          };
48          el_suggest.html(html_arr.join(''));                  // 设置下拉框结
构
49          el_name.on({
50              'mousedown': function () { el_suggest.fadeIn(); },  // 鼠标点击展示
下拉框
51              'blur': function () { el_suggest.fadeOut(); }       // 失去焦点隐藏
下拉框
52          });
53      };
54  </script>
```

```
55    </html>
```

本例的存储功能使用 HTML 5 的 LocalStorage 实现，代码第 29 行的变量 storage_key 用于在本地存储中缓存键值。

第 30~34 行代码，监听下拉列表的单击事件，当用户单击下拉框内账户信息时，从对应的账户 DOM 元素节点中获取昵称和密码，昵称为元素内本文节点内容，密码为元素自定义属性"data-pass"的值。

第 35~40 行代码，监听表单提交事件，当用户单击"登录"按钮提交表单内容，首先调用 LocalStorage 的 getItem 方法获取键值为 storage_key 的本地存储的内容，该方法语法如下：

```
localStorage.getItem(key)                        // 获取键值为 key 的值，key 为字符型
```

获取完毕后，调用 JSON 的 parse 方法将字符串解析为 JavaScript 对象字面量，并存入表单的昵称和密码数据，然后调用 LocalStorage 的 setItem 方法进行本地存储，该方法语法如下：

```
localStorage.setItem(key,data);                  // key 为键，data 为值，均为字符型
```

LocalStorage 存储的对象必须为字符型，所以在存储之前，将 JavaScript 对象调用 JSON 的 stringify 方法进行字符序列化。

代码 41~53 行做了两件事情，首先获取本地存储的昵称和账号信息，生成下拉提示框 HTML 结构，然后监听"昵称"输入框的 mousedown 和 blur 事件，实现提示框出现和消失的逻辑。

6.5　实例 2：共享存储数据

HTML 5 本地离线存储给开发人员带来了很大的想象空间，本例将采用 LocalStorage 实现一个 Web 版 PPT 展示器和控制器相结合的功能。示例一共由两个页面组成，使用 Chrome 浏览器新建两个标签页，分别打开展示页和操作页（"存储数据的共享.html"和"存储数据的共享操作页.html"），运行效果如图 6.9 所示。

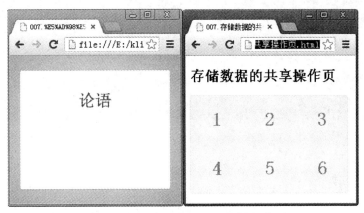

图 6.9　使用 Chrome 打开展示页和操作页

单击操作页面 "2" 区域，此时展示页切换至第 2 张幻灯片，效果如图 6.10 所示。

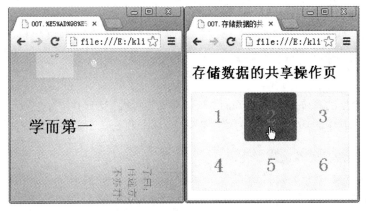

图 6.10　单击操作页面 "2" 字

通过前面的学习，读者可以想想这个例子的实现方式。本例除了采用 LocalStorage 实现外，还可以采用传统的 Cookie 方式实现，但就 Cookie 和 LocalStorage 在日常开发技术上的选型问题，笔者认为 LocalStorage 有两个优势：

- LocalStorage 存储空间达到 5MB，而 Cookie 只有 4KB。
- Cookie 会随每次页面请求被发送至服务器端，消耗带宽，而 LocalStorage 不会被发送至服务器。

 Web 版 PPT 采用 GitHub 上开源的 impress.js 项目，项目地址：https://github.com/bartaz/impress.js。

本例是一个创意型的案例，技术层面的实现非常简单，下面做一个简要的分析。首先看 PPT 主体展示页面，幻灯片 HTML 结构代码如下：

```
<div id="impress">                                    <!-- 主容器 -->
    <div class="step slide" data-x="-1000" data-y="-1500" >     <!-- 第一章幻灯
片容器 -->
```

```
        <q><h1>论语</h1></q>                                    <!-- 第一张幻灯片内容 -->
    </div>
    /* ......省略剩余幻灯片，详见下载源码 */
</div>
```

impress.js 项目默认的主容器 ID 为 impress，其中每张幻灯片需要含有一个 step 样式类，同时可以在每张幻灯片 DIV 容器上设置 data-x、data-y 等自定义属性，表示 CSS 3 Transform 的相关动画设置。

主页面脚本代码如下：

```
var instance_impress = impress();                            // 获取实例对象
instance_impress.init();                                     // 初始化幻灯片
setInterval(function () {

    var step = localStorage.getItem(' slide_step ');         // 获取缓存幻灯片序号
    if (step) instance_impress.goto(parseInt(step));         // 进入第 step 张幻灯片
}, 100);
```

每 100 毫秒会自动通过 LocalStorage 读取本地离线缓存中的幻灯片序号，然后调用幻灯片实例的 goto 方法，切换至对应序号的幻灯片。impress.js 一共有 4 个 API，如下：

- init：初始化页面，生成幻灯片。
- goto：前往对应页的幻灯片。
- prev：回退至上一页幻灯片。
- next：前往下一页幻灯片。

下面看幻灯片操作页，代码如下：

```
01    <!doctype html><html>
02    <head><style>/* ......省略样式代码，详见下载源码 */</style><script
src="jquery-1.8.3.js"></script></head>
03    <body>
04        <header><h2>存储数据的共享操作页</h2></header>
05        <ul class="product-list">                           <!-- 序号列表区 -->
06            <li class="product"><h1 class="title">1</h1></li>
07            /* ......省略2-6结构，详见下载源码*/
08        </ul>
09    </body>
10    <script>
11        var list_items = $('li.product'),
12            localstorage_key = 'slide_step';                 // 缓存幻灯片编号键
```

```
13        list_items.bind({                              // 绑定商品列表若干
事件
14          'mouseenter': function () { $(this).addClass('product-hover'); },//
鼠标移入效果增强
15          'mouseleave': function () {
16            var self = $(this), checked = self.attr('checked');
17            if (!checked) self.removeClass('product-hover');        // 移 出 效
果消失
18          },
19          'click': function () {
20            list_items.removeClass('product-hover').removeAttr('checked');
    // 移除标注样式和属性
21            $(this).addClass('product-hover').attr('checked', true);
    // 添加标注样式和属性
22            localStorage.setItem(localstorage_key,
$(this).find('h1').text()); // 缓存序号至本地离线数据库
23        }});
24    </script></html>
```

　　幻灯片的序号存储主要逻辑由监听的 click 事件完成，每次单击序号区域都会获取对应区域的
编号，然后存储在本地离线缓存键值 slide_step 中，详见代码第 22 行。

6.6　小结

　　本章复习了 Cookies 存储的缺点，然后引出了 HTML 5 存储的优点，HTML 5 存储主要有两
种方式：LocalStorage 与 SessionStorage。读者需要掌握 HMTL5 存储数据的原理，并学会使用
LocalStorage 存储一些大数量的数据。

第 7 章

◀ HTML 5的多媒体 ▶

音频视频作为 HTML 5 的最大亮点之一，解决了常年以来使用浏览器观看视频和音频都不得不安装 Flash 的窘境。随着 HTML 5 的发展，各大浏览器厂商均开始支持 HTML 5 音频视频技术，加上苹果的 iOS 系统禁止使用 Flash，使得 HTML 5 的音频视频技术在这几年内得到了飞速的发展，各大主流视频网站纷纷推出了完全使用 HTML 5 打造的视频播放器。使用 HTML 5 的音频和视频非常简单，只需要用到两个标签 audio 和 video。

本章主要内容：

- 了解音频视频的进化
- 熟悉市场上常见的音频视频格式
- 学习 HTML 5 的两个标签 audio 和 video
- 打造自己的音频、视频播放器

7.1 视频的进化

在很久以前，我们还使用 rmv、avi 等视频格式，但随着时代的发展，MP4 成为了主流，那在网页上，目前谁是视频格式的王者呢？

7.1.1 常见的视频格式

目前市场上主要的视频格式有：MP4、WebM 和 Ogv 等。

MP4 格式在视频文件中已经随处可见，WebM 和 Ogv 大家应该还相对陌生。WebM 是一个开放、免费的媒体文件格式，最早由谷歌提出，该格式容器中包括了 VP8 和 Ogg Vorbis 音轨。WebM 格式效率非常高，可以在平板电脑和其他一些手持设备上流畅地使用。Ogv 即带有 Thedora 视频编码和 Vorbis 音频编码的 Ogg 文件，该格式文件带有不确定的版权问题，可能在未来的浏览器中被慢慢淘汰。

各种格式的优缺点不一，如 WebM 格式，依赖于 Google 和 YouTube 的推广，并且在硬件上有良好的支持，但是由于涉及 MPEG LA 的专利案，并且在 iOS 设备上得不到支持。虽然传统视频和音频编码技术经历多年的发展，并且相当稳定，但对于浏览器中原生支持视频和音频还非常年轻，仍然遇到重重阻碍，不过规范和标准日益完善，如果读者及早地在视频和音频上做好技术准备，在未来会得到加倍的回报。

7.1.2　传统的网页视频与 HTML 5 视频

下面通过一段代码，展现在各种新老版本浏览器上如何使用视频功能，代码如下：

```
<video>
<source src="video.mp4" type="video/mp4">
<source src="video.webm" type="video/webm ">
<source src="video.ogv" type="video/ogv ">
<object type="application/x-shockwave-Flash" data="Flash.swf">
    <param name="movie" value="Flash.swf" />
    <param name="Flashvars" value="file=video.mp4" />
    您的浏览器不支持播放视频功能。
</objet>
</video>
```

如果在 HTML 5 中使用视频，仅仅使用一个<video>标签和几个属性就可以搞定，其中 control 属性用来添加播放、暂停和音量控件，代码如下。

```
<video src="movie.ogg" controls="controls">
</video>
```

也可以通过相应的属性控制视频播放器的高度和宽度，代码如下：

```
<video src="movie.ogg" width="320" height="240" controls="controls">
</video>
```

表 7.1 给出了<video>标签支持的属性。

表 7.1　<video>标签支持的属性

属性	值	描述
autoplay	autoplay	视频在就绪后马上播放
controls	controls	显示控件
height	像素	设置视频播放器的高度
loop	loop	当媒介文件完成播放后再次开始播放
preload	preload	视频在页面加载时进行加载，并预备播放。如果使用"autoplay"，则忽略该属性。
src	url 地址	要播放的视频的 URL
width	像素	设置视频播放器的宽度

7.2 HTML 5 中的音频

以前，网页上的大多数音频都是通过 Flash 插件来播放的，自从苹果公司宣布不支持 Flash 开始，浏览器厂家一直在找寻一种新的播放形式。HTML 5 规定了一种通过 audio 标签来包含音频的标准方法，它的使用语法如下：

```
<audio src="love.ogg" controls="controls">
</audio>
```

当前，audio 标签支持 3 种音频格式：MP3、Wav、Ogg。

<audio>的属性和<video>相似，但是不包括宽度 width 和高度 height 属性。<audio>可以同时包含多个音频格式和音频文件，代码如下：

```
<audio controls="controls">
  <source src="song.ogg" type="audio/ogg">
  <source src="song.mp3" type="audio/mpeg">
</audio>
```

7.3 使用 JavaScript 控制播放

HTML 5 除了提供 audio 和 video 标签播放音频和视频资源外，同时还配套提供了一系列的方法、属性和事件，这些方法、属性和事件允许使用 JavaScript 操作 audio 和 video 对象。

下面通过一个简单的视频播放示例介绍部分视频 API 的使用，代码如下：

```
01    <!DOCTYPE HTML>
02    <html>
03      <body>
04        <video src="video.webm" width="480" height="320" controls></video>
   // 视频播放元素
05        <a href=";" class="play">播放</a>                        // 播放按钮
06        <a href=";" class="pause">暂停</a>                      // 暂停按钮
07      </body>
08      <script>
09        var video = document.querySelector('video');            // 获取视频元素
10        document.querySelector('a.play').addEventListener('click',
```

```
function(e) {     // 监听播放按钮单击事件
   11              e.preventDefault();                            // 阻止元素默认事件
   12              video.play();                                  // 播放视频
   13           },false);
   14           document.querySelector('a.pause').addEventListener('click',
function(e){// 监听暂停按钮单击事件
   15              e.preventDefault();                            // 阻止元素默认事件
   16              video.pause ();                                // 暂停视频
   17       ·    },false);
   18       </script>
   19   </html>
```

　　该示例是一个最基本的使用 JavaScript 操作视频元素的例子，其中用到了 2 个关键方法 play 和 pause。

　　在实际开发中，使用 JavaScript 操作视频音频元素往往会遇到很多浏览器的差异，读者可以使用目前比较成熟的第三方视频音频类库解决兼容问题，如目前比较流行的基于 HTML 5 的类库 video.js，官网地址为 http://www.videojs.com/。

7.4 audio 标签和 video 标签的浏览器支持情况

　　使用 audio 和 video 标签的第一步是要了解浏览器的支持情况，就目前而言，Safari 和 Chrome 的支持情况最好，Firefox 和 Opera 次之，Internet Explorer 表现最差。表 7.2 给出了目前浏览器的支持状况。

表 7.2　主流浏览器 audio 和 video 支持情况

浏览器	Audio 标签	Video 标签
Chrome 15+	支持	支持
Safari 5.1+	支持	支持
Firefox 8+	支持	支持
Opera 11.1+	支持	支持
Internet Explorer 9+	支持	支持

　　目前主流的 3 种视频格式有 MP4、WebM 和 Ogg，表 7.3 列出了主流浏览器的支持情况。

表 7.3　主流视频格式浏览器支持情况

浏览器	MP4	WebM	Ogg
Internet Explorer 9+	支持	不支持	不支持
Chrome 6+	支持	支持	支持
Firefox 3.6+	不支持	支持	支持
Safari 5+	支持	不支持	不支持
Opera 10.6+	不支持	支持	支持

主流的音频格式有 3 种：MP3、Wav、Ogg，表 7.4 列出了主流浏览器的支持情况。

表 7.4　主流音频格式浏览器支持情况

浏览器	MP3	Wav	Ogg
Internet Explorer 9+	支持	不支持	不支持
Chrome 6+	支持	支持	支持
Firefox 3.6+	不支持	支持	支持
Safari 5+	支持	支持	不支持
Opera 10+	不支持	支持	支持

7.5　音视频的实时通信

HTML 5 的音视频实时通信即 WebRTC 技术，它是 Web Real-Time Communication 的缩写，该技术主要用于支持浏览器进行实时的语音对话和视频通信。

在 2011 年之前，浏览器实现语音对话和视频通信技术，需要通过安装插件或者客户端等一些技术实现，不论对于用户还是开发人员都是一个繁琐和复杂的过程，并且还受到各种专利的影响。谷歌公司在 2010 年收购了 Global IP Solutions 公司从而获得了 WebRTC 技术，在 2011 年，按照 BSD 协议把该技术开源，同年 W3C 将 WebRTC 技术纳入 HTML 5 成为标准的一部分。最新 Android 系统上的 Chrome 版本也加入了 WebRTC 技术。

WebRTC 技术可以让 Web 开发者轻松地在浏览器上开发出丰富的实时媒体应用，帮助网页应用开发语音通话、视频聊天、P2P 文件分享等功能，而不需要安装任何插件。同时开发者也不需要关心多媒体的数字信号处理过程，只需要使用 JavaScript 即可实现，图 7.1 为 WebRTC 的技术架构图。

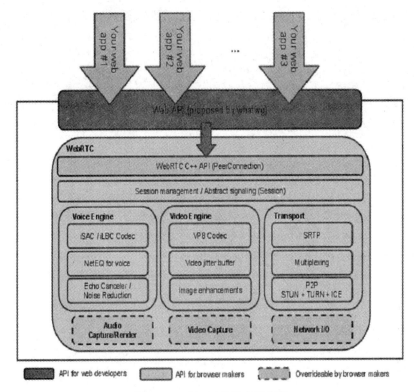

图 7.1　WebRTC 的技术架构图

WebRTC 技术由 3 部分组成：

- **MediaStream：** 本地的音频视频流，或者来自远端浏览器的音频视频流。
- **PeerConnection：** 执行音频视频调用，支持加密和带宽控制。
- **DataChannel：** 采用点对点传输，传输常规数据。

下面通过一个示例演示如何使用浏览器 WebRTC，代码如下：

```
01    <!DOCTYPE html>
02    <html>
03    <body>
04      <video autoplay></video>              <!-- 视频播放元素 -->
05      <script>
06        try {                                // 使用 WebKit 核心下的 getUserMedia 方法
07            navigator.webkitGetUserMedia({audio:    true,    video:    true},
successCallback, errorCallback);
08        } catch (e) {
09            navigator.webkitGetUserMedia("video,audio",     successCallback,
errorCallback);
10        }
```

```
 11        function successCallback(stream) {              // 成功回调并设置 video 标签
 12            document.querySelector('video').src          =
window.webkitURL.createObjectURL(stream);
 13        }
 14        function errorCallback(error) {                  // 失败回调返回错误信息
 15            console.log('发生错误，编号：' + error.code);
 16        }
 17    </script>
 18  </body>
 19  </html>
```

将上述代码保存成后缀为 html 的文件，并放到 Web 服务器上，如 IIS、Apache、Nginx 等。使用最新 Chrome 浏览器打开页面地址，浏览器会提示是否启用摄像头和麦克风，如图 7.2 所示。

图 7.2 浏览器提示是否启用摄像头和麦克风

单击浏览器提示条中的"允许"按钮，此时浏览器内出现一个宽 640 像素、高 480 像素的视频窗口，显示内容为用户摄像头拍摄视频。

随着 WebRTC 的发展和各大技术巨头的支持，虽然标准尚未完全成熟，但足以带给开发者前所未有的惊喜，Web 开发人员可以完全基于浏览器开发音频视频实时在线应用。目前，已经出现了一批颇具实力的类库，如 WebRTC.io 和 WebRTC-Experiment 等，用户可以前往这些项目的网址学习和使用，它们的具体网址分别为 https://github.com/webRTC/webRTC.io 以及 https://github.com/muaz-khan/WebRTC-Experiment。

 BSD 协议是 Berkeley Software Distribution 的缩写，中文意思为伯克利软件发行版，是一整套软件发行版的统称，是自由软件中使用最广泛的许可证之一。BSD 最初所有者是加州大学董事会。该协议允许用户自由地使用并且修改源代码，也可以将修改后的代码作为开源或者专利软件再发布。

7.6 打造自己的音频播放器

本节将使用 HTML 5 的新标签 audio 编写一个音频播放器的例子，例子给出了一个实现简单在线音频播放器的场景，用户可以单击播放列表进行音乐切换。

使用 Chrome 浏览器打开网页文件，运行结果如图 7.3 所示。单击列表中第 3 首歌曲 "LightMusic.mp3"，然后单击左下角播放按钮，运行效果如图 7.4 所示。

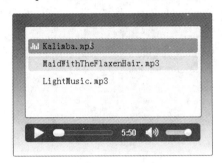

图 7.3　使用 Chrome 打开网页文件

图 7.4　播放 "LightMusic.mp3"

创建 "自己的在线音频播放器.html" 文件，代码如下：

```
01  <!DOCTYPE HTML>
02  <html>
03  <head>
04    <style>
05    // ......省略部分非关键样式，请参考下载源码。
06    .list{                                    /* 播放列表样式 */
07        height:150px; font-size:15px;
08        border: 1px solid #464646;
09        border-radius: 3px;                   /* 圆角 */
10        -moz-border-radius: 3px;
11        -webkit-border-radius: 3px;
12        background-color: #F5F6F9;
13        margin-bottom:10px;
14    }
15    .run{                                     /* 当前正在播放 */
16        background-color:#4BA9E6 !important;
17        background: url(../images/running.gif) no-repeat;
18        background-position:4px 3px;
19    }
20    .box{                                     /* 播放器外观 */
21        border: 1px solid #464646;
22        border-radius: 3px;                   /* 圆角 */
23        -moz-border-radius: 3px;
24        -webkit-border-radius: 3px;
25        padding: 20px;
```

```
26            /* 背景色线性渐变 */
27            background:-moz-linear-gradient(top,rgb(53, 111, 143),#f6f6f8);
28            background:-webkit-gradient(linear, 0% 0%, 0% 100%, from(rgb(53, 111,
143)), to(#f6f6f8));
29          }
30        </style>
31    </head>
32    <body>
33        <header><h2>做一个自己的在线音频播放器</h2></header>
34        <div class="box">
35            <div class="list">
36                <!-- 播放列表 -->
37                <ul>
38                    <li class="run">Kalimba.mp3</li>
39                    <li>MaidWithTheFlaxenHair.mp3</li>
40                    <li>LightMusic.mp3</li>
41                </ul>
42            </div>
43            <div>
44                <!-- 播放器 -->
45                <audio src="../res/Kalimba.mp3" controls>非常抱歉，您的浏览器不支持
audio 标签。</audio>
46            </div>
47        </div>
48    </body>
49    <script>
50        var slice = Array.prototype.slice,
51            audio = document.querySelector('audio'),          // 音频播放元素
52            // 将获取的播放音频元素列表转化为数组
53            items = slice.call(document.querySelectorAll('.list li'),0),
54            run;
55        items.forEach(function (item) {
56        item.addEventListener('click', function () {// 监听元素的 click 事件
57            run = document.querySelector('li.run');// 获取当前播放的元素
58            run.className = '';                    // 取消之前元素播放状态
59            item.className = 'run';                // 播放给当前单击的音频加入正在播放样式
60            // 替换 audio 的地址为当前点击音频地址
```

```
61                audio.src = audio.src.replace(run.innerHTML, item.innerHTML);
62          });
63       });
64  </script>
65  </html>
```

代码第 45 行是播放器的核心，使用了 HTML 5 新标签 audio。

代码第 53 行，获取播放列表中的文件元素并转化为数组。在代码第 55 行，循环文件数组，监听每个元素的 click 事件。当用户单击列表文件时，给文件添加播放的样式类，并重新设置 audio 的 src 属性。此时，音乐被切换，并且所有播放状态被重置为初始状态。

> 本例中并没有提及 audio 标签自身事件的相关使用。audio 标签拥有比一般标签更多的事件状态，比如 pause、play、progress、waiting 等。用户可以通过这些事件，编写更为复杂的音频播放器。

7.7 打造自己的视频播放器

前面的例子已经展示 HTML 5 带来的 video 标签在浏览器视频应用上的突破，摆脱了传统浏览器播放视频过度依赖于第三方插件的局面。虽然 video 非常美好，但各种浏览器对视频控件的实现不同，在原有的面板上增加自定义功能更是难上加难。本例将初步实现一个自定义的播放器，给各位读者提供一个思路。

本例播放器将实现 3 个基本功能：播放、暂停、全屏。使用 Chrome 浏览器打开网页文件，运行结果如图所示 7.5 所示。单击视频中央的播放按钮，运行结果如图所示 7.6 所示。

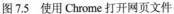 

图 7.5　使用 Chrome 打开网页文件　　　　图 7.6　单击视频中央的播放按钮

此时，中央的播放按钮被隐藏，紧随着出现视频底部工具条。该工具条并非浏览器原生视频工具条，而是通过 HTML 进行模拟定制。如图 7.6 所示，工具条上出现了左下角暂停按钮和右下角全屏按钮。

创建"自己的视频播放器.html"文件，代码如下：

```
01  <!DOCTYPE HTML>
02  <html>
03  <head>
04      <style>/* ......此处样式忽略，读者可以查看对应下载文件 */</style>
05      <script src="../js/jquery-1.8.3.js"></script>
06  </head>
07  <body>
08      <header><h2>做一个自己的视频播放器</h2></header>
09      <div class="video_box">
10          <video    src="../res/BigBuck.webm"    width="480"    height="320"
    controls></video>
11      </div>
12  </body>
13  <script>
14      (function () {
15          var CONTROLS_HTML = '......省略';              // 播放工具条 HTML，此处省略
16          function VideoControl(ele) {                       // 播放工具条类
17              this.video = $(ele);
18              this.init();
19          };
20          VideoControl.prototype = {                         // 原型方法
21              init: function () {
22                  // 移除 video 原本的 controls 属性，去除浏览器默认工具条
23                  this.video.removeAttr('controls');
24                  this._render();
25                  this._bind();
26              },
27              _render: function () {                      // 用于生成工具条 html 结构
28                  var wraper = this.wraper = $(document.createElement('div'));
29                  wraper.html(CONTROLS_HTML);
30                  this.video.parent().append(wraper);// 将工具类插入文档
31              },
32              _bind: function () {                       // 给工具条的元素绑定事件
33                  var self = this,
34                      video = self.video.get(0),          // 获取对应的原生元素
35                      wraper = self.wraper,
36                      control_btn = wraper.find('div.control_btn');
```

```
37                  // 用 jQuery 的 delegate 方法委托特制元素监听 click 事件
38                  wraper.delegate('div[data-type]', 'click', function (e) {
39                      var data_type = $(this).attr('data-type');  // 获取按钮自定
义操作类型属性

40                      switch (data_type) {
41                          case 'go':                      // 初始屏中间大按钮
42                              wraper.find('div.play_button').hide();
43                              wraper.find('div.play_controls').show();
44                              video.play();               // 播放视频
45                              break;
46                          case 'play':                    // 自定义工具条播放键
47                              control_btn.toggle();
48                              video.play();
49                              break;
50                          case 'pause':                   // 自定义工具条暂停键
51                              control_btn.toggle();       // 暂停视频
52                              video.pause();
53                              break;
54                          case 'fullscreen':              // 自定义工具条全屏键
55                              self._fullScreen(video);    // 调用实例的全屏方法
56                              break;
57                      };
58                  });
59              },
60              _fullScreen: function (video) {              // 全屏方法
61                  var prefixs = 'Webkit Moz O ms Khtml'.split(' '),// 各种浏览器
全屏方法前缀
62                      parent = video, prefix;
63                  // 循环各浏览器前缀名，找寻符合的方法并执行
64                  for (var i = 0, l = prefixs.length; i < l; i++) {
65                      prefix = prefixs[i].toLowerCase();
66
67                      if (parent[prefix + 'EnterFullScreen']) {    // 兼容不同浏览
器全屏方法
68                          parent[prefix + 'EnterFullScreen']();
69                          break;
70                      } else if (parent[prefix + 'RequestFullScreen']) {
71                          parent[prefix + 'RequestFullScreen']();// 如果存在该方法
即执行
```

```
72                       break;
73                  };
74               };
75           }
76       };
77       new VideoControl(document.querySelector('video'));       // 实例化自定义
工具条类
78   })();
79   </script>
80   </html>
```

代码第 16~19 行定义了工具类构造函数。函数接收 1 个参数，该参数为需要加入自定义工具条的 video 标签。

代码第 20~76 行，在 VideoControl 的 prototype 原型上增加 4 个方法，如下：

- init：初始化函数。
- _render：生成工具条 HTML 结构。
- _bind：在工具条元素上绑定事件。
- _requestFullscreen：video 标签全屏方法。

> prototype 属性是 JavaScript 面向对象编程的基础，如果对其还不是很了解的话，可以参考 http://msdn.microsoft.com/zh-cn/magazine/cc163419.aspx。

_render 方法将字符模板 CONTROLS_HTML 插入对应的 video 父节点中，用于构建工具条的 DOM 结构。

_bind 方法在工具条的外围容器增加事件委托，监听元素类型为符合选择器 "div[data-type]" 的 click 事件。data-type 是自定义的元素属性，表示播放按钮的类型。本例中共有 4 种类型，如下：

- go：初始状态中央的大三角按钮事件类型。
- play：工具条播放按钮事件类型。
- pause：工具条暂停按钮事件类型。
- fullscreen：工具条全屏按钮事件类型

video 标签的播放和暂停方法，在各种浏览器上方法名相同，分别为 play 和 pause。但全屏方法由于还处于草案阶段，需要加上对应浏览器的前缀名，代码第 60~75 行就是为了解决这个问题，兼容方案可以参考代码，这里不做过多说明。

> 本次代码分析主要针对示例的脚本逻辑，样式说明可以参考配书源码中的注释。

7.8　小结

　　不管是音频还是视频，网络上的格式都没有一个统一的标准，这也造成了目前视频播放和音频播放不统一的局面，HTML 5 提供的这两个标签也不能完全兼容所有的音、视频格式，但至少已经向统一的标准迈出了坚实的一步。本章详细介绍了音频和视频标签的使用情况，读者可以从最后两个例子中深入认识到两个标签给音、视频开发带来的好处。

第 8 章

◀ PhoneGap入门 ▶

PhoneGap 是一款基于 HTML 5、CSS 3 和 JavaScript 创建移动应用程序的跨平台移动开发框架。它使得开发者能够使用 HTML 5 和 JavaScript 快速地构建可用的 APP，其中包括对地理位置、重力感应、摄像头等硬件设备的调用。此外，PhoneGap 还具有无与伦比的跨平台可移植性，可以使开发者逃离令人烦躁的跨平台调试与适配工作，将更多的精力投入到产品创新上。此外，PhoneGap 丰富的插件也具备了 HTML 5 高度可拓展的特点，这使得它得到广泛的应用。

本章主要内容包括：

- 了解 PhoneGap 的发展
- 搭建 PhoneGap 的开发环境
- 了解 NodeJS 的简单使用
- 创建第一个跨平台 PhoneGap 程序

8.1 走近 PhoneGap

PhoneGap 听说很久了吧，但还没用过，那就从 PhoneGap 的发展历史和特色这两个方面来认识它吧。

8.1.1 PhoneGap 的发展历史

随着移动设备的崛起，各种标准也纷繁复杂，支持苹果手机的 iOS 程序开发人员，要想将 APP 布置到 Android 设备上，简直可以直接重新写代码了。同样，Android 开发人员要布置 APP 到苹果设备上，也很头疼，毕竟两种程序可不是一种开发语言！同时，HTML5 支持跨平台的特性让 Web APP 也日益庞大起来，而且开发 Web APP 比开发 Android 和 iOS 程序更简单，那如何用 Web 技术来开发跨平台的 APP 程序呢？

于是 PhoneGap 诞生了。PhoneGap 的目的是让 Web 开发者所熟悉的 HTML、CSS、JavaScript 技术能够简单地部署在移动设备上，并且能够同 iPhone 实现简单的功能交互（如摄像头和重力感应）。

　　PhoneGap 一经发布，就在 iOS 开发者中间流行起来。虽然它获得了许多奖项，但 PhoneGap 并没有停止前进的脚步，而是将目标瞄准了 Android，并发布了可以支持 Android 平台的框架。这使得 PhoneGap 对移动开发人员来说变得越来越重要。

　　截止到 2015 年 2 月，PhoneGap 已经发布到了 3.5 版本，横跨 Android、iOS、塞班、BlackBerry、WebOS、Windows Phone 等 7 大主流平台，是目前唯一做到一次部署全平台通用的移动开发框架。图 8.1 生动地描述了 PhoneGap 的跨平台特性。

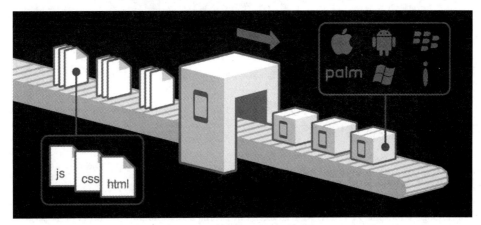

图 8.1　PhoneGap 的跨平台特性

　　在 PhoneGap 发布之初，所实现的仅仅是将用 HTML 写成的页面加载到 APP 中，这已经为开发人员带来了不少方便。

　　2011 年 7 月 29 日发布的 PhoneGap 1.0 版本中，开始加入了对 API 的支持。

　　2011 年 10 月 1 日 PhoneGap 又紧接着发布了 PhoneGap 的 1.1.0 版本，其中提供了对 BlackBerry 的支持。

　　2011 年 10 月 4 日，Adobe 收购了 PhoneGap，并表示 PhoneGap 比 Flash、HTML 5 更适合于移动平台。而在基于 HTML 5 的移动开发框架中，PhoneGap 一定是最出众的，在 HTML 5 和 Flash 之间犹豫的移动开发者们，完全可以选择 PhoneGap。

　　2013 年 1 月 PhoneGap 推出了 2.3.3 版本，其中加入了对 Windows Phone 8 的支持，同时加入了全屏观看视频文件的 API。

　　2013 年 8 月 20 日，PhoneGap 发布了 3.0 版本（2.X 最后版本是 2.9.1）。此次更新非常大，包括了新的插件架构、改进的工具、新的平台和新的 API。在 3.0 中，通过 PhoneGap 命令行工具 CLI，用户可以通过节点程序包管理器（NPM）直接安装 PhoneGap，不再需要在每次更新时下载一个 ZIP 压缩包（2.X 统一是这种压缩包）。图 8.2 显示了 2.X 和 3.0 以上版本的区别。

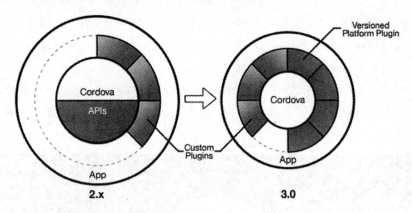

图 8.2　PhoneGap 的跨平台特性

从 3.0 开始，大部分人已经不太关心版本号，因为下载的不是压缩包，而是用命令行直接安装。本书内容支持使用 3.X 以上的版本。

8.1.2　PhoneGap 的特色

在 PhoneGap 中国的主页上，由文字组成的图片概括了 PhoneGap 的几大特色，如图 8.3 所示。

PhoneGap是一能够让你用普通的web技术编写出能够轻松调用API接口和进入应用商店的HTML5应用开发平台。是唯一的一个支持7个平台的开源移动框架。它的优势是无以伦比的：开发成本低——据估算，至多Native App的五分之一！

✔ **兼容性:**完全做到了Written Once，Run Everywhere!

✔ **标准化**，PhoneGap采用W3C标准，Web App直接运行！

✔ **用JavaScript+HTM5。**和iOS以及android的代码加XML没区别！

✔ **大众化移动互联网开发平台 ≫ 了解更多**

- 轻量级架构，功能卓越的手机应用快速开发平台
- 精确兼容系统 Andriod iPhone&iPad Symbain WM
- 无成本开发，20%的开发周期，20%的升级维护成本
- 完全不需要手机编程基础，只要会HTML就能做应用

图 8.3　PhoneGap 的特色

下面将分条解析它们的精髓。

1. 快速、开发成本低

PhoneGap 是一款让开发者使用普通 Web 技术，编写出能轻松调用 API 接口和进入应用商店的 HTML 5 应用开发平台，是唯一一个支持全平台的开源移动框架。PhoneGap 开发成本低，据估算，其成本顶多为原生 APP 的五分之一。

2. 兼容性

PhoneGap 完全做到了"Writen Once，Run Everywhere"。也就是开发者常说的"一次部署，多平台运行"。图 8.4 展示了 PhoneGap 强大的跨平台特性。

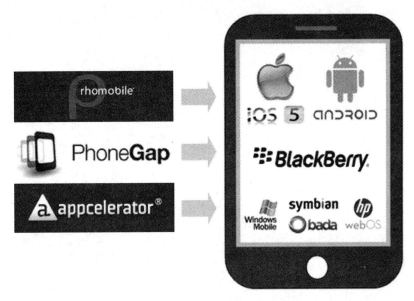

图 8.4　PhoneGap 强大的跨平台特性

在图中可以清楚地看到，PhoneGap 目前已经可以支持 iOS、Android、BlackBerry、Windows Phone、Symbian、bada 以及 Web OS 这 7 大主流操作系统。

3. 标准化和使用 HTML 5+JavaScript

PhoneGap 标准化中提出的采用 W3C 标准，其实就是指采用了标准 HTML 5 进行开发。PhoneGap 将这两点（标准化和使用 HTML 5+JavaScript）分开来进行强调是出于两个目的：

（1）严格来说，W3C 标准是一系列标准的集合，包括但不限于 HTML 5、CSS 3 还有 JavaScript。除了这些之外，W3C 标准还包括了一套完整的结构、表现、行为以及命名形式等。将这两点区分开来体现出了 PhoneGap 开发团队的严谨。

（2）从另一个角度来看，也可能是 PhoneGap 开发团队利用了 W3C 标准与 HTML 标准界限模糊的"漏洞"，多次强调同一个问题以制造噱头。图 8.5 所示为 HTML 5 所包含的范围。

从图中不难看出，HTML 5 标准在广义上也完全可以与 W3C 标准处于同一个等级上的，它也包含了一整套结构、表现、行为以及命名形式的规定。

4. 大众化移动互联网开发平台

目前许多网站在对 PhoneGap 进行介绍时，总会将主要注意力放在上面提到的 3 点上，而往往忽略了这最后一点。很多开发者因为难以忍受一遍一遍地调试才选择了 PhoneGap，因此特别看重 PhoneGap 开发应用时所带来的高效和便捷。就像图 8.3 底部所介绍的"无成本开发，20%的开发周期，20%的维护成本，完全不需要手机编程基础，只要会 HTML 就能做应用"。

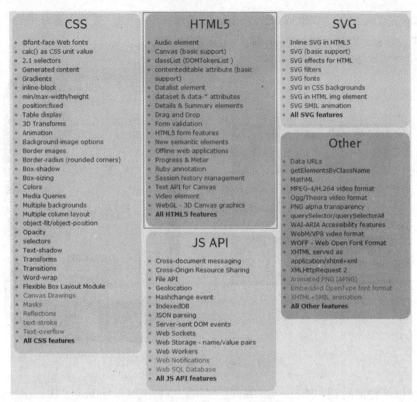

图 8.5　HTML 5 所涵盖的范围

 由于使用 HTML 5 只适合开发一些轻量级的应用，如新闻浏览、视频播放，或一些棋牌类的小游戏，所以如果有人想要开发一款像"极品飞车"这样的大作，使用 PhoneGap 倒也不是不可以，毕竟 WebGL 让这一切已经成为理论上的可能，但是他们可能会因为开发成本过高或学习成本过高而放弃。

　　虽然 PhoneGap 开发的便捷性是有局限的，因为它毕竟是一款"轻量级架构"的快速手机开发平台，但是只要它真实有效地提高了开发者的开发效率，那么它就取得了一席之地。

8.2　搭建 PhoneGap 的开发环境

　　在 PhoneGap Desktop APP 出现之前，如果我们要搭建 PhoneGap 的开发和测试环境，那简直可以让人直接崩溃，很多人环境还没搭建好，就放弃了选择 PhoneGap。如果要做 Android 开发，那就要搭建好 Android 的开发环境；要做 iOS 开发，就要申请苹果开发者账号，然后使用 XCode 进行开发，而大多数熟悉 HTML5 的 Web APP 开发人员都只会前端技术，这就增加了环境配置的

难度。而现在，一切都变简单了，就因为 PhoneGap Desktop APP，且看本节详细介绍，实际就 3
步：安装 NodeJS、安装 PhoneGap 和安装 PhoneGap Desktop APP。

8.2.1　安装 NodeJS

因为 PhoneGap 从 3.X 开始就取消了下载安装包，都是统一使用 NodeJS 的 npm 命令来安装，
所以要使用 PhoneGap 最新版本，必须下载 NodeJS。

下载和安装 NodeJS 的步骤如下：

步骤 01　打开 Node.js 的官方网站（nodejs.org），首页就有一个 INSTALL 按钮，单击它就可以下
载最新版本的 msi 安装文件。

步骤 02　双击下载到的 node.msi 文件即可打开如图 8.6 所示的 Setup 安装界面，一路单击 Next
按钮即可，安装目录可以选择默认安装路径。

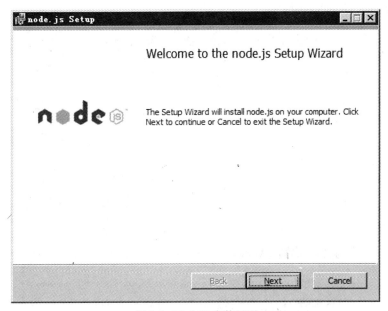

图 8.6　NodeJS 安装界面

对于已经安装过旧版 Node.js 的用户，新版本会自动覆盖旧版本。

步骤 03　安装完成后，如果是默认安装路径，一般会在 C:\Program Files 看到 nodejs 文件夹，而
且在 Windows 操作系统的"开始菜单|所有程序"中会看到 NodeJS 的命令行工具。

仅仅看到这些还不够，我们可以打开 NodeJS 的命令行工具（"开始菜单|所有程序|Node.js|
Node.js command prompt"），如图 8.7 所示。使用 node -v 查看到当前 Node.js 的版本号，如果能
正确看到版本号，恭喜你已经安装成功！

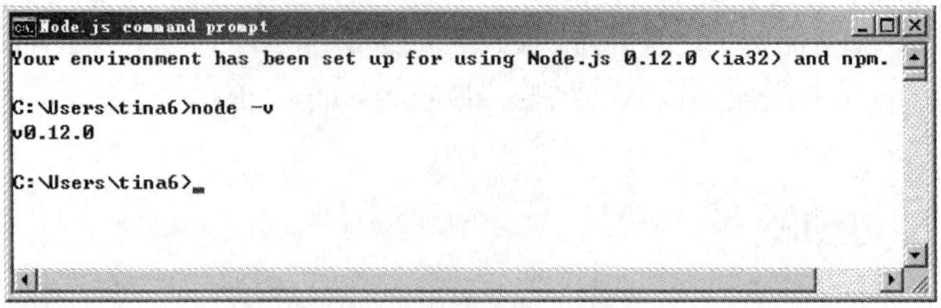

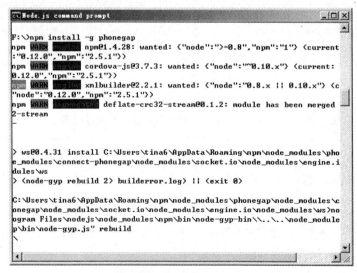

图 8.7　NodeJS 命令行界面

 正常情况下安装后，node -v 命令可以在任何目录下运行，如果发现不能运行，可以完全卸载 Node.js 后重新安装或重新安装一个不同的版本。

读者不会 NodeJS 也没有关系，因为这里我们只用到简单的几个命令和参数。

8.2.2　安装 PhoneGap

安装好 NodeJS 后，我们就可以使用 npm 命令来安装 PhoneGap 了。

（1）还是打开 NodeJS 的命令行界面，输入如下命令：

```
npm install -g phonegap
```

install 是安装某个软件包，-g 参数是指安装在全局目录中，phonegap 就是要安装的软件名称了。

输入命令并回车后，开始安装程序，这个过程比较慢（视服务器网速决定），大约过 10 分钟后安装完成，图 8.8 和图 8.9 所示都是安装过程中的一些信息，我们可以从中了解 PhoneGap 都安装了哪些 API。

图 8.8　安装过程界面 1

142

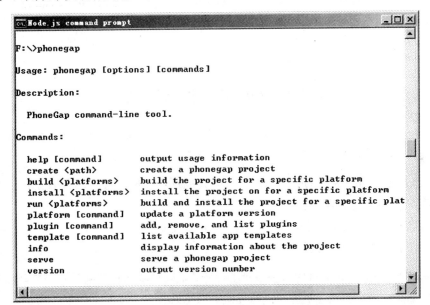

图 8.9　安装过程界面 2

（2）安装中会出现几个 Warning，我们可以直接忽略，安装完成后，可以直接输入"phonegap"来测试是否安装成功，如果效果和图 8.10 所示差不多，就表示安装成功了，如果提示"不是内部或外部命令"，则表示安装有问题。

```
F:\>phonegap

Usage: phonegap [options] [commands]

Description:

  PhoneGap command-line tool.

Commands:

  help [command]        output usage information
  create <path>         create a phonegap project
  build <platforms>     build the project for a specific platform
  install <platforms>   install the project on for a specific platform
  run <platforms>       build and install the project for a specific plat
  platform [command]    update a platform version
  plugin [command]      add, remove, and list plugins
  template [command]    list available app templates
  info                  display information about the project
  serve                 serve a phonegap project
  version               output version number
```

图 8.10　安装成功后的测试

如果在 npm 安装时忘记输入-g 参数，则表示在当前目录中安装，不是全局安装。全局安装的意思就是不管你在哪个目录下，都可以调用 phonegap 命令。

（3）安装完 PhoneGap 后，我们可以在"C:\Users\用户名\AppData\Roaming\npm\node_modules"目录下看到 phonegap 文件夹，其内容如图 8.11 所示。

名称 ▲	修改日期	类型	大小
bin	2015/2/16 1:13	文件夹	
doc	2015/2/16 1:13	文件夹	
lib	2015/2/16 1:13	文件夹	
node_modules	2015/2/16 1:13	文件夹	
spec	2015/2/16 1:13	文件夹	
.npmignore	2015/2/16 1:13	NPMIGNORE 文件	1 KB
.travis.yml	2015/2/16 1:13	YML 文件	1 KB
CONTRIBUTING.md	2015/2/16 1:13	MD 文件	1 KB
COPYRIGHT	2015/2/16 1:13	文件	1 KB
LICENSE	2015/2/16 1:13	文件	12 KB
NOTICE	2015/2/16 1:13	文件	1 KB
package.json	2015/2/16 1:13	JSON 文件	3 KB
README.md	2015/2/16 1:13	MD 文件	8 KB

图 8.11　PhoneGap 的文件

此时 PhoneGap 就安装完成了，如果你已经有 Android 的开发环境，那可以加载这些 lib 库进行开发，如果你已经有 XCode 的开发环境，也可以调用这些文件进行开发。但是对于部分 Web 开发者而言，这些环境都没有怎么办呢？好在 PhoneGap 提供了 PhoneGap Desktop APP 测试工具，我们再也不用为搭建复杂的移动开发环境而担忧了，下一小节我们将介绍一下 PhoneGap Desktop APP。

8.2.3　安装 PhoneGap Desktop APP 进行测试

PhoneGap Desktop APP 是 PhoneGap 提供的测试工具，它是一个可以下载的安装包，要使用这个测试工具，要在 PC 端和移动设备端各安装一个软件：

- PC 端的是 PhoneGap Desktop APP，下载地址是：http://phonegap.com/blog/2014/12/11/phonegap-desktop-app-beta/。
- 移动设备端下载的是一个名为 PhoneGap Developer 的 APP，不同设备下载此 APP 的位置不同，参见图 8.12 所示。

图 8.12　不同设备下载 APP 的地方

1. PC 端的 PhoneGap Desktop APP 安装

先来看 PC 上的 PhoneGap Desktop APP 安装。

（1）下载的 Desktop APP 是个压缩包 PhoneGap-Desktop-Beta-0.1.1-win，首先解压，解压后的效果如图 8.13 所示。

名称 △	修改日期	类型	大小
locales	2015/2/16 2:33	文件夹	
ffmpegsumo.dll	2014/12/10 21:23	应用程序扩展	929 KB
icudtl.dat	2014/12/10 21:23	DAT 文件	9,747 KB
libEGL.dll	2014/12/10 21:23	应用程序扩展	126 KB
libGLESv2.dll	2014/12/10 21:23	应用程序扩展	851 KB
nw.pak	2014/12/10 21:23	PAK 文件	4,620 KB
PhoneGap.exe	2014/12/10 21:24	应用程序	57,983 KB

图 8.13 PhoneGap Desktop APP 的文件

从下载下来的压缩包名字可以知道，我们使用的 Desktop APP 版本是 0.11 Beta 版，因为这个工具刚刚发布没有多久，目前使用的人还非常少。不过使用它可以省略很多繁琐的配置，笔者相信，这个工具会越来越受欢迎。

（2）此时，我们根本不用安装，可以直接打开 PhoneGap.exe 文件，效果如图 8.14 所示。测试界面中已经有两个 APP 了，这都是笔者自己建立的，如果是初次打开，右侧界面是空的。

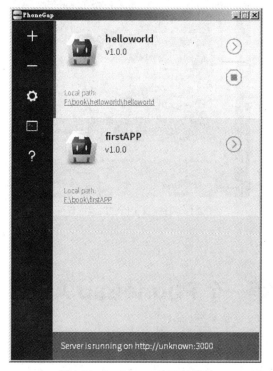

图 8.14 Desktop APP 运行界面

打开的时间可能会很慢，不知道是由于 bug 问题，还是笔者机器的问题，如果打开几分钟后还没看到运行效果，请耐心等待。当然，也许读者看到书时，有更新的版本已经解决了这个问题。

通过+号我们可以创建新的 APP 程序,通过-号我们可以删除已经创建的 APP 程序,通过 Server log 我们还可以查看服务端的工作日志。

> 如果双击 phonegap.exe,出现的是一个网页,显示 NODE WEBKIT,可能是你 NODEJS 没有安装,或者未安装成功。

2. 移动设备端的 PhoneGap Developer APP 安装

移动设备端的安装比较简单,我们这里以苹果终端来介绍。

(1)到苹果商店,搜索 PhoneGap Developer 并下载。

(2)下载完成后,运行这个应用,效果如图 8.15 所示,这里需要输入测试端口,默认是 3000。具体怎么使用,我们下一节再介绍。

图 8.15　Developer APP 运行界面

8.3　创建第一个 PhoneGap APP

有了 Desktop APP,创建 PhoneGap APP 其实很简单,下面看一下详细的步骤。

步骤 01　打开 Desktop APP,单击左侧的+号,出来两个菜单,一个是 Create new(新建 APP),一个是 Add exiting(加载原有的 APP),单击"新建"菜单,打开创建 APP 的界面,效果如图 8.16 所示。

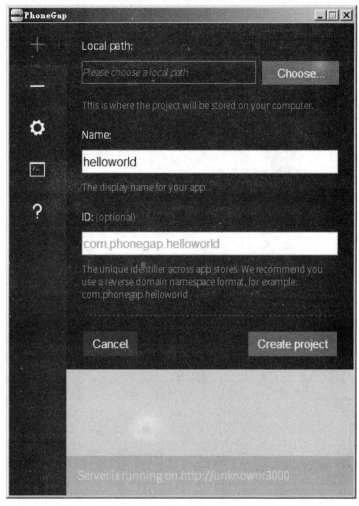

图 8.16　创建 PhoneGap APP

- 在 Local path 中，要通过 Choose 按钮来选择 APP 存放的目录（Beta 版本中这个过程特别慢，请读者耐心等待）。
- 在 Name 中，输入这个 APP 的名称。
- 在 ID 中，输入命名空间，这里可不填写。

步骤 02　输入完成后，单击 Create project 按钮，如果创建成功，效果如图 8.17 所示。界面下方是一个绿色方框，显示 "Server is running…" 这表示成功。如果创建不成功，下方是一个灰色方框，显示 "Server is offline"。创建成功后，APP 项目的文件结构如图 8.18 所示，所有的页面文件都在 www 文件夹下。

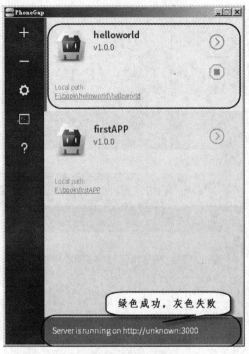

图 8.17　创建 APP 成功

名称 ▲	修改日期	类型
.cordova	2015/2/16 2:42	文件夹
hooks	2015/2/16 2:42	文件夹
platforms	2015/2/16 2:42	文件夹
plugins	2015/2/16 2:42	文件夹
www	2015/2/16 2:42	文件夹
config.xml	2015/2/16 2:42	XML 文档

图 8.18　APP 项目结构

 http 后面应该显示的是一个 IP 地址，但笔者这个测试版本显示的是 unknown，可能是 Beta 版的 bug。如果读者也是显示这个，可以继续下面的步骤来确定这个 IP 地址是多少。

步骤 03　创建成功后，打开手机上的 Developer APP，输入正确的 IP，如 192.168.1.104:3000，如图 8.19 所示。然后单击 Connect 按钮进行连接，连接成功后，先显示 Success，如图 8.20 所示。很快就会显示正确的 APP 效果，如图 8.21 所示。

　　图 8.19　输入服务端 IP　　　　图 8.20　成功连接服务端

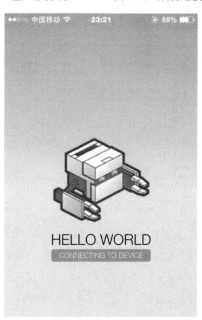

图 8.21　APP 成功显示

步骤 04　如果读者显示的 IP 是 unknown，则打开 NODEJS 命令行，将目录变更到当前新创建的 APP 所在的目录（使用命令 cd，如 cd f:\code\helloworld），然后输入 phonegap serve，则会显示服务端正确的 IP 地址，如图 8.22 所示，然后在手机上输入这个 IP 地址，APP 效果和图 8.21 所示的一样。

```
Node.js command prompt - phonegap serve
Your environment has been set up for using Node.js 0.12.0 (ia32) and npm.

C:\Users\tina6>f:

F:\>cd F:\book\helloworld\helloworld

F:\book\helloworld\helloworld>phonegap serve
[phonegap] starting app server...
[phonegap] listening on (192.168.1.104:3000)
[phonegap]
[phonegap] ctrl-c to stop the server
[phonegap]
```

图 8.22　获取 Server 端的 IP

 笔者这里显示的是 Hello World，读者显示的不是，因为笔者更改了项目下的 index.html 文件。打开新建 APP 所在的文件夹，找到 www/index.html，将<h1>标签内的文字改为 Hello World 即可。

此时，我们新建的 APP 就创建完成，而且测试成功了。这里有几个注意事项：

● 新建的 APP 文件在你创建项目时所选择的文件夹下。这个文件夹下包含了 APP 所需要的 js、css、img 等素材文件，整个目录结构看起来和一个网站文件的目录结构一样。

● 默认显示的网页是 index.html 一样，我们可以通过修改这个 html 文件的内容来显示不同的 APP 效果。

● 更新 index.html 后，一旦保存文件，手机端会立刻出现更新效果，不用再进行任何编译操作。

说到这里，读者还没有看到 index.html 是什么样的结构，这里给出一个完整的 index.html 结构图，具体每个标签的意思，随着我们学习的深入，相信读者都能看懂，这里先不介绍了。

```
01    <!DOCTYPE html>
02    <html>
03      <head>
04        <meta charset="utf-8" />
05        <meta name="format-detection" content="telephone=no" />
06        <meta name="msapplication-tap-highlight" content="no" />
07        <meta name="viewport"  content="user-scalable=no,
      initial-scale=1,
      maximum-scale=1,
      minimum-scale=1,
      width=device-width,
      height=device-height,
      target-densitydpi=device-dpi" />
```

```
08          <link rel="stylesheet" type="text/css" href="css/index.css" />
09          <title>Hello World</title>
10      </head>
11      <body>
12          <div class="app">
13              <h1>HELLO WORLD</h1>
14              <div id="deviceready" class="blink">
15                  <p class="event listening">Connecting to Device</p>
16                  <p class="event received">Device is Ready</p>
17              </div>
18          </div>
19          <script type="text/javascript" src="cordova.js"></script>
20          <script type="text/javascript" src="js/index.js"></script>
21          <script type="text/javascript">
22              app.initialize();
23          </script>
24      </body>
25  </html>
```

8.4　PhoneGap Desktop APP 常见的几个错误

虽然使用 Desktop APP 不用配置环境，操作就这么几步，但还是有人难倒在这个入门的门槛上，这里笔者总结几个常见的不能正常使用 Desktop APP 的原因。

（1）提示找不到 config.xml。如果运行时提示找不到 config.xml，可以手动创建这个文件，放在当前 APP 项目的根目录下。

（2）服务端和手机端始终无法连接，要确认一下两个设备是否在同一个局域网内。

（3）手机操作系统版本太旧，可能无法显示 index.html 网页，这个可以参看 index.html 中的注释，如 iOS 7 版本使用 index.html 时，就需要移除 width=device-width 和 height=device-height 这两个属性。

因为操作系统的不同、网络连接的不同、移动终端的不同，大家在学习时可能会碰到不同的问题，碰到问题时，一定要仔细找找原因。也许碰到的只是一个小小的疏忽，就可能会折腾半天，这些都是难免的，希望读者能在 PhoneGap 入门阶段，不断克服这些小障碍。

8.5 PhoneGap 你要知道的知识

PhoneGap 的环境搭建好了，在开始学习 API 的调用以前，我们先了解使用什么样的开发工具来创建 PhoneGap 文件，并了解 PhoneGap 都包含了哪些 API。

8.5.1 编辑工具的选择

首先要介绍的是 Notepad++编辑器，在 Notepad++中能够通过"Ctrl"键和鼠标滚轮方便地切换字体的大小，这种做法会让开发者觉得非常舒服。但是有些时候 Notepad++却不是那么合格，比如说当一个页面中同时有 CSS、HTML 和 JavaScript 存在时，Notepad 并不能将它们全部识别并且高亮显示，而只能高亮标注其中的一种代码，如图 8.23 所示。

```html
<head>
<script>
function open_news(i) {
    document.getElementById("news").style.display='none';
    document.getElementById("list").style.display='inline';
}
function back_list() {
    document.getElementById("list").style.display='none';
    document.getElementById("news").style.display='inline';
}
</script>
<style>
* { margin:0;}
#head
{
    width:100%;
    height:60px;
    background:#567;
    font-size:32px;
    color:#fff;
    line-height:60px;
    text-align:center;
```

图 8.23　页面中出现两种以上的脚本时 Notepad++的高亮支持

其次推荐 Dreamweaver 作为编辑器，很多人制作网页都是从这款工具开始的，编辑 PhoneGap 也可以用它。不管是 Dreamweaver 还是 PhoneGap 甚至是 jQuery Mobile，它们都有共同的一个老板——Adobe。因此，使用 Dreamweaver 就合情合理了。另外，在 Dreamweaver CS 6 中也提供了对 PhoneGap 的支持（如图 8.24 所示），不过使用方式稍显繁琐，因为它涉及移动开发的一些 SDK，不过我们可以仅仅使用它来编写 HTML 文件，还是很方便的。

图 8.24　Dreamweaver CS6 为 PhoneGap 提供的支持

　　当然，如果不希望使用这些工具，还可以在记事本中编写 PhoneGap，但笔者觉得，如果修改程序用记事本还可以，如果从零开始进行编辑，则还是使用专业编辑工具来得更顺手。

8.5.2　PhoneGap 中有哪些 API

　　其实 PhoneGap 的作用就是将 HTML 写成的页面显示出来，然后通过特定的 JavaScript 获取几组数据而已。

　　虽然说使用 PhoneGap 进行开发主要是依靠 HTML 各方面的知识，但对于一名 PhoneGap 开发者来说，最主要的还是掌握 PhoneGap 各种 API 的用法。PhoneGap 为开发者提供了电池状态、相机、联系人、文件系统、音频等 API 接口，本小节将一一介绍它们的功能和用途。

1. Device Motion (Accelerometer)（加速度传感器）

　　Accelerometer 也就是一般我们常说的重力感应，可以用它来获取手机各个方向的加速度。比如，可以利用重力加速度约等于 10 的特点来获取当前手机的方向，可以在一些游戏中利用它和一些算法实现体感操作（如说模拟用户对方向盘的操作）。

2. Camera（摄像头）

　　Camera 正如它的字面意思，可以通过它来获取摄像头采集到的信息。

3. Device Orientation (Compass)（指南针）

　　如果说加速度传感器是用来感应重力从而知道地面方向的话，那么指南针则可以获取东西南北的方向，可以通过它和加速度传感器、地理位置传感器配合起来实现一些很神奇的功能，比如从用户当前正拍摄的照片中得知用户所在的方位等。

这听上去非常玄幻，但是却并不是无法实现的，比如，从地理位置传感器上获取的信息表示用户正在海边，指南针又能够证明用户正面朝大海，那么甚至不需要对照片进行分析都可以判断出用户所拍摄照片的内容了。

4. Network Information (Connection)（网络连接）

Connection 判断用户所处的网络状态。

5. Contacts（联系人）

Contacts 对设备上的联系人进行增、删、改、查，是非常实用的一组 API。

6. Device（获取设备信息）

Device 可以获取设备的版本号、操作系统等信息。

7. Events（系统事件）

Events 是一些对系统时间进行响应的回调函数，比如在用户电量过低时发出通知，也可以对音量键或搜索键等功能进行响应。

8. FileSystem（文件管理系统）

可以通过 FileSystem 来管理手机上的文件，但是由于 PhoneGap 的执行效率问题，不建议读者尝试用它来开发一款文件管理器，甚至是简单的电子书阅读器。在应用中使用 FileSystem 来对文件进行一些简单的操作（比如在 txt 中保存一些留言或笔记）还是可以的。

9. Geolocation（地理位置传感器）

Geolocation 是通常用户所说的 GPS，社交软件中比较常用的一项功能，通常会配合其他传感器使用。

10. Media（媒体）

Media 用于对音频文件进行录制和播放，感觉不如采集工具实用，因此也比较鸡肋。

 PhoneGap 提供的 API 有 20 几种，而且还会越来越多，本小节只列出了常见的这 10 种。

8.5.3　使用云在线编译 PhoneGap

PhoneGap 不仅提供了好的真机测试工具，还提供了一个在线编译工具，网址是：https://build.phonegap.com/

PhoneGap Build 工具的使用很简单，前提是必须注册一个 PhoneGap 账号，然后上传代码的 zip 包。

PhoneGap Build 是收费服务，但可以提供一个 APP 免费编译的服务，所以如果只是开发一个

APP，那使用它未尝不可，这一个 APP，也可以随时通过更新代码来重新编译。当然如果是企业行为，会开发多个 APP，那要么创建原生的开发环境来编译，要么使用 PhoneGap Build 的收费服务。

　　PhoneGap Build 的使用非常简单，我们只需要压缩我们的项目成 zip 文件，然后上传，上传后，出现图 8.25 所示的界面，在界面下方会有 iOS、Windows Phone 和安卓三种设备的编译方式供选择，编译完成后，我们可以下载每个项目后面的软件，如安卓后面的 apk 文件。

图 8.25　在线编译

8.6 在 PhoneGap 中调试 HTML 5 程序

　　我们已经配置好了 PhoneGap，现在找到第 3 章创建的一个简单的 HTML 5 文件"响应式导航样例代码.html"，将其放在已经配置好的 PhoneGap helloworld 项目下的 www 目录中，删除原来的 index.html 文件，并将"响应式导航样例代码.html"名字改为 index.html 文件。

　　这里有一点还要修改，因为<meta>标签中有专门为移动设备兼容设计的一些代码，所以需要将 HTML 5 文件中的<meta>标签修改成和原来的 index.html 中的<meta>标签一样：

```
<meta charset="utf-8" />
    <meta name="format-detection" content="telephone=no" />
    <meta name="msapplication-tap-highlight" content="no" />
    <meta name="viewport" content="user-scalable=no,
initial-scale=1, maximum-scale=1, minimum-scale=1, width=device-width,
 height=device-height, target-densitydpi=device-dpi" />
```

接下来，打开服务器端的 PhoneGap Desktop APP，helloworld 项目的服务开启后，然后打开手机上的 PhoneGap APP，测试效果如图 8.26 所示。

图 8.26　手机上打开 HTML 5 页面

我们可以看到，一个 HTML 5 页面显示在手机上之后，页面顶端与手机的顶部任务栏有一点重合，这些可以通过设置 CSS 样式文件来改变，此处不再多讲，大家可以自己动手实验一下。

8.7 小结

本章的重点是了解 PhoneGap 的发展历史，然后搭建 PhoneGap 的开发环境。读者要了解 PhoneGap Desktop APP 的使用方法，利用它可以轻松地测试我们创建好的 APP，而且这些跨平台的程序，在一部设备上能使用，基本上在其他设备上不需要经过修改也能使用，但要兼容所有的设备和所有的版本，还需要我们不断努力。

第 9 章
◀ PhoneGap 的事件处理 ▶

　　本章将引入手机应用中一个非常重要的概念："生命周期"。可以说只有真正了解 PhoneGap 的生命周期，才算是真正入了 PhoneGap 的门。此外，本章还要教会读者一些在进行 PhoneGap 开发时的必备技能，比如输出信息的 3 种方法等等。

本章的主要内容包括：

- 认识程序的生命周期
- 认识 PhoneGap 的生命周期
- PhoneGap 生命周期中 11 种本地事件的概念和应用
- 在 PhoneGap 开发中获取调试信息的 3 种方法

9.1 程序也有生命周期

　　对于人类来说，有一个生命周期，就是从出生→童年期→青年期→中年期→老年期→死亡。对于程序来说，它也有从"出生"到"死亡"的周期，本节将介绍这个生命周期。

9.1.1 程序对生命周期的定义

　　图 9.1 所示是一个类的生命周期，这是谷歌官方给出的 Activity 生命周期流程图，它包括了一个安卓应用从被创建到结束时所经历的各种事件。Activity 生命周期中所经历的各个过程说明如下。

　　（1）启动 Activity：系统将调用 onCreate 方法创建新的 Activity 对象，然后依次调用 onStart 方法和 onResume 方法，使刚刚创建的 Activity 进入运行状态。

　　（2）暂停状态：当前的 Activity 被其他的 Activity 覆盖或手机锁屏，原 Activity 被放入后台，系统将调用 onPause 方法，使 Activity 进入暂停状态。

　　（3）恢复状态：当处于暂停状态的 Activity 重新被运行时，系统将调用 onResume 方法，使之重新回到运行状态。

（4）后台状态：当用户点击 Home 键返回主屏，Activity 被保存在后台，系统将先调用 onPause 方法再调用 onStop 方法，使 Activity 处于暂停状态。

（5）返回状态：当用户重新打开 Activity 时，系统会先调用 onRestar 方法，再调用 onStar 方法，最后调用 onResume 方法，使应用返回到运行状态。

（6）当前 Activity 处于被覆盖状态或者后台不可见状态，即第 2 步和第 4 步，系统内存不足，杀死当前 Activity，而后用户退回当前 Activity，再次调用 onCreate 方法、onStart 方法、onResume 方法，进入运行状态。

（7）用户退出当前 Activity：系统先调用 onPause 方法，然后调用 onStop 方法，最后调用 onDestory 方法，结束当前 Activity。

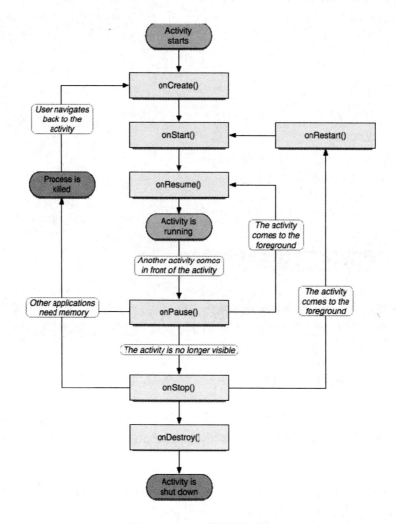

图 9.1　Activity 类的生命周期

通过对这个类从创建到消亡的整个过程的了解，我们知道了程序都是有生命周期的，那 PhoneGap 中的生命周期是怎么回事呢？

9.1.2　PhoneGap 的生命周期

在 PhoneGap 中，系统通过 JavaScript 来获取来自于硬件的信息。目前，PhoneGap 可以处理包括网络、电量、音量、网络、按钮等方面的信息。当使用 PhoneGap 编写的应用处于运行状态时，如果系统接收到了某种信号（比如用户按下了音量键），那么系统就能够做出相应的反馈。这种接收信号并进行反馈的过程，就是我们开发人员常说的事件，即发生了一件事情，我们要进行哪些处理。

 PhoneGap 的生命周期只包括应用在屏幕中运行的一部分，当应用被暂停和重新运行时有 pause 事件和 resume 事件来与它们对应。

PhoneGap 的整个生命周期可以划分成 15 种不同的事件，如表 9.1 所示。

表 9.1　PhoneGap 生命周期中的事件

名称	说明
deviceready	当设备加载完毕后会触发该事件
pause	当程序被暂停到后台运行时会触发该事件
resume	当程序被从后台激活到前台运行时会触发该事件
online	当设备网络状态改变且是从网络断开状态切换到连接状态时触发此事件
offline	当设备网络状态改变且为从网络连接状态切换到断开状态时触发该事件
batterycritical	当设备电量过低超过了某个临界点时该事件被触发，临界点的值由设备决定，一般为 10%
batterylow	当设备剩余电量低于某个由开发者或用户指定的值时该事件被触发
batterystatus	当电池剩余电量发生 1%的改变时会触发该事件
backbutton	当用户点击"返回"按钮时该事件被触发
menubutton	当用户点击"菜单"按钮时会触发该事件
startcallbutton	当用户"按下"通话按钮时会触发该事件
endcallbutton	当用户点击"挂断"按钮时会触发该事件
volumedownbutton	当用户按下"音量减小"按钮时会触发该事件
volumeupbutton	当用户按下"音量增大"按钮时会触发该事件
searchbutton	当用户按下"搜索"按钮时触发该事件

上面的表可以按照事件的性质将它们重新分组，按照笔者的想法这 15 个事件可以分为以下 3 类。

1. 程序加载事件

程序加载事件包括了 deviceready、pause 和 resume 这 3 个事件，用于对程序的加载完毕（即生命周期的开始）、暂停和恢复进行处理。

2. 被动消息事件

被动消息事件用于对程序运行期间设备发生的一些变化进行处理，如电池电量的变化、网络断开等。被动消息事件包括以下 5 个事件：online、offline、batterycritical、batterylow、batterystatus。由于这些事件不是用户本人可以控制的，如电池的电量不可能由于用户的意愿而突然增加。因此笔者称其为被动消息事件。

3. 主动消息事件

主动消息事件包括 backbutton、menubutton、startcallbutton、endcallbutton、volumedownbutton、volumeupbutton 和 searchbutton 这 7 个事件，分别在用户按下相应的按钮时进行响应。

需要注意的是，并不是每部设备都具备这些按钮，比如在诺基亚最新发布的 Nokia X 手机中就只有正面地返回按钮以及侧面的音量键。因此，如果想在这样的设备中对"搜索"按钮的操作进行处理是不可能的。而即使是在目前主流的安卓手机中，一般也省略掉了"搜索键"而仅保留"返回"、"菜单"以及在 PhoneGap 中没有提到的"HOME"按钮这 3 种按键，如图 9.2 中所示。

图 9.2　这种 3 按钮布局已成为当前安卓手机的主流设计

9.2　事件实战

事件其实都比较简单，只要学会了一种的使用方式，其他的事件都可以轻松学会，本节以 PhoneGap 所有的事件为例，介绍了如何真正在 APP 中调用事件，其实有些事件在你的手机上不一定调用成功（并不是所有的事件都支持你的移动设备），这里读者重点是学会事件的使用方法。

9.2.1　使用程序加载事件

在了解了 PhoneGap 中都有哪些事件之后，本节将开始对这些事件的用法进行详细介绍。本节要介绍的是程序加载事件，也就是 deviceready、pause 和 resume 这 3 个事件。

首先来看一个例子，这里省略了 HTML 标签和 META 标签，读者可参考源代码，或参考自动生成的 index.html 文件中的代码：

```
01  <!--引入 PhoneGap 脚本文件-->
02  <script src="cordova.js" type="text/javascript"></script><script>
03      // 声明当设备加载完毕时的回调函数 onDevieReay
04      document.addEventListener("deviceready", onDeviceReady, false);
05      // 当设备加载完毕后就会执行该函数
06      function onDeviceReady() {
07          // 当该函数执行后，弹出对话框告诉用户设备已经加载完毕了
08          alert("设备加载完毕！");
09          // 一般来说需要保证在设备加载完毕之后再去执行其他操作
10          // 声明当程序被放置到后台暂停时执行的回调函数 onPause
11          document.addEventListener("pause", onPause, false);
12          // 声明当程序被从后台暂停状态恢复到前台执行时的回调函数 onResume
13          document.addEventListener("resume", onResume, false);
14      }
15      // 当程序被暂停时执行该函数
16      function onPause() {
17          // 当该函数被执行时，弹出对话框告诉用户该程序被暂停
18          alert("程序被暂停了！");
19      }
20      // 当程序被从暂停状态恢复时执行该函数
21      function onResume() {
22          // 当该函数被执行时弹出对话框告诉用户程序被恢复
23          alert("程序恢复运行");
24      }
25  </script>
26
27  <body>
28      <h1>程序加载事件的使用</h1>
29      <h3>程序开始运行后弹出对话框提示设备加载完毕</h3>
30      <h3>程序进入后台运行也弹出对话框提示程序被暂停</h3>
31      <h3>但当程序被恢复时却没有对话框弹出</h3>
32  </body>
```

从第 2 行代码可以看出，如果要使用 PhoneGap，必须先引入 cordova.js 文件，这个 js 包含了 PhoneGap 的所有相关 API。

 在引用 jQuery 时，添加的是 jquery.js 文件，这里要注意，添加的文件可不是 phonegap.js。

程序运行之后，系统会自动加载 PhoneGap 中的脚本，然后弹出如图 9.3 所示的界面，表明设备加载完毕。当用户点击"返回"按钮或"HOME"按钮时，也会弹出相应的对话框，如图 9.4 所示，但是不等笔者反应过来点击"确定"按钮，程序就已经被置入后台了。

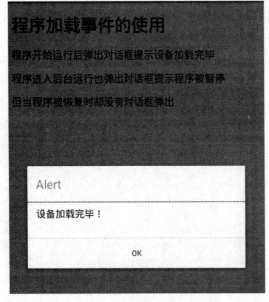

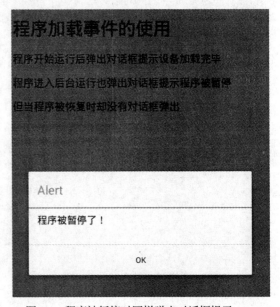

图 9.3　设备加载完毕后弹出对话框　　　　　图 9.4　程序被暂停时同样弹出对话框提示

按道理来说，如果此时再运行该程序也会弹出相应的对话框来，但是真相是当再次运行该程序时，却没有弹出对话框提示"程序被恢复"，这不是由于写错了某段代码导致的，而是由于 PhoneGap 的某些特定调用关系所决定的。

下面结合本范例来说明 PhoneGap 中各个事件的使用方法，通过范例的第 4 行、11 行和 13 行可以看出，在 PhoneGap 中如果想对某个事件进行操作，只需要按照 document.addEventListener("eventname",function，false);这样的格式进行定义就可以了。其中 eventname 是需要定义的事件名称，function 是负责对该事件进行响应的自定义函数。

 仔细观察范例，可以发现一个有意思的问题，那就是对 pause 和 resume 两个事件的声明是在设备加载完毕之后进行的，这是一个非常好的习惯，每一个 PhoneGap 开发者都要努力适应这个习惯。

我们可以自己创建一个 index.html，保存在上一章创建好的 helloworld APP 中进行测试，也可以在 PhoneGap Desktop APP 中新建一个项目，然后修改所建项目中的 index.html 文件。修改时要注意，不要使用原来的 index.js 文件和 css 文件等。本例没有样式，也没用单独的 js 文件。

9.2.2　使用被动消息事件

本节将继续介绍 PhoneGap 中的另一类事件：被动消息事件。这类事件有一个共同的特点是非常难以调试。比如，如果想要对 batterycritical 事件进行测试，可能就只有等到电量下降到某个程度才可以得到结果，尤其是这些数据还无法利用虚拟机进行模拟。另外，这类事件在使用上往往还比较鸡肋，比如，开发者对电量事件的使用不外乎是，当电量低到一定程度时提醒用户充电，可是实际上安卓系统或苹果系统本身也会做同样的事情。因此开发者尽量不使用这类事件。

虽然会避免使用它们，但是该介绍的知识点一个也不能少。看下面例子。

```
01  <!--引入 PhoneGap 脚本文件-->
02  <script src=" cordova.js" type="text/javascript"></script>
03  <script>
04      // 声明当设备加载完毕时的回调函数 onDevieReay
05      document.addEventListener("deviceready", onDeviceReady, false);
06      // 当设备加载完毕后就会执行该函数
07      function onDeviceReady() {
08          // 声明用于 online 事件的触发器函数
09          document.addEventListener("online", onOnline, false);
10          // 声明用于 offline 事件的触发器函数
11          document.addEventListener("offline", onOffline, false);
12          // 声明用于 batterycritical 事件的触发器函数
13          window.addEventListener("batterycritical", onBatterycritical,
false);
14          // 声明用于 batterylow 事件的触发器函数
15          window.addEventListener("batterylow", onBatterylow, false);
16          // 声明用于 batterystatus 事件的触发器函数
17          window.addEventListener("batterystatus", onBatterystatus, false);
18      }
19      // 当网络状态由断开切换到连接状态时触发此函数
20      function onOnline() {
21          alert("网络连接成功！");
22      }
23      // 当网络状态从连接切换到断开状态时触发此函数
24      function offline() {
25          alert("网络断开！");
26      }
27      // 处理电池电量不足的事件
```

```
28          function onBatteryCritical(info) {
29              alert("电量过低，还剩: " + info.level + "%");
30          }
31          // 电池电量过低触发此函数
32          function onBatteryLow(info) {
33              alert("电量过低,还剩: " + info.level + "%");
34          }
35          // 电池状态发生改变触发此函数
36          function onBatteryStatus(info) {
37              alert("电池状态改变了，剩余电量: " + info.level + "%");
38          }
39      </script>
40
41      <body>
42          <h1>被动消息事件的使用</h1>
43      </body>
```

运行之后的结果如图 9.5 所示。

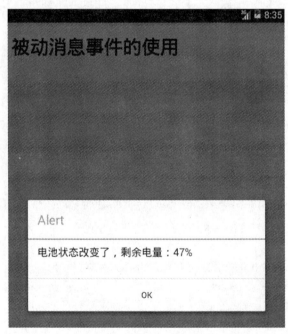

图 9.5　电池状态改变时弹出对话框

这一组事件的使用方法与之前介绍的一样，但是在电池事件的回调函数中加入了参数，这里使用的 info 对象（如第 28 行所示）封装了相关电量的一些信息。它包含了两个属性，分别是 level（用于记录当前电量的百分值，取值范围为从 0 到 100）和 isPlugged（用于记录当前是否为充电状态）。

由于这类事件非常难以捕捉,在测试时可以将具体的函数操作写在 batterystatus 事件的回调函数中进行测试,测试完成后再移回它该待的地方就可以了。

9.2.3　使用主动消息事件

与上一小节介绍的事件相比,本节要介绍的 7 个事件简直是平易近人,因为直接通过点击按钮就可以对它们进行测试。它们的使用方法与前面介绍的事件完全一样,下面是使用这些事件的一个例子。

```
01  <script src="cordova.js" type="text/javascript"></script>
02  <script>
03      // 声明当设备加载完毕时的回调函数 onDevieReay
04      document.addEventListener("deviceready", onDeviceReady, false);
05      // 当设备加载完毕后就会执行该函数
06      function onDeviceReady() {
07          // 声明返回按钮被按下时响应的回调函数
08          document.addEventListener("backbutton", onBackKeyDown, false);
09          // 声明菜单按钮被按下时响应的回调函数
10          document.addEventListener("menubutton", onMenuKeyDown, false);
11          // 声明通话按钮被按下时响应的回调函数
12          document.addEventListener("startcallbutton", onStartCallKeyDown,
    false);
13          // 声明结束通话按钮被按下时响应的回调函数
14          document.addEventListener("endcallbutton", onEndCallKeyDown,
    false);
15          // 声明音量减按钮被按下时响应的回调函数
16          document.addEventListener("volumedownbutton",onVolumeDownKeyDown,
    false);
17          // 声明音量增按钮被按下时响应的回调函数
18          document.addEventListener("volumeupbutton", onVolumeUpKeyDown,
    false);
19          // 声明搜索按钮被按下时响应的回调函数
20          document.addEventListener("searchbutton", onSearchKeyDown, false);
21      }
22      // 当返回按钮被按下时触发该函数
23      function onBackKeyDown() {
24          alert("返回按钮被按下");
25      }
26      // 当菜单按钮被按下时触发该函数
```

```
27        function onMenuKeyDown() {
28            alert("菜单按钮被按下");
29        }
30        // 当通话按钮被按下时触发该函数
31        function onStartCallKeyDown() {
32            alert("通话按钮被按下");
33        }
34        // 当结束通话按钮被按下时触发该函数
35        function onEndCallKeyDown() {
36            alert("结束通话按钮被按下");
37        }
38        // 当音量减按钮被按下时触发该函数
39        function onVolumeDownKeyDown () {
40            alert("音量减按钮被按下");
41        }
42        // 当音量增按钮被按下时触发该函数
43        function onSearchKeyDown() {
44            alert("音量增按钮被按下");
45        }
46    </script>
47
48    <body>
49        <h1>使用主动消息事件</h1>
50    </body>
```

程序运行之后，依次按下各按钮可以看到相应的对话框弹出，最后的结果如图 9.6、图 9.7 所示。

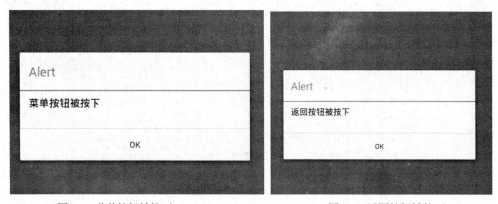

图 9.6　菜单按钮被按下　　　　　　　　　　　图 9.7　返回按钮被按下

其他按钮也是类似，不过需要注意的是，这里所说的按钮必须是实体或专门的虚拟按钮才有效。比如，图 9.8 所示的平板电脑的虚拟返回键是有效的，但是在一些应用中的"返回"按钮是不能触发 backbutton 事件的。

图 9.8 某款平板电脑中的虚拟键

最后需要说明的是，对音量增和音量减按钮的触发事件，由于与系统本身的音量功能冲突，所以在大多数的场合下是无效的。另外，目前的大多数手机已经没有了通话按钮和通话结束按钮，因此这两个事件目前只支持 BlackBerry 平台。

最后还是要废话一句，虽然 PhoneGap 为开发者提供了各种事件，但是除了 deviceready 在开发中有着广泛的应用之外，其他事件的应用价值不大。因此，还请各位开发者能够以理性的态度使用它们。

9.3 PhoneGap 中文乱码的解决方案

因为中文的格式问题，在进行网页或移动设备开发时，经常会碰到中文乱码问题，解决方案也五花八门，有的是将页面设置成 gb2312 中文简体格式，有的是设置成 gbk 格式，有的要求统一页面都是 utf-8 格式。

不管是网页还是移动网页，不管是 Native APP，还是 Web APP，其实有一个最终的解决方案，那就是所有文件统一为 utf-8 格式。

下面 3 种修改编码的方式，有 1 种不对都可能导致页面有乱码，如果前面 3 个案例，你都出现了乱码，那这 3 种方式你看完，就会恍然大悟。

（1）网页的 utf-8 编码设置

要将网页设置为 utf-8 编码，我们需要在页面的<head>标签中添加<meta>并制定 charset 格式为 utf-8，代码如下：

```
<head>
    <meta http-equiv="Content-Type" content="text/html;charset=utf-8" />
</head>
```

（2）js 文件的 utf-8 编码设置

在使用 PhoneGap 时，经常编写 js 代码或调用 js 文件，这些调用里可能也包括中文，所以引入 js 文件或编写 js 代码时，也要添加编码设置一项，代码如下：

```
<script src=" cordova.js" type="text/javascript" charset=utf-8 ></script>
<scripttype="text/javascript"  charset=utf-8 ></script>
```

（3）文件保存时的 utf-8 编码设置

再有经验的老手，也经常绊倒在这一刻。前面的所有设置都完成了，但是手机真机测试时，依然显示乱码？

这是因为我们对于小的修改，一直习惯使用记事本，而记事本默认的保存编码格式是 ANSI，这样每次一修改，网页文件的编码格式就变了，所以也是会出现乱码，解决方案就是在记事本中，单击"文件|另存为"命令，在窗口的"编码"字段处，选择 UTF-8，如图 9.9 所示。

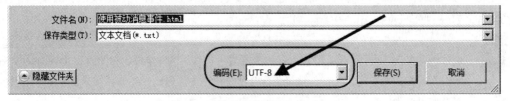

图 9.9　记事本另存时选择编码格式

好了，这 3 个地方设置好后，中文乱码就彻底解决了。

9.4　小结

本章首先介绍了生命周期的含义，接着介绍了 PhoneGap 的生命周期有哪些事件，并将这些事件分了 3 类：程序加载事件、被动消息事件、主动消息事件。本章第 2 节的 3 个小节分别通过 3 个案例来帮助读者学习如何熟练使用这 3 类事件。因为每个事件并不是针对所有的移动设备的，而且每种移动设备使用时都可能会略有差异，所以读者可以参考以下这个网址，随时了解事件的变更和差异：

http://docs.phonegap.com/en/4.0.0/cordova_events_events.md.html#Events

第 10 章

◀ PhoneGap对信息的处理 ▶

为了学习方便，本书把获取设备信息、获取通讯录信息和对用户的消息提示，统一为信息处理。也就是说，本章会包含这三方面的内容。尤其值得注意的是 PhoneGap 的 notification 类中封装了一系列设备视觉、听觉和触觉的通知，可以为应用定制专门的消息推送、警告或提示。

本章主要内容包括：

- 获取移动设备的基本信息，包括设备号、版本号等
- 操作通讯录，包括通讯录的创建、读取、查询
- 给出消息提示，包括警告消息和震动消息

10.1 使用 PhoneGap 获取移动设备信息

除了能够将 HTML 页面打包成可以直接安装运行的 APP 外，PhoneGap 的一个最大优势在于可以通过 JavaScript 调用设备来访问设备上的硬件信息，从而实现一些原本只有依靠原生 SDK 才能够达到的目的。PhoneGap 使用 device 类获取设备信息，下面就展示了一个获取设备信息的例子。

```
01    <script src="cordova.js" type="text/javascript" charset="utf-8"></script>
02    <script type="text/javascript" charset="utf-8">
03        //设置触发器函数 onDeviceReady()
04        document.addEventListener("deviceready", onDeviceReady, false);
05        // PhoneGap 加载完毕，现在可以安全地调用 PhoneGap 方法
06        function onDeviceReady() {
07            // 现在可以安全使用 PhoneGap API
08            //获取页面中 id 为 deviceProperties 的元素
09            var element = document.getElementById('deviceProperties');
10            //将获取的设备信息写入到页面元素中
11            element.innerHTML = '设备名称：'    + device. model  + '<br />' +
12                            'PhoneGap 版本：' + device. cordova + '<br />' +
```

```
13                              '操作系统: ' + device.platform + '<br />' +
14                              '设备编号: '   + device.uuid   + '<br />' +
15                              '操作系统版本: ' + device.version + '<br />';
16        }
17
18   </script>
19
20   <body>
21   <h4 id="deviceProperties"></h4>
22   </body>
```

本例运行结果如图 10.1 所示。

设备名称: iPhone6,2
PhoneGap版本: 3.6.3
操作系统: iOS
设备编号: 0D351086-D3F7-4C17-BE48-
44E93A33BDA2
操作系统版本: 8.1.1

图 10.1　利用 PhoneGap 显示设备信息

通过本例可以看出，使用 PhoneGap 中 API 的方法与使用原生 JavaScript 和 HTML 的方法没有什么不同，只是多了一些事先定义好的类，如上面范例第 11 行中的 device。

PhoneGap 定义了一个类 device，其中包含了 model、cordova、platform、uuid、version 这 5 个成员变量，分别存放设备的设备名称、PhoneGap 版本号、操作系统、设备编号和操作系统版本，使用时可以直接引用。

在范例的第 6~16 行就是使用了 innerHTML 操作，把 device 类中的信息显示到页面元素中，而页面元素是在第 9 行中利用元素的 id 属性来获取的。熟悉 JavaScript 的读者可以发现，这与 JavaScript 的 DOM 操作完全相同。

10.2　PhoneGap 程序运行慢的解决方案

PhoneGap 之所以还不够流行，源于它的一个缺点，就是运行速度较慢，这一缺点已经在第 10.1 节的例子中充分地体现出来了。在页面加载完毕到系统获取到设备信息的中间过程中，屏幕有一段短暂的时间是一片空白的，这对于一款应用来说可能是致命的。那么有没有办法能解决这一遗憾呢？下面就展示了一种非常不错的解决方法。

```
01  <script src="cordova.js" type="text/javascript" charset="utf-8"></script>
02  <script type="text/javascript" charset="utf-8">
03      //设置触发器函数 onDeviceReady()
04      document.addEventListener("deviceready", onDeviceReady, false);
05      // PhoneGap 加载完毕，现在可以安全地调用 PhoneGap 方法
06      function onDeviceReady() {
07          // 现在可以安全使用 PhoneGap API
08          //获取页面中 id 为 deviceProperties 的元素
09          var element = document.getElementById('deviceProperties');
10          //将获取的设备信息写入到页面元素中
11          element.innerHTML = '设备名称：'      + device.model    + '<br />' +
12                              'PhoneGap 版本：' + device.cordova + '<br />' +
2-313                                '操作系统：' + device.platform + '<br />' +
14                              '设备编号：'      + device.uuid     + '<br />' +
15                              '操作系统版本：' + device.version  + '<br />';
16      }
17
18  </script>
19
20  <body>
21  <h4 id="deviceProperties">正在加载设备，请等待。。。。。。</h4>
22  </body>
```

可以发现，本例与原范例相比，变化不大，仅仅是在第 21 行中加入了一句代码而已。编译运行后的感觉却大大不一样了，在原本出现一片空白、使用户感到略微茫然的部分，如今变成了图 10.2 所示的界面。

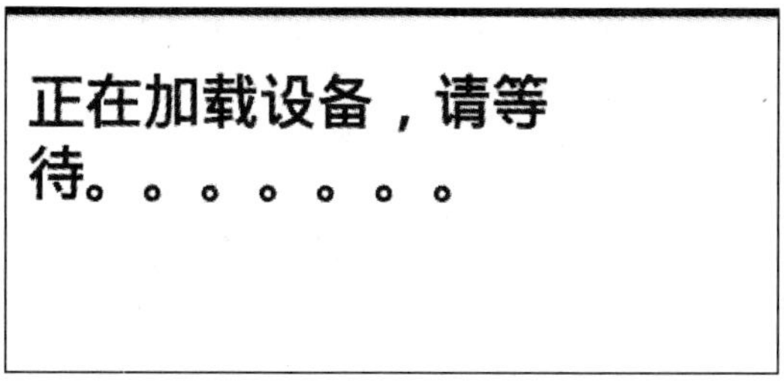

图 10.2　原本该是一片空白的部分加入了文字提示

之后又经过了短暂的时间（这段时间是 PhoneGap 用来实现设备的加载以及获取设备信息，虽然短暂但是肉眼能够清楚地感觉到），界面又切换到了图 10.3 所示的界面。

设备名称: iPhone6,2
PhoneGap版本: 3.6.3
操作系统: iOS
设备编号: 0D351086-D3F7-4C17-BE48-
44E93A33BDA2
操作系统版本: 8.1.1

图 10.3　最终屏幕显示的结果

在 PhoneGap 的实际开发中，要善于利用 JavaScript 的灵活性以及各个设备加载的时间差来弥补 PhoneGap 在效率上的先天不足。

10.3　实例：用 PhoneGap 制作查看设备的应用

前面几节介绍了使用 PhoneGap 获取设备信息的方法，可是仅仅通过一个简单的例子显然是无法直接应用到真实开发中的。因此本节安排一个复习，利用已经学过的知识来实现一个查看设备信息的简单应用。

本次的任务非常明确，就是要实现一个简单的页面，在屏幕偏下方的位置有一个按键，当用户按下它时，将会在屏幕的上半部分显示出设备的信息，同时要保证应用的流畅性和美观。

10.3.1　APP 的界面设计

由于这款应用的功能非常单一，而且只有一个页面，因此页面中的样式利用自定义的 CSS 来实现，这样既不会太麻烦也能够保证应用运行的高效性。为了保证良好的交互性，应用要对用户的操作做出简单的反应，如点击按钮时按钮会变色等。

首先来看该 APP 使用的基本界面。

```
01   <script src="cordova.js" type="text/javascript" charset="utf-8"></script>
02   <script type="text/javascript" charset="utf-8">
03   </script>
04   <style>
05   /*重写h2标签的字体颜色*/
06   h2{ color:#010; margin:5px; }
07   /*利用绝对定位为按钮提供可靠的位置*/
08   .button_rec
```

```
09    {
10        width:100%;
11        height:80px;
12        bottom:50px;
13        position:absolute;
14    }
15    /*设置按钮的大小和位置*/
16    .button_main
17    {
18        width:100%;
19        height:80px;
20        position:relative;
21    }
22    /*按钮的样式*/
23    .button
24    {
25        width:70%;
26        height:80px; margin-left:15%;
27        background:-webkit-radial-gradient(white,yellow);
28        border:9px solid #F00;
29        border-radius:25px;
30        -webkit-border-radius:25px;
31        font-weight:900;
32        font-size:32px;
33        line-height:80px;
34        text-align:center;
35    }
36    /*使按钮在被点击时改变为红色，使应用具有更强的交互性*/
37    .button:active
38    {
39        background:#f00;
40    }
41    </style>
42
43    <body>
44        <h2>点击屏幕下方的按钮，系统将会自动获取设备信息。</h2>
45        <div class="button_rec">
46            <div class="button_main">
47                <div class="button">
```

```
48                   获取设备信息
49              </div>
50          </div>
51      <div>
52  </body>
```

编译之后，运行结果如图 10.4 所示。虽然界面看上去比较有山寨感，很难与美观这个词联系到一起，但是它已经具备了一个完整的应用界面所需要的各种要素。

 实际开发中可以根据经常出现的分辨率来分别编写几组 CSS，然后通过获取设备屏幕的尺寸来选择使用对应的那一组 CSS。

范例第 23~35 行是按钮的 CSS 样式，它首先使用了 CSS 3 中的圆角属性，然后又为圆角加入了一个边框，保证按钮的颜色能够与周围的背景色有一个明显的区分，最后在按钮内部加入一个渐变作为真实的按钮来使用。

为了增强用户点击按钮的交互性，在范例的第 37~40 行又为按钮加入了一个伪类，使按钮在被用户点击后改变颜色，这样用户能够清楚地感觉到应用做出了回应。图 10.5 为按钮被点击时的样子。

 在实际开发时还可以为按钮加入一些图片或阴影效果。

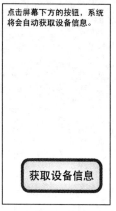
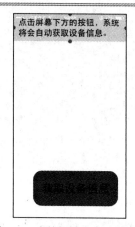

图 10.4　实现后的应用界面　　　图 10.5　当按钮被点击时变为红色

10.3.2　APP 的功能实现

上一小节已经实现了利用 HTML 5 与 CSS 3 来完成应用的界面，本小节将为该界面加入获取设备信息的功能。许多读者一定会认为本小节是在画蛇添足，因为他们会认为只要把第 10.2 节中的代码复制到界面中就可以了，实际上却并不是这样，这是为什么呢？我们先来添加获取设备信息的代码。

```
01  <script src="cordova.js" type="text/javascript" charset="utf-8"></script>
02  <script type="text/javascript" charset="utf-8">
03      //定义一个标志位，若值为0表示设备未完成加载
04      var isready=0;
05      //设置触发器函数 onDeviceReady()
06      document.addEventListener("deviceready", onDeviceReady, false);
07      // PhoneGap 加载完毕，现在可以安全地调用 PhoneGap 方法
08      function onDeviceReady() {
09          // 现在可以安全使用 PhoneGap API
10          //标志位表明设备已经准备好了
11          isready=1;
12      }
13      function get_info()
14      {
15          if(isready==1)
16          {
17              //获取页面中 id 为 deviceProperties 的元素
18              var element = document.getElementById('deviceProperties');
19              //将获取的设备信息写入到页面元素中
20              element.innerHTML = '设备名称：'    + device.model    + '<br />'
    +
21                                   'PhoneGap 版本：' + device.cordova + '<br />'
    +
22                                   '操作系统：' + device.platform + '<br />' +
23                                   '设备编号：'     + device.uuid     + '<br />'
    +
24                                   '操作系统版本：'  + device.version + '<br
/>';
25          }
26      }
27  </script>
28
29  <body>
30      <h2 id="deviceProperties">点击屏幕下方的按钮，系统将会自动获取设备信息。</h2>
31      <div class="button_rec">
32          <div class="button_main">
33              <div class="button" onclick="get_info();">
34                  获取设备信息
35              </div>
```

```
36            </div>
37        <div>
38    </body>
```

运行之后，按下按钮获取设备信息后的结果如图 10.6 所示。

设备名称: iPhone6,2
PhoneGap版本: 3.6.3
操作系统: iOS
设备编号: 0D351086-D3F7-
4C17-BE48-44E93A33BDA2
操作系统版本: 8.1.1

获取设备信息

图 10.6　应用运行后的效果

观察范例的第 33 行，此处为按钮加入了一个 onclick 事件，当它被点击时会运行第 13 行处的 get_info()函数。由于这样并不能知道系统是否已经加载好了设备，因此必须在页面刚刚被载入时加入一个标志变量（第 4 行）。

在代码第 8 行，由于设备已经完成了加载，因此可以在函数中为标志变量赋值，如第 11 行所示。这样，如果设备没有完成加载，点击按钮就是无效的了。

另外，也许有读者会问，为什么不需要考虑从点击了按钮到设备信息被显示出来的延时呢？因为实际上在设备被加载完成时，设备信息就已经被 PhoneGap 写入到了 device 类中，而点击按钮之后系统所做的仅仅是将 5 个字符串显示出来而已，几乎不会花费时间，这与 10.2 节中要等待设备加载的时间是有一定区别的。

在实际开发中，也许还要考虑到用户在设备加载完成前就点击了按钮，长时间等待后不耐烦的情况，这时就可以再加入一个新的函数，利用一个计时器函数不断地读取标志变量的值，同时在屏幕上方输出"请用户等待"的信息。当读取到 isready 变量值为 1 时，再执行将设备信息显示出来的操作。

在实际开发尤其是商业级别的开发中，常常需要考虑到一些非常极端的情况。

至此，一个简单的设备信息查看 APP 就算是完成了，读者如果有兴趣也可以在接下来的学习中继续完善，为它加入更多的特效或功能。

10.4 通讯录信息的获取

一个社区 APP 的火爆离不开好友拉好友这种形式，比如微信刚开始，就可以添加通讯录好友或者 QQ 好友，这样就形成了一个私密圈子，所以做移动 APP，获取通讯录信息基本上是最普通的一个功能了。本节将介绍如何使用 PhoneGap 来调用通讯录。

10.4.1 创建一个联系人

本节学习使用 PhoneGap 操作手机通讯录。PhoneGap 把有关通讯录的信息封装在一个 Contact 类中，创建一个新的联系人要用 contacts.create 方法。

下面的代码用来创建一个新的联系人，联系人姓名为"王小二"，性别为女：

```
01  <script src="cordova.js" type="text/javascript" charset="utf-8"></script>
02  <script type="text/javascript" charset="utf-8">
03      // 等待加载 PhoneGap
04      document.addEventListener("deviceready", onDeviceReady, false);
05      // PhoneGap 加载完毕
06      function onDeviceReady() {
07          //此处可以安全使用 PhoneGap 中的 API
08          //创建一个新的 Contact 对象
09          var myContact = navigator.contacts.create({"displayName": "王小二"});
10          //设置 Contact 的 gender 属性
11          myContact.gender = "女";
12          //用对话框显示获得的 Contact 对象
13          alert("联系人：" + myContact.displayName + "，性别：" + myContact.gender);
14      }
15  </script>
16
17  <body>
18      <h1>PhoneGap 中的联系人</h1>
19      <p>创建一个联系人</p>
20  </body>
```

运行之后效果如图 10.7 所示，对话框中显示了刚刚创建的联系人的信息。

图 10.7　显示创建出的新联系人

在 PhoneGap 中，使用类 Contact 来管理通讯录，每次要对通讯录进行操作前，首先要使用语句 var contact = navigator.contacts.create(properties)来实例化一个 Contact 对象，如范例中第 9 行所示。

 在 PhoneGap 官方给出的说明中使用了 var contact = navigator.service.contacts.create(properties)，但是该语句仅在 1.0 版本的 PhoneGap 中有效，在之后的版本中去掉了 service，因此如果照抄官方 demo 在运行时很可能出错。

范例第 11 行还设置了 Contact 对象的 gender 属性为"女"，在本例中并没有实际的意义（因为还没有保存联系人，在通讯录中看不到此人），只是为了展示对 Contact 对象进行操作的方法。结合图 10.7 中的内容，再经过这番操作之后，我们基本上就了解了 Contact 对象的属性。

10.4.2　查找通讯录

上一小节通过 Contact 中的 create()方法创建了一个新的联系人，本小节将介绍 Contact 对象中的另一个方法 find()。它用来查询通讯录中的数据，并返回一个或多个包含指定字段的 Contact 对象（即一个类型为 Contact 的数组，包含联系人的相信信息）。下面就是一个使用 find()方法查询通讯录的例子。

```
01   <script src="cordova.js" type="text/javascript" charset="utf-8"></script>
02   <script type="text/javascript" charset="utf-8">
03       var isReady=0;
04       // 等待加载 PhoneGap
05       document.addEventListener("deviceready", onDeviceReady, false);
06       // PhoneGap 加载完毕
```

```
07        function onDeviceReady() {
08            //此处可以安全使用 PhoneGap 中的 API，将标志变量置为1
09            isReady=1;
10        }
11        //获取联系人结果集
12        function onSuccess(contacts) {
13            for (var i=0; i<contacts.length; i++) {
14                alert("联系人是: " + contacts[i].name.formatted);
15            }
16        }
17
18        // onError: 获取联系人失败
19        function onError() {
20            alert('获取联系人失败!');
21        }
22        function find(){
23            if(isReady){
24                //查询资料中含有 Cat 的联系人
25                var options = new ContactFindOptions();
26                options.filter="王";
27                var fields = ["displayName", "name"];
28                navigator.contacts.find(fields, onSuccess, onError, options);
29            }
30        }
31    </script>
32
33    <body>
34        <h1 onclick="find()">PhoneGap 中的联系人</h1>
35    </body>
```

运行之后，点击屏幕上的"PhoneGap 中的联系人"几个字得到如图 10.8 所示的界面。

在运行之前一定要保证通讯录中有联系人，否则无法得到相应的结果。还有对于苹果设备来说，要允许 PhoneGap 访问通讯录。

　　范例第 22~30 行使用 find()方法来查找资料中包含了"王"的联系人，在使用该方法之前必须要创建两个参数 options（第 25 行）和 fields（第 27 行）。options 参数中包含了要查询的内容，比如本例中 options.filter 的值为"王"。fields 参数则是定义此次查找的目标字段，即 displayName 和 name。

图 10.8　查询含有"王"的联系人的结果

> 按照西方的命名习惯，联系人的姓和名是分开的，而 displayName 字段就可以看做是姓和名的组合体。

除了这两个参数，使用 find()方法时还要在其中另外定义两个参数，其中 onSuccess 用来执行查询操作。在执行 find()方法之后，符合条件的 Contact 信息将会存放在一个数组中，可以在 onSuccess 函数中对它们进行处理。onError 函数则是用来指定 find()方法出错时的提示。

此外还要知道，第 28 行查找联系人的 API 使用了多个参数，其中分别使用了 onSuccess 和 onError 函数，来对 API 调用成功和失败的情况进行处理，而不是直接定义 API 的返回值。PhoneGap 提供的 API 中大多使用了这样的方法。

不管我们的通讯录中，包含"王"的联系人有多少个，通过测试可以发现，每次只能返回一个联系人，这个时候，我们需要为 options 添加允许返回多行的属性，如以下代码：

```
options.filter = "王";
options.multiple = true;
```

关于获取名字的方式，因为中西方差异，实在有些混乱，本例使用 contacts[i].name.formatted 获取了一个完整的名字，如果只获取姓或只获取名，可以用以下方式来测试一下：

```
contacts[i].name.familyName
contacts[i].name.givenName
contacts[i].name.middleName
```

10.4.3　联系人包括哪些属性

在之前的内容中曾经多次用到 Contact 对象，也学习了 Contact 的两个方法 create()和 find()，但是作为一个类，Contact 又有哪些属性呢？这将是本小节要介绍的主要内容。

打开手机的通讯录，新建一个联系人会打开如图 10.9 所示的界面（此界面以 iPhone 作为测试手机）。可以看到每一个联系人都包括了姓、名、电话、住址、邮箱等内容，而这些内容就是存储在类 Contact 中的信息。表 10.1 中记录了 Contact 各个属性的名称和意义。

表 10.1　Contact 中的属性

属性名称	类型	介绍
id	String	作为联系人的唯一标识符
displayname	String	联系人最终显示的名称
name	String	联系人的姓名
nickname	String	联系人的昵称
phonenumbers	String 型数组	联系人的电话
emails	Contactfield 型数组	保存了联系人的电子邮箱
addresses	ContctAddrsses 型数组	保存了联系人的全部住址
ims	Contactfield 型数组	保存了联系人的全部 IM 地址
organizations	ContactOrganization 型数组	保存了联系人的所在单位、组织等信息
birthday	date	联系人的生日
note	String	对联系人的备忘、注释等信息
photos	Contactfield 型数组	保存了联系人的全部头像信息
categories	Contactfield 型数组	保存了用户对联系人添加的自定义信息
urls	Contactfield 型数组	联系人的主页等信息

 通过这些属性就可以简单地对联系人的信息进行查看、修改、删除等操作。

图 10.9　新建一个联系人

下面的例子将使用本小节介绍过的属性，新建一个联系人信息并保存。

```
01    <script src="cordova.js" type="text/javascript" charset="utf-8"></script>
02    <script type="text/javascript" charset="utf-8">
```

```
03        var isReady=0;
04        // 等待加载 PhoneGap
05        document.addEventListener("deviceready", onDeviceReady, false);
06
07        // PhoneGap 加载完毕
08        function onDeviceReady() {
09            //此处可以安全使用 PhoneGap 中的 API，将标志变量置为1
10            isReady=1;
11        }
12        function create(){
13            if(isReady){
14                //新建一个 Contact 对象
15                var contact = navigator.contacts.create();
16                contact.displayName = "张";
17                contact.nickname = "张三宝";        //同时指定以支持所有设备
18                // 填充一些字段
19                var name = new ContactName();
20                name.givenName = "三宝";
21                name.familyName = "张";
22                contact.name = name;
23                //保存
24                contact.save(onSuccess,onError);
25            }
26        }
27        function onSuccess(){
28            alert("新建联系人成功");
29        }
30        function onError(){
31            alert("新建联系人失败");
32        }
33 </script>
34
35 <body>
36     <h1 onclick="create()">新建一个联系人</h1>
37 </body>
```

编译运行之后，点击屏幕上的"新建一个联系人"，可以弹出一个对话框，内容为"新建联系人成功"，如图 10.10 所示。之后查看手机的通讯录可以看到，确实在通讯录中增加了一个新的联系人"张三宝"，如图 10.11 所示。

图 10.10　提示新建联系人成功

图 10.11　新建立的联系人"张三宝"

本范例要特别注意的是，在第 16~19 行对 name 属性的保存，必须新建一个 ContactName 对象。此外建议在创建 displayname 和 nickname 属性时，尽量使它们一致，因为在某些系统中这两个属性是混用的，只有这样才能保证应用的兼容性。第 24 行使用了 save()方法来保存刚刚创建的 Contact 对象，使它被记录到手机中。

 读者可以自行尝试在只保存了 name 属性或只保存了 displayname 时，系统通讯录中显示的名称有什么区别，从而理解手机通讯录中对联系人名称的保存机制，这对真正开发一款好用的通讯录应用很有帮助。对于苹果系统的通讯录，familyName 是姓，givenName 是名。

10.4.4　联系人的各种编辑操作

上一小节利用 Contact 对象创建了一个新的联系人，Contact 除了可以创建一个联系人之外，还可以实现对联系人的修改、删除和复制等操作。本小节将以一个例子来实现新建、复制和删除这些操作。

```
01  <script src="cordova.js" type="text/javascript" charset="utf-8"></script>
02  <script type="text/javascript" charset="utf-8">
03      // 等待加载 PhoneGap
04      document.addEventListener("deviceready", onDeviceReady, false);
05      // 一般需要在设备加载完毕后再使用 API，以确保 API 能够正常使用
06      // PhoneGap 加载完毕
07      function onDeviceReady() {
```

```
08          //新建一个联系人
09        ' var contact1 = navigator.contacts.create();
10          contact1.displayName = "Dog";
11          contact1.nickname = "Doggie";              //同时指定以支持所有设备
12          // 填充一些字段
13          contact1.addrsses= "anywhere";
14          var name1 = new ContactName();
15          name1.givenName = "Wang";
16          name1.familyName = "Wang";
17          contact1.name = name1;
18          //保存
19          contact1.save(onSaveSuccess,onSaveError);
20          //再新建一个联系人
21          var contact2 = navigator.contacts.create();
22          contact2.displayName = "Cat";
23          contact2.nickname = "Cattie";              //同时指定以支持所有设备
24          // 填充一些字段
25          contact2.addrsses= "anywhere";
26          var name2 = new ContactName();
27          name2.givenName = "Miao";
28          name2.familyName = "Miao";
29          contact2.name = name2;
30          //保存
31          contact2.save(onSaveSuccess,onSaveError);
32          //克隆一个联系人
33          var clone = contact1.clone();
34          alert(clone.nickname);
35          //删除一个联系人
36          contact1.remove(onRemoveSuccess,onRemoveError);
37      }
38  //新建联系人成功
39  function onSaveSuccess(contacts){
40      alert("新建联系人成功");
41  }
42  //新建联系人失败
43  function onSaveError(contactError){
44      alert("新建联系人失败");
45  }
46  //删除联系人成功
```

```
47        function onRemoveSuccess(contacts){
48            alert("删除联系人成功");
49        }
50    //删除联系人失败
51        function onRemoveError(contactError){
52            alert("删除联系人失败");
53        }
54    </script>
55
56    <body>
57        <h1>PhoneGap 的联系人</h1>
58    </body>
```

我们先对代码做一些简单的分析。

首先要做的依然是等待设备加载完毕，如上面代码第 4 行所示。当设备加载完毕之后，系统会自动执行自定义函数 onDeviceReady。此处由于确定设备已经被完全加载了，就可以开始创建联系人了。本例首先创建了两个联系人，其中一个的各项资料都是与狗有关的，如第 9~17 行所示，此时只是创建了一个 Contact 对象，并不是真正地将数据写入到通讯录中。因此需要在第 19 行使用 save()方法将数据写入到通讯录中。

接下来又新建了一个联系人，而这个联系人都是与猫有关的，如范例第 21~31 行所示。将新创建的联系人保存为 contact2，然后写入到通讯录中。这两个联系人保存完毕之后，都会在回调函数 onSaveSuccess 中弹出对话框来提示联系人保存成功。

第 33 行使用 clone()方法来对 contact1（也就是那个各项资料都与狗有关的联系人）进行了一次复制，将它的所有信息都保存到了名为 clone 的联系人对象中，然后通过 remove()方法对 contact1 进行删除。

这样一来实际上最终通讯录中只剩下那位各种资料都与猫有关的联系人了，读者可以自行测试一下是不是这样的，因为通讯录涉及很多个人电话，这里就不再给出图示了。

10.4.5　复杂的联系人属性 ContactField

在学习 Contact 对象的属性时，有不止一个属性是 ContactField 类型的变量，那么 ContactField 类究竟是什么呢？本小节将对它进行一个比较深入的剖析。

ContactField 对象是一个可重用的组件，用于支持通用方式下的联系人字段，每个 ContactField 对象中都包含了一个值属性（value）、一个类型属性（type）和一个首选项属性（pref）。其中 type 属性是一个字符串，用来对该对象的类型进行说明，比如说它的值可以为"这是一个电子邮件"。value 属性用来存放具体的值，依然以邮件为例，它的值就可以是 123456@sina.com。pref 是一个布尔型变量，它包含了当前用户的首选项，默认为 true。

在大多数情况下，ContactField 对象中的 type 属性并不会是事先确定值。例如，一个电话号码的 type 属性值可以是：home、work、mobile、iPhone，或其他相应特定设备平台的联系人数据库所支持的值。然而，对于 Contact 对象的 photos 字段，PhoneGap 使用 type 字段来表示返回的图像格式。如果 value 属性包含的是一个指向照片图像的 URL，PhoneGap 对于 type 会返回 url。如果 value 属性包含的是图像的 Base64 编码字符串，PhoneGap 对于 type 会返回 base64。

　　下面演示一个使用 ContactField 对象的例子：

```
01  <script src="cordova.js" type="text/javascript" charset="utf-8"></script>
02  <script type="text/javascript" charset="utf-8">
03      // 等待加载 PhoneGap
04      document.addEventListener("deviceready", onDeviceReady, false);
05      // PhoneGap 加载完毕
06      function onDeviceReady() {
07          // 建立一个新的联系人记录
08          var contact = navigator.contacts.create();
09          //存储联系人电话号码到ContactField[]数组
10          var phoneNumbers = [3];
11          phoneNumbers[0] = new ContactField('work', '010-62542685', false);
12          phoneNumbers[1] = new ContactField('mobile', '13021078888', true);
    // 首选项
13          phoneNumbers[2] = new ContactField('home', '010-83562424', false);
14          contact.phoneNumbers = phoneNumbers;
15
16          // 存储联系人
17          contact.save();
18
19          // 搜索联系人列表，返回符合条件联系人的显示名及电话号码
20          var options = new ContactFindOptions();
21          options.filter="";
22          filter = ["name","phoneNumbers"];
23          navigator.contacts.find(filter, onSuccess, onError, options);
24      }
25
26      // onSuccess：返回联系人结果集的快照
27      function onSuccess(contacts) {
28          for (var i=0; i< contacts.length; i++) {
29              // 显示电话号码
30              for (var j=0; j< contacts[i].phoneNumbers.length; j++) {
31                  alert("类型: " + contacts[i].phoneNumbers[j].type + "\n" +
32                      "值: " + contacts[i].phoneNumbers[j].value + "\n" +
```

```
33                        "首选项: " + contacts[i].phoneNumbers[j].pref);
34              }
35          }
36      }
37
38      // onError: 获取联系人结果集失败
39      function onError() {
40          alert('onError!');
41      }
42  </script>
43
44  <body>
45      <h1>ContactField 对象的使用</h1>
46  </body>
```

在 Contact 对象中，电话号码（phoneNumbers）就是一个 ContactField 类的数组对象，范例第 10 行将电话号码声明成了一个数组。在第 11~13 行为数组中的对象赋值，然后在第 31~33 行通过 alert()函数将它们显示出来。运行结果如图 10.12 所示。

图 10.12　显示电话号码的各个属性值

可以看到，被消息框弹出的内容与最初在程序中输入的内容是对应的，使用这样的方法能够保证在安卓自带通讯录中，项目不足时为用户提供额外的数据保存选项。如果刘备穿越过来想用手机的话，可能就会在存储他手下战将的电话时加入一些其他的字段，比如记住关羽、字云长之类的内容。

提 示 某些系统中不支持 ContactField 类型的首选项属性，因此该值在安卓、黑莓以及 iOS 设备下永远为 false。

10.5 PhoneGap 的消息提示

不管是做网页测试还是移动测试，我们经常需要给出一些提示信息，让用户知道是创建完成了还是创建失败了？这种提示工作我们多用 alert() 来实现，本节来看一种新的实现方式。

10.5.1　notification 警告的使用

notification.alert() 方法可以使设备弹出一个可以自定义的对话框，之前这样的功能主要依靠 JavaScript 中的 alert() 方法来实现。与 alert() 方法相比，显然 notification.alert() 具有更加强大的可定制性与易用性，下面是它的一个例子。

```
01  <script type="text/javascript" charset="utf-8" src="cordova.js"></script>
02  <script type="text/javascript" charset="utf-8">
03      // 等待加载 PhoneGap
04      document.addEventListener("deviceready", onDeviceReady, false);
05      // PhoneGap 加载完毕
06      function onDeviceReady() {
07          //使用 alert() 方法显示一个提示
08          alert("设备加载完毕");
09      }
10      // 警告对话框被忽视
11      function alertDismissed() {
12          // 进行处理
13      }
14      // 显示一个定制的警告框
15      function showAlert() {
16          navigator.notification.alert(
17              '这是使用 notification.alert()方法显示警告',      // 显示信息
18              alertDismissed,                                  // 警告被忽视的回调函数
19              '这是一个标题',                                   // 标题
20              '我就不说这个按钮是可以自定义的'                   // 按钮名称
21          );
22      }
```

```
23    </script>
24
25    <body>
26        <h1 onclick="showAlert();">显示对话框</h1>
27    </body>
```

运行结果分别如图 10.13 和图 10.14 所示。

图 10.13　使用 alert() 方法显示对话框

可以看到，使用两种方法显示出的对话框在样式上是一样的，但是使用 notification 类产生的对话框具有更强大的自由度，比如可以自定义对话框的标题、按钮等的内容。除此之外，观察范例第 15~22 行，很明显 notification 中的 alert() 方法还具有方便调用的回调函数，这也是它要比原生 JavaScript 中的 alert() 方法更加方便的原因之一。

范例第 15~22 行就是 notification.alert() 方法的使用，它有 4 个参数，分别是对话框的内容、回调函数、对话框的标题和对话框按钮的标题，后两个参数可选。其中有一个需要理解的地方是回调函数的使用场合。通过实验可以知道，当对话框被弹出时，不一定要点击对话框中的按钮，点击屏幕四周的空白区域一样可以让对话框消失，这时就会调用回调函数（在范例中第 11~13 行定义），效果如图 10.15 所示。

以上测试在安卓设备下通过，在 iOS 设备下还必须单击对话框中的按钮，此对话框才会消失。

图 10.14　使用 notification 显示一个自定义的对话框　图 10.15　屏幕四周的空白区域，点击使对话框消失

 在大多数平台中，notification.alert()与 alert()方法将会显示为与原生 SDK 相同的对话框样式，但是在少数低版本平台中，如塞班，则会显示成浏览器中对话框的样式。如在图 10.13 中使用 alert()方法所显示出的对话框就是浏览器中默认的对话框样式，可以看出它与图 10.14 中的对话框有明显的区别。在比较新的版本中，无论采用哪种方式显示出的对话框都是一样的。

10.5.2　确认对话框的使用

除了 alert()之外，notification 类还提供了 confirm()对话框，使用方法与 notification.alert()非常类似，下面是使用它弹出对话框的一个例子。

```
01  <script type="text/javascript" charset="utf-8" src="cordova.js"></script>
02  <script type="text/javascript" charset="utf-8">
03      // 等待加载 PhoneGap
04      document.addEventListener("deviceready", onDeviceReady, false);
05      // PhoneGap 加载完毕
06      function onDeviceReady() {
07          //使用 alert()方法显示一个提示
08          alert("设备加载完毕");
09      }
10      // 警告对话框被忽视
11      function onConfirm() {
```

190

```
12              // 进行处理
13              alert("点击按钮后运行回调函数");
14          }
15      // 显示一个定制的警告框
16      function showConfirm() {
17          navigator.notification.confirm(
18              '这是使用 notification.confirm()方法显示对话框',        // 显示信息
19              onConfirm,                                          // 警告被忽视的回调函
20              '这是一个标题',                                        // 标题
21              '这个按钮也是可以自定义的'                              // 按钮名称
22          );
23      }
24  </script>
25
26  <body>
27      <h1 onclick="showConfirm();">显示对话框</h1>
28  </body>
```

运行之后，点击屏幕上方的"显示对话框"字样弹出对话框，如图 10.16 所示。当点击对话框中的按钮后，运行回调函数 onConfirm()，弹出一个新的对话框如图 10.17 所示。

图 10.16　弹出确认对话框

图 10.17　触发回调函数弹出新的对话框

范例第 17~22 行是 PhoneGap 中使用 confirm()方法的一个例子，该方法仍然使用了回调函数，但是值得注意的是，在 confirm()方法中，当用户点击了对话框中的按钮后才执行回调函数，这与

上一节中的 alert()方法有所区别。

这种方法的使用非常有意义，因为在 PhoneGap 中默认的对话框只能起到提醒的作用，但是无论用户确认与否，系统都会默认按照原定的计划执行。这很有一种先斩后奏和味道，很有可能会引起某些用户的反感，如果使用了这种具有确定功能的对话框，则可以避免这种现象的发生。

10.5.3 显示可以传递参数的对话框

经过前面两节的学习已经了解了在 PhoneGap 中使用对话框的方法，不过显然它们还不能够满足实际开发中对于对话框的要求。比如，经常需要通过对话框来传递一些数值，或表示用户是确定还是取消的选择结果，这时就需要一种更加强大的对话框。这样的需求可以依靠 notification 类中的 prompt()方法来实现。下面通过一个例子来了解 prompt()方法的使用。

```
01  <script type="text/javascript" charset="utf-8" src="cordova.js"></script>
02  <script type="text/javascript" charset="utf-8">
03      // 等待加载 PhoneGap
04      document.addEventListener("deviceready", onDeviceReady, false);
05      // PhoneGap 加载完毕
06      function onDeviceReady() {
07          //使用 alert()方法显示一个提示
08          alert("设备加载完毕");
09      }
10      //从对话框中获得下一步操作的数据
11      function onPrompt(results) {
12
13          //results.input1中存放的是编辑框中输入的值
14              alert("你要了"+results.input1+"杯咖啡");
15
16          }
17      }
18      // 显示一个定制的对话框
19      function showPrompt() {
20          navigator.notification.prompt(
21              '请问你需要喝杯咖啡么？',              // 显示信息
22              onPrompt,                          // 警告被忽视的回调函数
23              '将想要的数量输入在对话框内',            // 标题
24              ['要','不要']                        // 按钮名称
25          );
26      }
27  </script>
```

```
28
29    <body>
30        <h1 onclick="showPrompt();">显示对话框</h1>
31    </body>
```

本例运行结果如图 10.18 所示，在编辑框中输入数字 9 并选择"要"之后，得到如图 10.19 所示的界面，显示用户需要 9 杯咖啡，显然用户的选择确实通过对话框传递给了应用。

图 10.18　输入数字使系统知道用户的需求

图 10.19　用户输入的数字会通过对话框传递给系统

范例第 20~25 行是使用 notification.prompt()方法的一个例子，与之前学过的两种对话框非常相似，但是它的第 4 个参数（也就是第 24 行）又与之前有一些区别。在 prompt()方法的第 4 个参数中，用方括号括起对话框按钮的多个标题，并用逗号分开。

虽然在 prompt()方法中可以支持使对话框超过 3 个按钮选项，但是当标题超过 3 个时就只会显示前 3 个标题。

范例第 11 行定义了回调函数 onPrompt()，其中 result 类封装了对话框中提交的值，results.buttonIndex 中存储的是对话框中各个按键的索引，results.input1 中存放了用户在编辑框中输入的文本。

本节介绍的对话框功能看似非常实用，但是由于弹出对话框的样式过于死板，比如，仅能支持一个输入栏，而不能采用更加适合用户使用的下拉列表等形式，因此，在实际开发中常常使用精心制作的 jQuery 插件来实现类似的需求。

prompt()方法目前只支持 Android 和 iOS 系统。

10.5.4 控制蜂鸣器和震动

前面已经介绍了 3 种使用 notification 类创建和使用对话框的方法，除了利用对话框从视觉上对用户进行提示之外，还可以依靠 beep()方法和 vibrate()方法操纵设备发出蜂鸣声和震动。下面是使用这两种方法的一个例子。

```
01  <script type="text/javascript" charset="utf-8" src="cordova.js"></script>
02  <script type="text/javascript" charset="utf-8">
03      // 等待加载 PhoneGap
04      document.addEventListener("deviceready", onDeviceReady, false);
05      // PhoneGap 加载完毕
06      function onDeviceReady() {
07          //使用 alert()方法显示一个提示
08          alert("设备加载完毕");
09      }
10      //显示对话框
11      function showAlert() {
12        navigator.notification.alert(
13            '这是一个对话框',                    // message
14            '这是对话框的标题',              // title
15            '确定'                          // buttonName
16        );
17      }
18      //蜂鸣器响3下
19      function playBeep() {
20          navigator.notification.beep(3);
21      }
22      //连续震动两分钟
23      function vibrate() {
24          navigator.notification.vibrate(2000);
25      }
26  }
27  </script>
28
29  <body>
30      <h1 onclick="showAlert();">显示对话框</h1>
31      <h1 onclick="playBeep();">蜂鸣器发声</h1>
32      <h1 onclick="vibrate();">使设备震动</h1>
33  </body>
```

　　运行后分别点击"显示对话框"、"蜂鸣器发声"、"使设备震动"可以分别弹出对话框、使蜂鸣器发出 3 次声音、使设备震动 2 秒。

　　第 20 行是 PhoneGap 中利用 notification.beep()方法调用蜂鸣器的例子，其中的参数代表了蜂鸣器发出声音的次数，第 24 行利用 notification.vibrate()方法使设备震动，其中的参数是使设备连续震动的时间，单位为毫秒。

　　至此 notification 类中的各种方法就介绍完了，但这仅仅是开始，最重要的还是理解它们之间的优劣关系，以便能够在合适的地方使用合适的方法来实现完美的用户体验。

　　首先将各种对话框归为一类，由于当对话框被弹出时，应用被暂时置为不可用，会对用户的使用造成一定的打断效果，且用户不得不对该提示做出回应，因此对话框一般用于一些重要信息的提示场合。比如，游戏中可以在系统电量较低时，使用对话框来提醒用户及时充电，或者在用户要退出应用时来向用户确认是否为误操作。另外，在用户执行一些会影响到系统的操作（比如删除文件、删除联系人等）时，也需要弹出对话框来向用户确认。

　　由于蜂鸣器和震动可以被用户主动忽略，因此主要用来增强应用的交互性，比如，一款新闻浏览应用可以在有新闻时，利用蜂鸣器来提醒用户。而一些小游戏也可以利用震动来增强用户的游戏体验，比如，当用户操纵的人物死亡时设备震动表示处罚。蜂鸣器和震动也可以与对话框搭配使用。

　　蜂鸣器与震动之间也有一定的区别，蜂鸣器的声音过于单调，因此在许多环境下难以适应用户体验的需求，比如用户点击屏幕时，可以采用一个几毫秒的震动来作为回馈，但是如果利用蜂鸣器来作为反馈就会让用户感到心烦。因此在实际开发中一定要慎重选择。

10.6　小结

　　本章首先学习了利用 PhoneGap 来获取设备信息的方法，读者可以看出 PhoneGap 中的操作几乎是完全按照原生 JavaScript 的语法来进行的，这是它的一个巨大的优势。然后学习了利用 PhoneGap 对设备的联系人信息进行修改和查看的方法。最后学习了利用 notification 类中的各种方法来实现对用户的各种反馈，其中包括了对话框、蜂鸣器和震动。这些方法对提升一款应用的交互性起到非常重要的作用。除此之外，这些反馈的方法还可以使开发者更好地实现对应用的调试，比如可以利用 prompt()来中断程序并修改某个变量的值，这些都极大地方便了 PhoneGap 开发人员。

第 11 章

◀ 加速度、地理位置和指南针 ▶

　　本章将介绍 PhoneGap 中使用加速度传感器、地理位置、指南针获取数据的方法。加速度传感器是一种用来检测物体相对运动方向以及沿着 x、y、z 3 个方向运动的部件，现代的智能手机绝大多数都集成了加速度传感器。PhoneGap 提供了 accelerometer 类用来接收来自加速度传感器的数据。地理位置和指南针分别用来获取设备的地理信息和方向。为了方便开发者调用，PhoneGap 封装了用来访问 GPS 信息的 Geolocation 类来获取设备地址位置信息，访问指南针是 Compass 类。

本章主要内容包括：

- 了解加速度传感器的功能
- 获取加速度数据
- 了解 Geolocation 类的应用范围
- 熟练使用 Compass 类

11.1　认识加速度传感器

　　在刚开始推出安卓手机的时候，最新鲜的小游戏就是一个测试速度传感器的小球，我们通过摇摆手机来让小球进入指定的洞口，这个游戏就利用了加速度传感器。

11.1.1　获取当前的加速度

　　在 PhoneGap 中，accelerometer 类封装了专门用来获取设备加速度的方法，其中最基础的一个方法就是 getCurrentAcceleration()。accelerometer.getCurrentAcceleration()的作用是获得设备当前（即该方法被调用时）的相对运动方向，下面的代码展示了该方法的使用。

```
01    <script type="text/javascript" charset="utf-8" src="cordova.js"></script>
02    <script type="text/javascript" charset="utf-8">
03        // 等待加载 PhoneGap
04        document.addEventListener("deviceready", onDeviceReady, false);
05        // PhoneGap 加载完毕
```

```
06        function onDeviceReady() {
07            //使用 alert()方法显示一个提示
08            alert("设备加载完毕");
09        }
10        function getDevAccelecation() {
11            //获取设备加速度信息
12            navigator.accelerometer.getCurrentAcceleration(onSuccess,
onError);
13        }
14        function onSuccess(acceleration) {
15            //将获取的信息显示出来
16            alert('Acceleration X: ' + acceleration.x + '\n' +
17                'Acceleration Y: ' + acceleration.y + '\n' +
18                'Acceleration Z: ' + acceleration.z + '\n' +
19                'Timestamp: ' + acceleration.timestamp + '\n');
20        }
21        function onError() {
22            //若获取设备信息失败则显示 onError
23            alert('onError!');
24        }
25    </script>
26
27    <body>
28        <h1 onclick="getDevAccelecation();">获取设备运动信息</h1>
29    </body>
```

运行代码后，点击屏幕上的"获取设备运动信息"字样，可以弹出如图 11.1 所示的对话框，分别显示设备在 x、y、z 3 个方向上的加速度以及测试加速度的时间戳。

图 11.1　显示当前设备的加速度信息

许多虚拟机不支持加速度传感器，因此会弹出显示 onError 的对话框，因此需要在真机上进行调试。如图 11.2 就是笔者在虚拟机上运行的结果。

图 11.2　在虚拟机中获取失败弹出错误信息

范例第 12 行是系统使用 accelerometer.getCurrentAcceleration()方法获取设备的当前运动信息，它有两个参数，分别是两个自定义函数的函数名。第一个函数在获取信息成功后被调用，同时还会接收到一个 acceleration 对象，此对象中封装了与加速度有关的信息，包括设备在各个方向上的加速度以及当前的时间戳。第二个函数在获取设备信息失败时被调用，比如第 21~24 行的 onError()函数就用来反馈获取设备加速度信息失败的消息。

11.1.2　监视设备的加速度

上一小节学习了利用 getCurrentAcceleration()方法获取设备当前加速度的方法。也许有读者已经想到了它的一些作用，比如，可以用来记录用户每天的运动量，但这就遇到了一个问题：如果要记录用户每天的运动量就需要不断地调用 getCurrentAcceleration()方法来进行计算，虽然可行但这无疑十分麻烦。有没有更好的方法呢？

PhoneGap 作为一款比较完善的跨平台开发框架自然有这方面的考虑，封装在类 accelerometer 中的 watchAcceleration()比利用 JavaScript 不断去调用 getCurrentAcceleration()要方便得多。下面是使用 watchAcceleration()方法监视手机加速度变化的一个例子。

```
01   <script type="text/javascript" charset="utf-8" src="cordova.js"></script>
02   <script type="text/javascript" charset="utf-8">
03       // 等待加载 PhoneGap
04       document.addEventListener("deviceready", onDeviceReady, false);
05       // PhoneGap 加载完毕
06       function onDeviceReady() {
07           //使用 alert()方法显示一个提示
08           alert("设备加载完毕");
```

```
09              }
10          //监视设备加速度
11          function startWatch() {
12              //每0.3秒更新一次加速度信息
13              var options = { frequency: 300 };
14              watchID   =   navigator.accelerometer.watchAcceleration(onSuccess,
onError, options);
15          }
16          //停止监视设备加速度
17          function stopWatch() {
18              if (watchID) {
19                  navigator.accelerometer.clearWatch(watchID);
20                  watchID = null;
21              }
22          }
23          //获取加速度信息成功
24          function onSuccess(acceleration) {
25              //处理获取的加速度信息
26              str_x = 'x: ' + acceleration.x;                //x 方向的加速度
27              str_y = 'y: ' + acceleration.y;                //y 方向的加速度
28              str_z = 'z: ' + acceleration.z;                //z 方向的加速度
29              str_t = 'Time: ' + acceleration.timestamp;     //获取加速度的时间戳
30              //将处理后的数据显示到屏幕上
31              document.getElementById("info").
appendChild(document.createTextNode(str_x));
32              document.getElementById("info").
appendChild(document.createTextNode(str_y));
33              document.getElementById("info").
appendChild(document.createTextNode(str_z));
34              document.getElementById("info").
appendChild(document.createTextNode(str_t));
35          }
36          function onError() {
37              //若获取设备信息失败则显示 onError
38              alert('获取失败!');
39          }
40      </script>
41
42      <body id="info">
```

```
43          <p onclick="startWatch()">获取设备运动信息</p>
44          <p onclick="stopWatch()">停止获取设备运动信息</p>
45    </body>
```

运行代码之后，点击屏幕上的"获取设备运动信息"字样，然后用手不断地晃动手机使之发生位移，可以看到屏幕上的数据不断变化。获取一些加速度信息后，再点击"停止获取设备运动信息"的字样，屏幕中的数据将不再变化。运行后结果如图 11.3 所示。

获取设备运动信息

停止获取设备运动信息

x: -0.70174072265625y:
4.913981323242187z:
8.540340270996094Time:
1424195544239.633x:
-0.7203021240234375y:
4.854854278564454z:
8.511600036621093Time:
1424195544537.38x: -0.6741979980468751y:
4.839436340332031z:
8.377628631591797Time:
1424195544835.191x:
-0.9023236083984375y:
4.654720458984375z:
8.384214935302735Time:
1424195545162.454x: -0.808319091796875y:
4.37525161743164z:
8.499774627685547Time:
1424195545459.967x: -1.265169067382813y:
4.518354034423829z:
8.561596069335938Time:
1424195545757.013x: -1.265318756103516y:
4.66594711303711z: 8.34709213256836Time:
1424195546064.213x: -1.016835479736328y:
4.371659088134765z:

图 11.3   监视设备的加速度变化

 本节重点讲解相关基础知识，不涉及（撇开）CSS 样式问题，请读者忽视界面的问题。

阅读范例中的代码，第 11~15 行声明了一个函数 startWatch()，第 14 行使用了 watchAcceleration() 方法来监视设备的加速度变化情况。观察该函数可以发现，除了 onSuccess 和 onError 之外，它比 getCurrentAcceleration() 方法还多了一个参数 option，该参数用来设置每次监控设备加速度信息的时间间隔，以毫秒为单位，本例中就设置为每 0.3 秒获取一次加速度信息（第 13 行）。

在 onSuccess 函数中，acceleration 类的用法与上一节介绍的完全一样，但在 31~34 行中使用了 JavaScript 中的 DOM 方法，将获取到的信息显示到页面上。

除此之外可以看到，在本例中还多了一个自定义的 stopWatch() 方法，它的作用是调用 accelerometer 的 clearWatch() 方法来停止对设备加速的监听，这样就保证了用户可以决定在什么时候开始和停止监听设备的运动情况。仍然用记录用户的运动量来举例，如果没有 clearWatch() 方法，那么手机将会记录任何时刻用户的总的运动量，但是有了 clearWatch() 方法之后，用户就可以自行决定在什么时候开始对自己的运动量进行计算，比如可以计算用户在一个小时内的运动量。

另外，观察图 11.3 中 Time 值的变化情况，可以发现每显示一条数据，时间戳增大的数字均为 300，可见该时间戳记录的单位为毫秒，用来记录设备已经使用的总时间。

> 可以暂停监控一段时间再重新开始监控，然后观察时间戳的变化来验证这一点。有兴趣的读者也可以根据该值来计算笔者写本节内容所花费的时间。

11.1.3　详解"加速度传感器"对象

在之前的例子中曾经多次使用到 acceleration 对象，可是 acceleration 对象究竟包括什么内容呢？本节将深入剖析 acceleration 对象以及它的各个属性。

acceleration 对象中封装了由 watchAcceleration()方法或 getCurrentAcceleration()方法获取的数据，其中包括了 4 个属性，分别是 x、y、z 和 timestamp。其中 x、y、z 分别保存了设备在 x、y、z 3 个方向上的加速度，单位是米/二次方秒。另外，由于设备还受到重力的影响，所以当设备被安静的放在某个地方静止不动时，获取的加速度应为 x=0、y=0 和 z=9.81。其中 9.81 为地表的重力加速度。

> 这里要介绍一下平时常说的重力感应功能是怎样实现的。由于当手机平放静止时，仅有 z 方向受到重力，而 x、y 方向的重力加速度均为 0。但是当手机发生倾斜时，就变成了由 3 个方向合成重力加速度，即 x、y、z 3 个方向的平方和为 9.81 的平方。通过测量每个方向的重力加速度就可以得到手机倾斜的角度了。

另外，由于设备获取的往往是一瞬间的加速，因此在使用获取的加速数据时，还需要对这些数据进行一些处理，以免操作过于突兀。比如读者一定都遇到过这样的问题，测量 1 包大米的重量，为了保证精确需要测量多次求平均值。假如测量了 4 次的数据分别是 1 斤、1 斤、1.1 斤还有 100 斤。那么显然 100 斤是错误的。所以最终要对 1 斤、1 斤还有 1.1 斤求平均值。在实际开发中也是这样，假如 x 方向以 100 毫秒为间隔监控 x 方向的加速度分别为 1、1、1、-0.5、1。那么就需要考虑一下这个-0.5 要怎么处理了。

11.2　加速度传感器的使用场景

前面一节已经介绍了获取设备加速度信息的方法，本节继续介绍一些加速度传感器适用的场合。

1. 游戏

这个应该是首先能想到的了，像比较经典的极品飞车 17 就采用了加速度传感器（如图 11.4

所示）。利用手机左右摇摆产生的加速度来控制车辆前行的方向。另外还有一些飞行射击游戏也是利用了类似的方法，比如，去年很火的《钢铁侠》系列游戏，就是利用手机的左右摇摆来控制人物躲避迎面飞来的武器。还有一些跑酷游戏（如神庙逃亡）也是如此。

另外一类游戏就是迷宫，可以利用手机的倾斜来控制小球四处转动最终逃出迷宫。由此可见，加速度传感器应用在游戏中一般用来操纵主角进行移动，这样也比较符合用户的思维习惯。

 相信不少读者都玩过老式的手柄游戏，在主角进行跳跃时不少人的身体都会随着跳跃的方向进行倾斜也是类似的道理。

图 11.4　极品飞车 17 游戏画面

2. 抽奖

加速度传感器的作用就是获取设备的空间变化信息，那么设备的摇动自然会招来足够的数据变化，而晃动手机的动作也容易让用户联想到抽签或者抓阄时的忐忑心情。因此一些应用采用了加速度传感器来模拟用户抽奖的行为。此外微信等社交应用的"摇一摇"功能也是模拟了用户的这一思维习惯。

3. 更多更强大的交互

实际上仍然是依靠加速度传感器的变化来实现对设备的操纵，但是范围要更广一些。比如一些手机防丢的应用会在加速度较大的时候发出警报，或者是在用户握住手机做甩鞭子动作时，发出鞭子抽打身体的声音。这些都是使用加速度传感器的例子。

11.3　地理位置的使用

地理位置信息对构建一些基于 LBS 式的场景应用非常有用，如你走到超市，超市定位你的手机并给你发送优惠券，这都是场景应用的一部分。本节将学习如何使用 PhoneGap 获取设备的地理位置。

11.3.1　获取手机地理信息

社交应用中经常见到利用手机地理位置的场合。比如微信的"摇一摇"功能就利用了 GPS 来获取用户的地理位置。图 11.5 是微信利用 GPS 获取两用户之间距离的一个例子。

图 11.5　微信通过 GPS 计算用户之间的距离

PhoneGap 利用类 Geolocation 来获取设备所在地理位置的坐标。对于一些不支持 GPS 的设备，Geolocation 类还可以借助 IP 地址、RFID、WiFi、蓝牙的 MAC 地址或 GSM/CDMA 手机 ID 的网络信号做出推断，以保证其兼容性。

 虽然基于 IP 地址、GSM 基站等方法都可以保证返回设备所在地理位置的经度和纬度，但是这样得到的结果却不一定准确。在实际开发时，仍然要充分考虑到使用不支持 GPS 的设备可能存在的误差。

11.3.2　获取当前所在坐标

在 Geolocation 类中，最基本的方法就是 getCurrentPosition()了，它的作用是通过一个 Positon 对象来返回设备所在的位置信息。下面是使用 getCurrentPosition()方法的一个例子。

```
01  <script src="cordova.js" type="text/javascript"></script>
02  <script>
03      document.addEventListener("deviceready", onDeviceReady, false);
04      // 设备加载完毕，开始获取位置信息
05      function onDeviceReady() {
```

```
06              // 使用 getCurrentPosition() 获取位置信息
07              navigator.geolocation.getCurrentPosition(onSuccess, onError);
08          }
09      function onSuccess(position) {
10              // 逐个在屏幕上显示出经度、纬度、海拔等信息
11              document.getElementById("Longitude").innerHTML = " 经 度 ： " +
position.coords.longitude;
12              document.getElementById("Latitude").innerHTML = " 纬 度 ： " +
position.coords.latitude;
13              document.getElementById("Altitude").innerHTML = " 海 拔 高 度 ： " +
position.coords.altitude;
14              document.getElementById("Accuracy").innerHTML = " 精 度 ： " +
position.coords.accuracy;
15              document.getElementById("Altitude Accuracy").innerHTML = "海拔准确度:
" + position.coords.altitudeAccuracy;
16              document.getElementById("Heading").innerHTML = " 航 向 ： " +
position.coords.heading;
17              document.getElementById("Speed").innerHTML = " 速 度 ： " +
position.coords.speed;
18              document.getElementById("Timestamp").innerHTML = " 时 间 ： " +
position.timestamp;
19          }
20      function onError(error) {
21          alert("获取位置信息失败");
22          }
23  </script>
24  <style>
25  .line                                /* 此样式用于在屏幕上显示一条分割线 */
26  {
27      width:100%;
28      height:1px;
29      border:1px solid #000;
30  }
31  </style>
32
33  <body>
34      <h1>获取当前位置信息</h1>
35      <div class="line"></div>
36      <h2>你的当前位置: </h2>
```

204

```
37        <h4 id="Longitude">经度：</h4>
38        <h4 id="Latitude">纬度：</h4>
39        <h4 id="Altitude">海拔高度：</h4>
40        <h4 id="Accuracy">精度：</h4>
41        <h4 id="Altitude_Accuracy">海拔准确度：</h4>
42        <h4 id="Heading">航向：</h4>
43        <h4 id="Speed">速度：</h4>
44        <h4 id="Timestamp">时间：</h4>
45    </body>
```

运行代码后，设备上将显示出当前所处的位置信息，如图 11.6 所示。有些手机在出现地理位置信息之前，会有一个提示，如图 11.7 所示，我们选择"允许"即可。

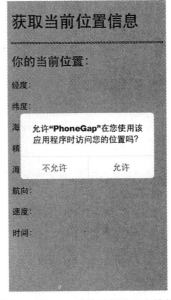

图 11.6 使用 getCurrentPosition()获取当前的位置信息　　图 11.7 允许手机获取当前的位置信息

如果要在真机上进行测试，需要把手机的定位服务打开。

本例使用了方法 getCurrentPosition()来获取设备所处的位置信息，如第 7 行所示。与其他 PhoneGap 所提供的 API 相似，该方法同样是将处理成功和失败的两个方法 onSuccess 和 onError 作为参数。

不过在 onSuccess()方法中默认会传送一个 position 对象，该对象保存了两个子对象 coords 和 timestamp。其中 coords 封装了一系列与设备当前所处地理位置有关的信息，比如经度、纬度、海拔等等。timestamp 对象则只是单纯地记录了 coords 对象被创建的时间。表 11.1 是 coords 对象中所包含的各个属性以及它们的含义。

表 11.1　coords 对象中封装的属性

名称	类型	说明
latitude	数字	以十进制小数表示的纬度信息，精确到小数点后六位
longitude	数字	以十进制小数表示的纬度信息，精确到小数点后六位
altitude	数字	海拔高度，单位为米
accuracy	数字	经度和纬度的精确度
altitudeAccuracy	数字	海拔高度的精确度
heading	数字	当前设备运动状态，以正北为零点显示当前运动方向与正北方向的角度
speed	数字	以米每秒为单位显示当前设备运动的速度

在代码第 11~18 行可以看到这些属性的使用，需要注意的是，timestamp 并不只是单纯的以小时来记录 coords 被创建的时间，其中还包含了年、月以及所处的时区等信息。另外，想必有不少读者是使用虚拟机进行测试的，那么可以利用 Eclipse 中的 Emulator Control 面板来实现对地理信息的模拟，如图 11.8 所示，遗憾的是目前仅能对经度和纬度的数据进行模拟。

图 11.8　在虚拟机上模拟 GPS 数据

在 PhoneGap 中并不是单纯地使用 GPS 中获取的数据来显示位置信息的，当 GPS 不可用时，PhoneGap 还会利用网络甚至是与基站的通信来判断当前的位置。因此即使在不具备 GPS 功能的设备上也是可以使用该功能的。

11.3.3　监控手机的位置变化

本小节将介绍一种与上一小节 getCurrentPosition()方法具有类似功能的方法，只不过它能够对设备的位置信息进行连续的监控。看到这一点，不知道读者有没有联想到什么？没错，那就是在上一节介绍过的加速度传感器，也有着类似的方法用来监视设备加速度的变化。下面展示了watchPosition()方法的使用。

```
01    <script src="cordova.js" type="text/javascript"></script>
02    <script>
```

```
03        var watchID =null;
04        document.addEventListener("deviceready", onDeviceReady, false);
05        function onDeviceReady() {
06            // 设置监听设备位置信息的频率，单位为毫秒
07            var options = { maximumAge: 1000 };
08            // 开始监听
09            watchID = navigator.geolocation.watchPosition(onSuccess, onError,
options);
10        }
11        // 该方法与getCurrentPosition()方法中所调用的onSuccess函数完全一样
12        function onSuccess(position) {
13            document.getElementById("Longitude").innerHTML = "经度：" +
position.coords.longitude;
14            document.getElementById("Latitude").innerHTML = "纬度：" +
position.coords.latitude;
15            document.getElementById("Altitude").innerHTML = "海拔高度：" +
position.coords.altitude;
16            document.getElementById("Accuracy").innerHTML = "精度：" +
position.coords.accuracy;
17            document.getElementById("Altitude Accuracy").innerHTML = "海拔准确度：
" + position.coords.altitudeAccuracy;
18            document.getElementById("Heading").innerHTML = "航向：" +
position.coords.heading;
19            document.getElementById("Speed").innerHTML = "速度：" +
position.coords.speed;
20            document.getElementById("Timestamp").innerHTML = "时间：" +
position.timestamp;
21        }
22        // 当获取位置信息失败时弹出对话框
23        function onError(error) {
24            alert("获取位置信息失败");
25        }
26        // 调用该函数可以停止对设备位置信息的监听
27        function stop_watch() {
28            navigator.geolocation.clearWatch(watchID);
29        }
30    </script>
31    <style>
32    .line
```

```
33   {
34        width:100%;
35        height:1px;
36        border:1px solid #000;
37   }
38   </style>
39   </head>
40   <body>
41        <h1 oncllck="stop_watch();">获取当前位置信息</h1>
42        <div class="line"></div>
43        <h2>你的当前位置：</h2>
44        <h4 id="Longitude">经度：</h4>
45        <h4 id="Latitude">纬度：</h4>
46        <h4 id="Altitude">海拔高度：</h4>
47        <h4 id="Accuracy">精度：</h4>
48        <h4 id="Altitude_Accuracy">海拔准确度：</h4>
49        <h4 id="Heading">航向：</h4>
50        <h4 id="Speed">速度：</h4>
51        <h4 id="Timestamp">时间：</h4>
52   </body>
53   </html>
```

运行后的结果如图 11.9 所示，可以通过修改第 7 行处的 option 参数，来修改程序获取设备位置信息的频率。

图 11.9　通过 watchPosition()方法获取的设备位置信息

通过范例不难看出，该方法与在上一节中介绍过的 getCurrentPosition()方法在用法上非常类似，只是增加了一个参数 option。这个参数 option 是干什么的呢？

从 PhoneGap 提供的文档中可以了解到，这里的 option 实际上是一个 geolocationOptions 类型的可选参数，用来定义对程序获取位置信息的一些设置。它的具体属性以及说明参见表 11.2。

表 11.2　option对象中的属性

名称	类型	说明
enableHighAccuracy	布尔类型	提供一个表明应用程序希望获得最佳可能结果的提示，可以理解为是否希望使用高精确度的定位
timeout	整数型	两次获取设备位置信息所允许的最大时间间隔，单位为毫秒
maximumAge	整数型	应用程序将接受一个缓存的位置信息，当该缓存的位置信息的年龄不大于此参数设定值，单位是毫秒

如果说 watchPosition()的用法就只有这些也许已经足够了，但是在某些应用上却可能会有一些瑕疵，比如当用户想要停止获取设备位置时该怎么办呢？总不可能让用户亲自去"后台"强行关闭掉你的程序吧。

事实上 watchPosition()还提供了一个方法，那就是在范例第 27 行用到的 clearWatch()方法。该方法只需要一个参数，就是当前所监视位置信息所使用的 id，那么这个 id 又是从哪里来的呢？再回过头来看范例第 9 行。在 watchPosition()方法开始执行时会返回一个 id 数值，而在本范例中将这个数值保存在了变量 watchID 中，因此当想要停止对设备位置的监控时只需要执行：

```
navigator.geolocation.clearWatch(watchID);
```

11.4　指南针

PhoneGap 提供了一款 Compass API 叫做指南针，专门用来获取设备的方向，本节将演示 Compass 的使用。

11.4.1　获取手机的方向

指南针作为移动设备在地理信息方面的应用实在是太深入人心了，如图 11.10 所示的就是一款指南针应用的界面。

图 11.10　一款指南针应用的界面

　　有过开发应用经验的读者可能都知道，想要开发一个具有动画效果（如指南针的转动）的应用是很难的，但是如果用 HTML 5 就能够比较轻松地实现这样的动画效果，那是不是也可以用 PhoneGap 来实现一款指南针呢？答案是肯定的。

　　如果要实现指南针的功能，就必须要有能够获取设备方向的 API，这正是在本节所要介绍的内容。下面就用 Compass 的 getCurrentHeading()方法来演示一下如何获取设备的方向。

```
01  <script src="cordova.js" type="text/javascript"></script>
02  <script>
03      // 设置当设备加载完毕后执行的触发函数 onDeviceReady
04      document.addEventListener("deviceready", onDeviceReady, false);
05      function onDeviceReady() {
06          // 设备加载完毕后执行 getCurrentHeading()方法
07          navigator.compass.getCurrentHeading(onSuccess, onError);
08      }
09      // 当获取设备方向后执行该函数
10      function onSuccess(heading) {
11          // 弹出消息框显示当前设备方向
12          alert("当前设备方向与正北方相差" + heading.magneticHeading + "度");
13      }
14      // 当获取设备方向失败时执行该函数
15      function onError(compassError) {
16          alert("获取设备方向失败");
17      }
```

```
18      </script>
19
20      <body>
21          <h1>显示当前的方向</h1>
22      </body>
```

运行结果如图 11.11 所示，得出的结果是笔者的手机现在正朝向正北，不知道读者对这个数据有没有感到有一些疑惑，有没有惊讶笔者是如何实现让手机一点不差的朝向正北的。

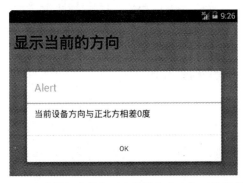

图 11.11　在虚拟机上获取了当前设备方向与正北相差零度

原因就在于笔者现在是在虚拟机上进行的测试，而虚拟机中没有提供开发者检测方向的接口，因此虽然程序没有错误，能够读取到方向信息，但也只能得到一个 0 度的结果。

 读者在使用 PhoneGap 的指南针功能时一定要在真机进行测试，图 11.12 是笔者在真机上测试所得的结果。

getCurrentHeading()方法的使用与其他 PhoneGap 中的 API 非常类似，依然是在回调函数 onSuccess 中对获取到的结果进行处理。该方法传递来的结果是一个 heading 对象，它包含了表 11.3 所示的 4 个属性。

图 11.12　在真机上测试得到了正确的方向

表 11.3　heading对象中的属性

名称	类型	说明
magneticHeading	数字	用来表示设备在某一时刻相对于正北方向偏移的角度，它的值从 0 到 359.99 不等
trueHeading	数字	与 magneticHeading 相同，但是当当前的方向不确定时，比如你现在正在北极，那么该属性的值将是负的
headingAccuracy	数字	是测量的方向可能存在的误差
timestamp	整数	用来记录获取设备方向的时间，单位是毫秒

11.4.2　监视手机方向的两种方法

在获取设备的位置信息时，可以使用 getCurrentPosition()和 watchPosition()，而在获取设备的方向时除了可以使用上一节中介绍的 getCurrentHeading()之外，还可以使用另一个方法 watchHeading()来对设备的方向进行监视。下面就看一个用 watchHeading()方法监视设备方向的例子。

```
01    <script src="cordova.js" type="text/javascript"></script>
02    <script>
03        var watchID = null;
04        // 设置当设备加载完毕后执行的触发函数 onDeviceReady
05        document.addEventListener("deviceready", onDeviceReady, false);
06        function onDeviceReady() {
07        // 设备加载完毕后执行 getCurrentHeading()方法，此处的 option 与11.3.3节中的相同
08            var options = { frequency: 500 };
09            watchID = navigator.compass.watchHeading(onSuccess, onError,
options);
10        }
11        // 当获取设备方向后执行该函数
12        function onSuccess(heading) {
13            // 弹出消息框显示当前设备方向
14            document.getElementById("heading").innerHTML = "当前设备方向是: " +
heading.magneticHeading;
15            document.getElementById("time").innerHTML = heading.timestamp;
16        }
17        // 当获取设备方向失败时执行该函数
18        function onError(compassError) {
19            alert("获取设备方向失败");
20        }
```

```
21          //  调用该函数停止对设备方向的监视
22          function stop_watch() {
23              if(watchID) {
24                  navigator.compass.clearWatch(watchID);
25              }
26          }
27      </script>
28      <style>
29      .line
30      {
31          width:100%;
32          height:1px;
33          border:1px solid #000;
34      }
35      </style>
36
37      <body>
38          <h1 onclick="stop_watch();">显示当前的方向</h1>
39          <div class="line"></div>
40          <h2 id="heading"></h2>
41          <h2 id="time"></h2>
42      </body>
```

运行结果如图 11.13 所示，如果点击屏幕顶部的"显示当前方向"字样，则会停止对设备方向的监视。

显示当前的方向

当前设备方向是：
122.177116394043

1424601693204.118

图 11.13　监视设备方向所得的结果

通过对范例的阅读可以发现，watchHeading()的使用与前面介绍过的 watchPosition()方法是一样的，因此这里就不再对它的用法做过多的重复介绍了。

11.5 实例：手机"摇一摇"出大奖

2015 羊年春晚最大的事情是微信和春晚的互动，大家通过摇一摇能抢红包，简直是火遍大江南北，平均每分钟最高峰值是 8 亿次的手机摇晃。所以这个摇一摇功能真心好用，笔者就利用本章所学的 API，设计一个摇一摇出大奖的小动画。

11.5.1 原形设计

笔者希望在手机屏幕上显示出一个卡通马的造型，马背朝向屏幕的右上方，马背顶部为空白。当用户摇晃手机时，马背上方的空白随机显示出房子、钞票、汽车、美女等物。为了衬托喜庆气氛还要将背景改为红色。图 11.14 所示的是界面设计。

图 11.14 界面设计

最初，屏幕上只显示中间的卡通马图案，当用户摇晃手机后，随机以渐显的形式显示出钱、房子或汽车的图案，再在屏幕的下方显示相应的文字："马上有钱/房/车"。

11.5.2 素材准备

理清思路之后开始准备素材，本项目需要 4 张图片，内容依次为：马、钱、汽车、房子，如图 11.15~图 11.18 所示。

图 11.15　素材"马"

图 11.16　素材"钱"　　　图 11.17　素材"汽车"　　　图 11.18　素材"房子"

　钱、汽车和房子的素材笔者只截取了整个素材的一部分，实际上它们的素材图片尺寸与素材"马"的图片尺寸是相同的，这样摆好让它们和马之间的位置保持背景透明。只要让它们的位置重叠就可以实现马背上的效果了。

11.5.3　动画实现

在 PhoneGap 中新建一个文件夹命名为 images，其中放置好这 4 张图片。本例将使用生成 1~3 的随机数来决定以渐显的方式显示某一图片的代码，如下所示。

```
01    <!DOCTYPE html>
02    <html>
03    <head>
04    <meta …省略 />
05    <title>摇一摇出大奖</title>
06    <script type="text/javascript" charset="utf-8" src="cordova.js"></script>
07    <script type="text/javascript" charset="utf-8">
08        //初始化图片的透明度，并生成一个0~2的随机数
09        var iopa = 0;
10        randNum=Math.floor(Math.random()*3);
```

```
11          // 等待加载 PhoneGap
12          document.addEventListener("deviceready", onDeviceReady, false);
13          // PhoneGap 加载完毕
14          function onDeviceReady() {
15              //根据随机数加载3幅素材文件，获取要显示的贺词
16              pic = new Array("qian.png","che.png","fang.png");
17              name = new Array("钱","车","房");
18              //利用随机数获取要显示的图片资源，将图片赋给 id 为 img 的样式
19              document.getElementById("img").style.background =
"url(images/"+pic[randNum]+")";
20              document.getElementById("heci").appendChild(document.createTextNode("
马上有"
21                      +name[randNum]));
22              //开始图像渐显效果
23              start();
24          }
25          function start() {
26              //设置一个计数器
27              var iID=setInterval(opa_change, 50);
28          }
29          function opa_change() {
30              if(iopa==1)
31              {
32                  //当透明度为1，图片显示完全，计数器结束
33                  clearInterval(iID);
34              }else
35              {
36                  //透明度降低
37                  iopa=iopa + 0.02;
38                  document.getElementById("img").style.opacity = iopa;
39              }
40          }
41  </script>
42  <style>
43  /*背景颜色为喜庆的大红*/
44  body
45  {
46      margin:0 auto;
47      padding:0;
```

```
48          background:#f00;
49      }
50   /*贺词的颜色*/
51   h1
52      {
53          width:100%;
54          text-align:center;
55          color:yellow;
56      }
57   /*显示"马"的图案*/
58   .rec
59      {
60          width:400px;
61          height:480px;
62          background-image:url(images/ma.png);
63          margin-left:40px;
64          margin-top:80px;
65      }
66   /*显示钱、房、车图案的CSS样式*/
67   .img
68      {
69          width:400px;
70          height:480px;
71          opacity:0;
72      }
73   </style>
74   </head>
75   <body>
76      <div class="rec" id="rec">
77          <div class="img" id="img"></div>
78      </div>
79      <h1 id="heci"></h1>
80   </body>
81   </html>
```

　　编译之后运行结果如图 11.19 所示，马背上渐渐出现了一个大大的"金币"，并在底部显示金黄的大字"马上有钱"。

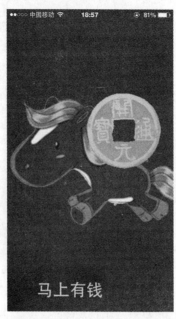

图 11.19　屏幕上显示"马上有钱"

　　范例第 76~78 行用来显示屏幕上图片的页面元素，其中 id 为 rec 的元素用来显示底部的卡通马造型，在其上方覆盖了一块与它大小完全相同的元素。id 为 img 用来显示钱、房子或者车的图案。在准备素材时，不管是马还是其他图案，背景都是透明的，所以相互遮挡之后，就能够形成有东西被放置在马背上的感觉。

　　之后要做的就是让图片以渐显的形式显示了，虽然 jQuery 中有现成的渐显渐隐函数可以使用，但是本范例还是使用原生的 JavaScript。通过 setInterval() 函数控制图片的透明度达到渐显的目的（如范例第 27 行所示）。

　　setInterval() 以 50 毫秒为间隔调用了自定义函数 opa_change() 来实现对图片透明度的控制（范例第 29~40 行）。其中变量 ipoa 用来存放图片透明度的具体数值，当该值为 1 时图像完全显示，系统调用函数 clearInterval() 来结束计数器的使用。为了配合这一过程，在设定 img 元素的样式时就已经将它的透明度设置为 0，如范例第 71 行所示。

　　本例在第 9 行初始化了变量 ipoa 的值为 0。由于变量作用域的限制，如果在函数 onDeviceReady() 中使用，将会导致 ipoa 被系统判定为局部变量而无法使用。因此在定义全局变量时一定不要将它声明在函数中。另外，由于 CSS 样式的继承效果，如果给 rec 元素加入透明属性，那么其内部的 img 元素也会跟着透明，因此该属性只能赋给处于顶层的 img 元素使用。

　　范例第 10 行生成了一个大小为 0~2 的随机数，用来确定最终显示哪幅图片，该值会在 onDeviceReady() 函数中被使用（范例 16~21 行）。除此之外，还要在屏幕下方显示一行贺词，该功能也是在此处实现的。

11.5.4　最终实现

上一小节已经实现了"拜年"的动画，本小节要将这一动画与本章学习的加速度传感器结合起来，使它能够带给用户一种在庙会抽签祈福的紧张气氛。

```
01    <!DOCTYPE html>
02    <html>
03    <head>
04    <meta …省略 />
05    <title>摇一摇出大奖</title>
06    <script type="text/javascript" charset="utf-8" src="cordova.js"></script>
07    <script type="text/javascript" charset="utf-8">
08        //初始化图片的透明度，并生成一个0~2的随机数
09        var iopa = 0;
10        //对用户的操作计数
11        var all_roll = 0;
12        var u_roll = 0;
13        randNum=Math.floor(Math.random()*3);
14        // 等待加载 PhoneGap
15        document.addEventListener("deviceready", onDeviceReady, false);
16        // PhoneGap 加载完毕
17        function onDeviceReady() {
18            //根据随机数加载3幅素材文件，获取要显示的贺词元素
19            pic = new Array("qian.png","che.png","fang.png");
20            name = new Array("钱","车","房");
21            //利用随机数获取要显示的图片资源，将图片赋给 id 为 img 的样式
22            document.getElementById("img").style.background          =
"url(images/"+pic[randNum]+")";
23            document.getElementById("heci").appendChild(document.createTextNode("
马上有"
24                +name[randNum]));
25            alert("摇晃手机之后出现祝福");
26            //开始监测加速度传感器
27            startWatch();
28        }
29        function start() {
30            //设置一个计数器
31            var iID=setInterval(opa_change, 50);
32        }
```

```
33        function opa_change() {
34            if(iopa==1)
35            {
36                //当透明度为1，图片显示完全，计数器结束
37                clearInterval(iID);
38            }else
39            {
40                //透明度降低
41                iopa=iopa + 0.02;
42                document.getElementById("img").style.opacity = iopa;
43            }
44        }
45        //停止监视设备加速度
46        function stopWatch() {
47            if (watchID) {
48                navigator.accelerometer.clearWatch(watchID);
49                watchID = null;
50            }
51        }
52        //监视设备加速度，频率可自行根据需要进行更改
53        function startWatch() {
54            //每0.3秒更新一次加速度信息
55            var options = { frequency: 300 };
56            watchID    =    navigator.accelerometer.watchAcceleration(onSuccess,
onError, options);
57        }
58        //获取加速度信息成功，判断是否为用户摇晃
59        function onSuccess(acceleration) {
60            //处理获取的加速度信息
61            var pow_v = pow(acceleration.x,2)
62                        + pow(acceleration.y,2)
63                        + pow(acceleration.z,2);
64            var v = sqrt(pow_v);
65            if (v > 15)
66            {
67                //判断摇晃强度，全部记录和有效记录增加，并轻微震动作为反馈
68                all_roll++;
69                u_roll++;
70                navigator.notification.vibrate(300);
```

```
71                    //判定为用户晃动，则开始显示图片
72                    if(u_roll >10 )
73                    {
74                            start();
75                    }
76              }else
77              {
78                    all_roll++;
79              }
80         }
81         function onError() {
82              //若获取设备信息失败则显示 onError
83              alert('onError!');
84         }
85  </script>
86  <style>
87  /*背景颜色为喜庆的大红*/
88  body
89  {
90      margin:0 auto;
91      padding:0;
92      background:#f00;
93  }
94  /*贺词的颜色*/
95  h1
96  {
97      width:100%;
98      text-align:center;
99      color:yellow;
100 }
101 /*显示"马"的图案*/
102 .rec
103 {
104     width:400px;
105     height:480px;
106     background-image:url(images/ma.png);
107     margin-left:40px;
108     margin-top:80px;
109 }
```

```
110    /*显示钱、房、车图案的CSS样式*/
111    .img
112    {
113        width:400px;
114        height:480px;
115        opacity:0;
116    }
117    </style>
118    </head>
119    <body>
120        <div class="rec" id="rec">
121            <div class="img" id="img"></div>
122        </div>
123        <h1 id="heci"></h1>
124    </body>
125    </html>
```

将该范例编译运行之后，屏幕上将会弹出对话框提示："摇晃手机后出现祝福"，之后用力摇晃手机，图像以及贺词将会随着手机的轻微震动渐渐浮现。

首先，此次修改去掉了前面代码中第 23 行处对 start()函数的调用，增加对加速度传感器的监听，如范例第 53~57 行所示。这里就遇到了一个难题，因为即使是一般静止情况下，手机还是会带有一定加速度的，那么怎样才能确定手机是被用户晃动了而非一般的移动，或者根本只是正常的轻微幅度抖动呢？

范例第 65 行有一个判断，将来自 3 个方向的加速度的平方和再开方，得到一个"平均的"加速度。这里将判定是否是人为"摇晃"的临界点定为 15，即当总的加速度大于 15 时判定是人为地摇晃手机。为了更加保险，笔者还做了进一步的约束，在范例 72 行中使用了一个变量 u_roll 记录的大于 15 的晃动次数与 10 次作比较。也就是说只有获取到 10 次比较剧烈的晃动后，系统才会判定用户晃动了手机，开始显示祝贺。

 也可以利用每一次晃动略微降低图片的透明度，来实现图片随着用户的摇晃而变得清晰的效果，在此就不过多赘述了。

另外，为了让用户获得更加真实的体验，在范例第 70 行还使用了上一章介绍的震动来作为反馈。注意，本例中震动的时间为 300 毫秒，正好与加速度监听器的频率是相同的，不至于产生两次震动叠加的 bug。

11.6 如果默认没有安装 Geolocation 怎么办

从 PhoneGap 3.0 开始，Geolocation 作为一个 API 需要单独安装。但是最新的版本已经默认都包含了 Geolocation，如果你使用的版本没有它，可以通过本节的知识来解决。

这里需要注意，安装的时候一定要到当前项目下安装，为保证初学者能顺利安装，下面给出详细的步骤。

步骤 01 打开 Node.js 命令行，使用 cd 命令切换到当前项目下，输入命令：

```
phonegap plugin add org.apache.cordova.geolocation


Fetching plugin "org.apache.cordova.geolocation" via plugin registry  ##安装完成
后的显示
```

步骤 02 然后使用 ls 命令查看是否安装好，如果安装完毕，则显示如图 11.20 所示的界面，会显示 Geolocation 的版本号。

```
phonegap plugin ls
```

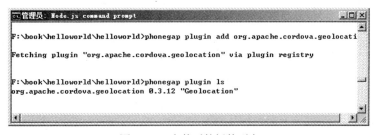

图 11.20　安装后的插件列表

步骤 03 回到资源管理器，打开当前项目下的 plugins 文件夹，会发现已经有一个 org.apache.cordova.geolocation 文件夹，打开它，内容如图 11.21 所示。

名称 ▲	修改日期	类型	大小
doc	2015/2/22 17:42	文件夹	
src	2015/2/22 17:42	文件夹	
tests	2015/2/22 17:42	文件夹	
www	2015/2/22 17:42	文件夹	
.fetch.json	2015/2/22 17:42	JSON 文件	1 KB
CONTRIBUTING.md	2015/2/22 17:42	MD 文件	2 KB
LICENSE	2015/2/22 17:42	文件	12 KB
NOTICE	2015/2/22 17:42	文件	1 KB
package.json	2015/2/22 17:42	JSON 文件	12 KB
plugin.xml	2015/2/22 17:42	XML 文档	9 KB
README.md	2015/2/22 17:42	MD 文件	1 KB
RELEASENOTES.md	2015/2/22 17:42	MD 文件	5 KB

图 11.21　geolocation 文件夹

步骤 04 安装完成后，我们还需要在 config.xml 文件中配置该插件，打开项目根目录下的 config.xml，在其中添加如下配置：

```
<feature name="Geolocation">
    <param name="ios-package" value="CDVLocation" />
</feature>
```

如果没有安装 Compass，也可以通过上述步骤来安装。

11.7 小结

本章学习了使用 accelerometer 对象获取设备加速信息的方法，并详细地介绍了加速度传感器使用的场合，希望对读者能有所启发。然后学习了使用 PhoneGap 获取设备的地理位置和方向的信息。通过本章的学习，读者还应当能够体会到 PhoneGap 所提供的 API，在用法上的一些共同思路，理解了这种思路之后，PhoneGap 的学习之路会容易许多。

第 12 章

◀ PhoneGap中的多媒体控制 ▶

对多媒体文件的处理能力是智能手机一个非常重要的功能，像百度音乐、酷狗音乐等音乐播放器都是智能手机上必装的应用之一。因此在开发智能手机应用时，对音频文件的处理是每一个开发者都必须掌握的。在 PhoneGap 中，Media 对象提供了对音频文件的播放和录制的功能。当然，媒体文件有很多，并不止有音频一种，所以 PhoneGap 专门提供 Capture 对象来实现系统对图像、音频和视频资源采集的调用。本章将重点学习这两个对象。

本章主要内容：

- 学习 Media 和 Capture 的基本使用
- 学习对音频的播放、暂停和停止方法的调用
- 使用 Capture 采集音频、图像和视频
- 设计一个属于自己的录音机

12.1 音频的处理

在常见的音乐播放器中，音频的处理主要有播放、暂停、停止、录音等功能，本节将利用 Media 对象来学习如何在 PhoneGap 中实现这些功能。

12.1.1 利用 PhoneGap 播放网络音乐音频

本小节先给出一个例子，它可以播放一段来自于网络的音乐，代码如下所示。

```
01   <!DOCTYPE html>
02   <html>
03   <head>
04   <meta …省略 />
05   <title>利用 PhoneGap 播放音乐</title>
06   <script type="text/javascript" charset="utf-8" src="cordova.js"></script>
```

```
07    <script type="text/javascript" charset="utf-8">
08        // 等待加载 PhoneGap
09        document.addEventListener("deviceready", onDeviceReady, false);
10        // PhoneGap 加载完毕
11        function onDeviceReady() {
12            // 设备加载完毕
13            alert("设备加载完毕");
14        }
15        // 音频播放器
16        var my_media = null;
17
18        // 播放音频
19        function playAudio() {
20            // 从目标文件创建 Media 对象
21            src                                                              =
"http://audio.ibeat.org/content/p1rj1s/p1rj1s_-_rockGuitar.mp3";
22            my_media = new Media(src, onSuccess, onError);
23            // 播放音频
24            my_media.play();
25        }
26        // 创建 Media 对象成功后调用的回调函数
27        function onSuccess() {
28            alert("playAudio():Audio Success");
29        }
30        // 创建 Media 对象出错后调用的回调函数
31        function onError(error) {
32            alert('code: '    + error.code    + '\n' +
33                'message: ' + error.message + '\n');
34        }
35    </script>
36    </head>
37    <body>
38        <h1 onclick="playAudio();">利用 PhoneGap 播放音乐</h1>
39    </body>
40    </html>
```

程序运行之后，点击屏幕上的"利用 PhoneGap 播放音乐"字样，就可以听到有音乐从手机扬声器中发出，并弹出对话框，内容为"playAudio():Audio Success"，用以提示用户 Media 对象创建成功。接下来，我们结合范例代码讲解在 PhoneGap 中利用 Media.play()方法播放音乐的方法。

在 PhoneGap 中，Media 对象为开发者提供了控制设备音频的能力，其中 paly()方法用来播放指定的音频文件。在使用 play()方法时，首先要指定音频文件的来源（如第 21 行所示）。由于 play()方法可以同时支持本地和网络的音频文件，为了便于理解这里使用了网络上音频文件的 url 地址。

第 22 行创建了一个新的 Media 对象，与 PhoneGap 中的大多数其他方法一样，在创建 Media 对象时，需要定义回调函数。

在最初的时候，PhoneGap 处理音频的 API 并没有遵循 W3C 规则，仅仅是为开发者提供了一个方便调用的接口，但是随着版本的更新和 PhoneGap 的不断完善，目前这一现象已经得到了很好的改善。

创立一个 Media 对象的参数有 4 个，以下是官方对该对象的声明：

```
var media = new Media(src, mediaSuccess, [mediaError], [mediaStatus]);
```

在该声明中有 4 个参数，其中音频文件的源地址和 Media 对象创建成功的回调函数 mediaSuccess()是必选的，而其他两个参数是可选的。可选参数中，mediaError()函数用来对 Media 对象创建失败的情况进行操作，mediaStatus()是在音频播放状态发生变化时所调用的函数。

接下来就可以调用 Media 的 play()方法对音频进行播放了，如范例第 24 行所示。

```
24          my_media.play();
```

12.1.2　为播放音乐设置暂停功能

上一小节学习了利用 Media 对象的 paly()方法来播放音乐，但是在测试范例时遇到了一点小问题，就是一旦音乐开始播放，那声音就像春晚的小彩旗一样根本停不下来。试想，如果做了这样一款音乐播放器，会有用户喜欢嘛？所以，除了播放之外，对已经播放了音乐的暂停也是在实际开发中非常重要的一个部分。Media 提供了 pause()方法来暂停音乐，下面我们继续完善前面音乐播放的例子。

```
01    <!DOCTYPE html>
02    <html>
03    <head>
04    <meta …省略 />
05    <title>利用 pause()方法暂停音乐</title>
06    <script type="text/javascript" charset="utf-8" src="cordova.js"></script>
07    <script type="text/javascript" charset="utf-8">
08        // 等待加载 PhoneGap
09        document.addEventListener("deviceready", onDeviceReady, false);
10        // PhoneGap 加载完毕
11        function onDeviceReady() {
```

```
12              // 设备加载完毕
13              alert("设备加载完毕");
14          }
15          // 音频播放器
16          var my_media = null;
17          var mediaTimer = null;
18          // 播放音频
19          function playAudio() {
20              // 从目标文件创建 Media 对象
21              src                                                    =
"http://audio.ibeat.org/content/p1rj1s/p1rj1s_-_rockGuitar.mp3";
22              my_media = new Media(src, onSuccess);
23              // 播放音频
24              my_media.play();
25          }
26          // 暂停音频
27          function pauseAudio() {
28              if(my_media) {
29                  my_media.pause();
30              }
31          }
32          // 创建 Media 对象成功后调用的回调函数
33          function onSuccess() {
34              alert("playAudio():Audio Success");
35          }
36      </script>
37  </head>
38  <body>
39      <h1 onclick="playAudio();">利用 PhoneGap 播放音乐</h1>
40      <h1 onclick="pauseAudio();">暂停音乐播放</h1>
41  </body>
42  </html>
```

程序运行之后，点击屏幕上的"利用 PhoneGap 播放音乐"字样，就可以听到有音乐从手机扬声器中发出，再点击"暂停音乐播放"字样则音乐会被暂停。其原因就在于点击"暂停音乐播放"后，会调用自定义函数 pauseAudio()，而在 pauseAudio()函数中则会调用 Media 对象的 pause()方法（范例第 29 行所示）。

看第 28 行会发现，在 pause()方法外还有一个 if 判断，它的作用是在暂停音乐之前，先判断 Media 对象是否确实存在，在实际开发中，如果要对改变某一对象的状态，先判断它的存在性是非常重要的。

12.1.3　为播放音乐设置停止功能

上一小节学习了利用 pause() 暂停播放音频文件的方法，本节将继续学习一种与 pause() 非常类似却又有不少区别的方法：stop()，Media 对象用它来停止播放音乐。本例继续完善音乐播放器的例子，代码如下：

```
01  <!DOCTYPE html>
02  <html>
03  <head>
04  <meta ...省略 />
05  <title>利用 stop() 方法停止音乐播放</title>
06  <script type="text/javascript" charset="utf-8" src="cordova.js"></script>
07  <script type="text/javascript" charset="utf-8">
08      // 等待加载 PhoneGap
09      document.addEventListener("deviceready", onDeviceReady, false);
10      // PhoneGap 加载完毕
11      function onDeviceReady() {
12          // 设备加载完毕
13          alert("设备加载完毕");
14      }
15      // 音频播放器
16      var my_media = null;
17      var mediaTimer = null;
18      // 播放音频
19      function playAudio() {
20          // 从目标文件创建 Media 对象
21          src =
"http://audio.ibeat.org/content/p1rj1s/p1rj1s_-_rockGuitar.mp3";
22          my_media = new Media(src, onSuccess);
23          // 播放音频
24          my_media.play();
25      }
26      // 创建 Media 对象成功后调用的回调函数
27      function onSuccess() {
28          alert("playAudio():Audio Success");
29      }
30      // 停止音频
```

```
31        function stopAudio() {
32            if(my_media) {
33                my_media.stop();
34            }
35        }
36   </script>
37   </head>
38   <body>
39       <h1 onclick="playAudio();">利用 PhoneGap 播放音乐</h1>
40       <h1 onclick="stopAudio();">停止音乐播放</h1>
41   </body>
42   </html>
```

运行之后，可以通过点击屏幕上的"停止音乐播放"字样，来停止播放正在播放中的音乐。与 pause()方法不同的是，使用 pause()方法暂停的音乐可以通过 play()方法继续播放，而使用 stop()方法停止播放的音乐想要再进行播放，将会从头开始。

可以再在页面中加入 pause()方法来比较两方法的不同，如图 12.1 所示。

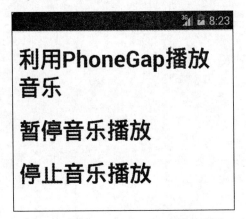

图 12.1　对比 pause()和 stop()方法的不同

12.1.4　获取音频文件的更多信息

在音乐播放器的界面上通常都会有一条"线"，用来表示音乐播放的总时长和进度，如图 12.2 所示。如果想要实现这样的功能，就需要获得音频文件的总长度以及当前音频文件播放的进度。PhoneGap 也提供了这样的方法。

图 12.2　酷狗音乐中的进度条

media.getDuration()方法的作用是返回一个音频文件的总时长，media.getCurrentPosition()的作用是返回当前音频文件所播放到的位置，下面的例子将使用它们来获取一首歌的总时长以及播放进度。

```
01    <!DOCTYPE html>
02    <html>
03    <head>
04    <meta …省略 />
05    <title>利用 PhoneGap 播放音乐</title>
06    <script type="text/javascript" charset="utf-8" src="cordova.js"></script>
07    <script type="text/javascript" charset="utf-8">
08        // 等待加载 PhoneGap
09        document.addEventListener("deviceready", onDeviceReady, false);
10        // PhoneGap 加载完毕
11        function onDeviceReady() {
12            // 设备加载完毕
13            alert("设备加载完毕");
14        }
15        // 音频播放器
16        var my_media = null;
17        var mediaTimer = null;
18        // 存放音乐时间总长
19        var dur = null;
20        // 当前播放时间
21        var midtimer = null;
22        // 播放音频
23        function playAudio() {
24            // 从目标文件创建 Media 对象
25            src =
"http://audio.ibeat.org/content/p1rj1s/p1rj1s_-_rockGuitar.mp3";
26            my_media = new Media(src, onSuccess);
27            // 播放音频
28            my_media.play();
29            // 每50毫秒获取一次播放位置
30            dur = media.getDuration();
31            if( midtimer == null) {
32                midtimer = setInterval( function() {
33                    my_media.getCurrentPosition(
34                        // 获取进度成功
```

```
35                    function(position) {
36                        if( position > -1 ) {
37                            setAudioPosition((position) + "/" + (dur) );
38                        }
39                    }
40                    ),
41                    // 获取进度失败
42                    function(e) {
43                        alert("获取播放进度失败");
44                    }
45                }
46            ,50);
47        }
48    }
49    // 创建 Media 对象成功后调用的回调函数
50    function onSuccess() {
51        alert("playAudio():Audio Success");
52    }
53    // 停止音频
54    function stopAudio() {
55        if(my_media) {
56            my_media.stop();
57        }
58    }
59    function setAudioPosition(position) {
60        document.getElementById('audio_position').innerHTML = position;
61    }
62 </script>
63 </head>
64 <body>
65    <h1 id="audio_position"></h1>
66    <h1 onclick="playAudio();">利用 PhoneGap 播放音乐</h1>
67    <h1 onclick="stopAudio();">停止音乐播放</h1>
68 </body>
69 </html>
```

运行结果如图 12.3 所示。

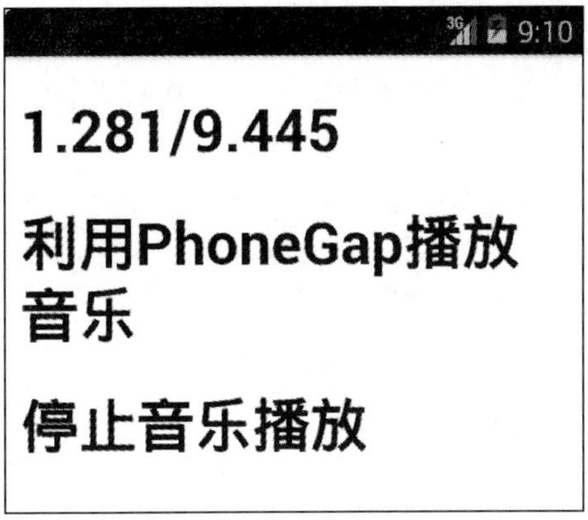

图 12.3　获取音频文件的播放位置以及总长度

getDuration()和 getCurrentPosition()的返回值都是一个单位为秒的小数，分别用来表示音乐的总长度以及当前播放进度。若想要获取音频文件的总长度，可直接使用 getDuration()方法，如范例第 30 行所示。从理论上来说，getCurrentPosition()也是如此使用，但是由于它的作用是返回音乐当前播放位置，这就决定了它代表的是一个动态的过程。

因为音频文件是在不断播放的，因此不可能保证当前屏幕上显示的时间就是当前的播放进度，为了尽量精确就需要使用 JavaScript 中的 setInterval()方法来配合，如范例第 32 行所示。

当使用了 getCurrentPosition()后，所获得的数据会被保存在对象 position 中，此时就可以利用获取播放进度成功的回调函数来处理获得的数据。

12.1.5　播放指定位置的音乐

上一小节介绍了利用 PhoneGap 获取音频文件总长度以及当前播放位置的方法，通过这两个方法再加上 CSS 和 JavaScript 的配合，就已经能够完成一个不错的带进度条的播放器了。相比目前比较成熟的应用中的进度条，比如酷狗音乐，还缺少了利用进度条来调整播放进度的功能。但是没有关系，本节将介绍一个方法来弥补这个不足，还是先来看代码。

```
01    <!DOCTYPE HTML>
02    <html>
03    <head>
04        <meta …省略 />
05        <title>利用 seekTo()方法从指定位置播放音乐</title>
06        <script          type="text/javascript"          charset="utf-8"
src="cordova.js"></script>
07        <script type="text/javascript" charset="utf-8">
08        // 设置设备加载的触发器
09        document.addEventListener("deviceready", onDeviceReady, false);
10        // 设备加载完毕
11        function onDeviceReady() {
```

```
12              // 播放音乐
13              playAudio("192.168.1.106/test.mp3");
14          }
15      // 设置用来记录播放进度的变量
16      var my_media = null;
17      var mediaTimer = null;
18      // 播放音乐
19      function playAudio(src) {
20      // 创建新的 Media 对象
21      my_media = new Media(src, onSuccess, onError);
22      // 播放
23      my_media.play();
24      // 使用计数器更新播放进度
25      mediaTimer = setInterval(function() {
26      // 获取播放进度
27      my_media.getCurrentPosition(
28      // 获取播放进度成功
29          function(position) {
30              if (position > -1) {
31                  setAudioPosition(position + " sec");
32              }
33          },
34          // 获取播放进度失败
35          function(e) {
36              alert("Error getting pos=" + e);
37          }
38      );
39      }, 1000);
40      // 跳至10秒处开始播放
41      setTimeout(function() {
42          my_media.seekTo(10000);
43      }, 5000);
44      }
45      // 停止播放音乐
46      function stopAudio() {
47          if (my_media) {
48              my_media.stop();
49          }
50          clearInterval(mediaTimer);
```

```
51              mediaTimer = null;
52          }
53      function onSuccess() {
54              //console.log("playAudio():Audio Success");
55          }
56      function onError(error) {
57              alert('code: '  + error.code   + '\n' +
58                    'message: ' + error.message + '\n');
59          }
60      // 显示当前播放进度
61      function setAudioPosition(position) {
62              document.getElementById('audio_position').innerHTML = position;
63          }
64  </script>
65  </head>
66  <body>
67      <h1              href="#"              class="btn              large"
onclick="playAudio('202.118.86.5/test.mp3');">播放</h1>
68      <h1 href="#" class="btn large" onclick="stopAudio();">停止</h1>
69      <h1 id="audio_position"></h1>
70  </body>
71  </html>
```

运行之后，音乐会自动播放，当播放到 5 秒和 10 秒处时，音乐会有一个短暂的停顿发生，图 12.4 所示为第 10 秒音乐刚从停顿中恢复时的截图。

图 12.4　音乐播放至 10 秒左右时的截图

具体的效果还请读者实际去运行程序来感受，这里需要提醒大家的是：由于运行效率等方面的原因，在 PhoneGap 中的计时并不十分精确甚至有着较大的误差。因此在使用此类功能时一定要做好测试，避过可能存在的误差。

12.1.6　使用 PhoneGap 录制声音

Media 对象除了可以播放音频之外，还有一个重要的功能就是实现对音频的录制，这一功能是通过 Media 对象的 startRecord()方法和 stopRecord()方法实现的。下面通过一个例子来演示一下这两个方法。

```
01  <!DOCTYPE HTML>
02  <html>
03  <head>
04      <meta …省略 />
05      <title>利用 PhoneGap 实现录音功能</title>
06      <script            type="text/javascript"            charset="utf-8"
src="cordova.js"></script>
07      <script type="text/javascript" charset="utf-8">
08      // 等待加载 PhoneGap
09      document.addEventListener("deviceready", onDeviceReady, false);
10      // 录制音频
11      function recordAudio() {
12          var src = "test.MP3";
13          var mediaRec = new Media(src, onSuccess, onError);
14          // 开始录制音频
15          mediaRec.startRecord();
16          // 10秒钟后停止录制
17          var recTime = 0;
18          var recInterval = setInterval(function() {
19              recTime = recTime + 1;
20              setAudioPosition(recTime + " sec");
21              if (recTime >= 10) {
22                  clearInterval(recInterval);
23                  mediaRec.stopRecord();
24              }
25          }, 1000);
26      }
27      // PhoneGap 加载完毕
28      function onDeviceReady() {
29          alert("加载完成");
```

```
30          }
31          // 创建 Media 对象成功后调用的回调函数
32          function onSuccess() {
33              //console.log("recordAudio():Audio Success");
34          }
35          // 创建 Media 对象出错后调用的回调函数
36          function onError(error) {
37              alert('code: '   + error.code   + '\n' +
38                    'message: ' + error.message + '\n');
39          }
40          // 设置音频播放位置
41          function setAudioPosition(position) {
42              document.getElementById('audio_position').innerHTML = position;
43          }
44          // 播放音频
45          function playAudio() {
46              mediaRec.play();
47          }
48  </script>
49  </head>
50  <body>
51      <h1 onclick = "recordAudio()">开始录音</h1>
52      <h1 onclick = "playAudio()">播放</h1>
53      <h1 id = "audio_position"></h1>
54  </body>
55  </html>
```

运行之后，点击屏幕上的"开始录音"字样即可开始录音，底部进行计数，当计数到 10 时录音结束，可以点击"播放"字样播放刚刚录下的声音，如图 12.5 所示。

 录制的音频文件扩展名在苹果设备中要改为.wav。

图 12.5　录音结束开始播放

与播放音频一样，在录制音频时也需要先定义一个 Media 对象，如代码第 12、13 行所示，不同的是，第一个参数必须要定义一个文件用来存放录制的音频，本例中为"myrecording.mp3"。之后就可以使用 startRecord()方法对声音进行录制了，如代码第 15 行所示。

接下来又使用了一个 setInterval()方法，它的作用是控制录音时间的长短，但是由于在 PhoneGap 中，计数器实现的时间并不十分精确（纯 JavaScript 中该函数所计算出的时间都不是非常精确），因此在实际开发中建议还是手动来结束录音。

如果要定时录制一段较长的音频，可以通过不断获取系统时间的方法，来实现较精确定时的目的。

12.1.7　资源有限时释放音频资源

在 C 语言中，如果要调用一段内存可以使用函数 malloc()来实现，用过之后，则可以使用 free()函数来释放这一段内存，比如：

```
int *p;
p = (int)malloc(sizeof(int));
// 对 p 进行各种计算
free(p);
```

在 PhoneGap 中也有这样类似的操作。由于无论是设备还是受 JavaScript 效率的限制，系统所能使用的资源都是有限的，因此在资源不用时要及时进行回收。PhoneGap 的 Media 对象并没有专门用来释放资源的方法，因此当需要替换原有资源时会造成浪费。这时可以使用 Media 对象的 release()方法。

尤其是在安卓中，由于系统的多媒体核心有限，如果连续新建多个 Media 对象，就可能造成音乐无法播放甚至是系统错误。

12.2　使用 Capture 来采集声音

Capture 在英文中包含了俘虏、捕获等含义，在实际使用中也可以近似地被翻译为采集。由此就可以联想到，它不提供 Media 类中已经学习过的播放、暂停等功能，所能实现的只有录制或者摄制功能。那么它与 Media 类的录音功能又有什么区别呢？接下来将以一个使用 Capture 对象来进行声音采集的例子进行讲解。

```
01    <!DOCTYPE html>
02    <html>
03    <head>
```

```
04    <title>利用 Capture 类实现音频的采集</title>
05    <meta …省略 />
06    <script type="text/javascript" charset="utf-8" src="cordova.js"></script>
07    <script type="text/javascript">
08        // 开始音频采集，该方法由 onclick 动作调用
09        function myptureAudio() {
10            // 执行录音采集操作并分别设置采集成功和失败的回调函数
11          navigator.device.capture.captureAudio(captureSuccess,
captureError);
12        }
13        // 采集成功
14        function captureSuccess(mediaFiles) {
15         alert("采集成功，文件名：" +mediaFiles.length);
16        }
17        // 采集失败
18        function captureError(error) {
19            alert("采集失败");
20        }
21    </script>
22    <style>
23    * { margin:auto;}
24    body { background:#999; }
25    #button
26    {
27        width:240px;
28        height:100px;
29        margin-top:80px;
30        background:#f00;
31        font-size:40px;
32        color:#fff;
33        line-height:100px;
34        text-align:center;
35    }
36    </style>
37    </head>
38    <body>
39      <div id="button" onclick="myptureAudio();">开始录音</div>
40    </body>
41    </html>
```

运行之后的界面如图 12.6 所示，点击屏幕上方的"开始录音"按钮，设备开始进行音频的采集，iOS 设备的话会调用手机自己的录音功能，如图 12.7 所示。

图 12.6 运行效果

图 12.7 调用 iOS 设备的录音界面

首先，在页面中定义了一个红色的按钮，并为它加入了点击事件 onclick="myptureAudio();"，如范例第 39 行所示。而在前面的 JavaScript 中，一切的操作也都是从自定义函数 myptureAudio() 开始的。

在这个自定义函数中，只执行了一步操作，如果是 iOS 设备，则只有一个成功函数和失败函数。如果读者使用的是安卓设备，可以添加一个参数，如下：

```
navigator.device.capture.captureAudio(captureSuccess, captureError, {limit:2});
```

在 captureAudio() 方法中，还多出了一个参数 {limit:2}，它表示录制两个音频文件。

其实最后一个参数是一个 CaptureAudioOptions 类型的对象，包含了对音频采集时一些参数的设置，它包含的 3 个属性如表 12.1 所示。

表 12.1　CaptureAudioOptions 类中的 3 个属性

属性名	说明
limit	采集音频数量的最大值，默认值为 1
duration	采集时间
mode	选定的音频格式，该属性在早期版本中使用，现已被取消

也就是说，范例中的第 11 行实际上可以改写成如下的样子：

```
options.limit = 2;
options.duration = 10;
navigator.device.capture.captureAudio(captureSuccess, captureError, options);
```

但是要注意的是，安卓系统并不提供对 duration 属性的支持，因此 PhoneGap 将会根据系统提供一个默认的采集时间，然后开发者可以通过设置 limit 属性的值来变相地改变采集时间。iOS 系统则不提供对 limit 属性的支持，使得采集的文件数量仅能为 1，所以可忽略这个参数。

对音频采集成功之后，就进入到了函数 captureSuccess 之中，系统会自动将采集到的数据存入一组 mediaFiles 类型的对象，它封装了采集到的媒体文件的一系列属性，如表 12.2 所示。

表 12.2　mediaFiles 中的属性

属性名	说明
name	记录被采集信息的文件的文件名（不包含路径）
fullpath	记录被采集信息的文件的文件名（包含路径）
type	文件的 MIME 类型
lastModifiedData	文件最后被修改的时间，即采集完成的时间
size	文件的大小

这时传递到 captureSuccess 之中的参数，并不是一个单一的对象而是一个数组，因为 limit 属性存在的原因，被采集记录下来的文件不止有一个，因此需要用数组来保存它们。

在论坛上有网友曾经反应过不知道该如何使用采集来的数据，因为在官方文档中没有这方面的介绍。其实这个问题非常简单，只要在 HTML 的对象中引入被采集的资源就可以了，比如前面介绍到的音频文件就可以直接使用<audio src="song.wav" controls="controls">这样的方式来使用，而获取资源的方法则是采用 mediaFiles 中的 fullpath 来实现。

本节的最后总结一下 Capture 中对音频的采集与 Media 对象中录制声音的区别。

首先，在 Media 对象中录制的音频仅能播放，而无法像 Capture 中一样作为文件被保存下来，更别说是上传了。其次，Media 对象录制的音频可以选择随时结束录制，而 Capture 则必须提前设定好录制的时间。比如要做微信这样可以将声音进行传递的应用，使用 Capture 对象会比较方便进行上传，而如果是简单的录音回放，比如学习英语纠正发音的应用，则更适合使用 Media 对象。

12.3　使用 Capture 采集图像信息

介绍完了音频的采集，本节将继续介绍每个用户都非常喜闻乐见的功能——图像的采集，也就是常说的拍照。除了实现将采集到的图像上传到服务器之外，本节的范例中还要展示如何将采集到的图像显示出来，具体实现方法如下所示。

```
01    <!DOCTYPE html>
02    <html>
03    <head>
04    <title> 图像文件的采集及使用</title>
05    <meta …省略 />
06    <script type="text/javascript" charset="utf-8" src="cordova.js"></script>
07    <script type="text/javascript" charset="utf-8">
08        // 开始采集图像
09        function mycaptureImage() {
10            navigator.device.capture.captureImage(captureSuccess,
captureError);
11        }
12        // 图像采集成功
13        function captureSuccess(mediaFiles) {
14            var i, len;
15            for (i = 0, len = mediaFiles.length; i < len; i += 1) {
16                // 上传图像文件
17                    uploadFile(mediaFiles[i]);
18                // 将采集到的图像显示出来
19
document.getElementById("photo_show").src=mediaFiles.fullpath;
20            }
21        }
22        // 采集图像不成功
23        function captureError(error) {
24            alert("采集失败");
25        }
26        // 上传采集到的文件
27        function uploadFile(mediaFile) {
28            var ft = new FileTransfer(),
29                path = mediaFile.fullPath,
30                name = mediaFile.name;
31            // 此处要自己搭建服务器
32            ft.upload(path,
33                "http://192.168.1.106/index.php",
34                function(result) {
35                    alert("上传成功");
```

```
36              },
37              function(error) {
38                  alert("上传失败");
39              },
40              { fileName: name });
41      }
42  </script>
43  <style>
44  * { margin:auto; background:#999; }
45  #photo
46  {
47      width:400px;
48      height:400px;
49      background:#f00;
50      margin-top:30px;
51  }
52  #button
53  {
54      width:400px;
55      height:100px;
56      background:#f00;
57      margin-top:30px;
58      color:#fff;
59      font-size:48px;
60      text-align:center;
61      line-height:100px;
62  }
63  </style>
64  </head>
65  <body>
66      <div id="photo">
67          <!--将图像在这里显示出来-->
68          <img width="100%" height="100%" src="phonegap.jpg" id="photo_show"
/>
69      </div>
70      <div id="button" onclick="mycaptureImage();">采集</div>
71  </body>
72  </html>
```

运行后的界面如图 12.8 所示，其中上方 PhoneGap 的 Logo 是打包在 asset/www 目录下的图片 phonegap.jpg。点击屏幕下方的"采集"按钮，系统会跳转到拍照界面，利用摄像头采集图像信息并上传，最终显示在原本 PhoneGap Logo 的位置，如图 12.9 所示。

 在进行此范例的调试时，为了方便对摄像头的调用可以采用真机测试。当然在 4.0 版本之后的 ADT（Android Develop Tools）中，默认可以使用电脑的摄像头来虚拟手机等设备的摄像头。这里，笔者使用了真机拍摄的自己书桌一角。

该范例所使用的方法与获取音频的案例极其的类似，因此这里也就不再对范例的内容做过多的讲解，唯一新加入的内容是，在代码第 19 行中将获得的图片路径加入到 HTML 页面的 img 标签中去，与在 JavaScript 中的使用方法几乎一致。与之类似的是，在下一节中将要采集的视频文件，也可以用类似的方式展示在页面上。

另外，在实际操作中，点击"采集"按钮之后，手机将会先跳转到拍照的页面，点下拍照后才会再跳回如图 12.9 所示的界面，包括在下一节中要介绍的视频采集也有类似的缺陷。

相信读者都玩过人人网或者是 QQ 空间。手机版的人人网和 QQ 空间都有一个"拍照上传"的功能就可以这样实现。

图 12.8　范例运行后的界面　　　　图 12.9　采集到的图像在屏幕上被显示出来

在对声音进行采集时，使用了一个用来设置采集参数的 CaptureAudioOptions 对象，在实现对图片的采集功能时，同样也会用到一个类似的参数，那就是 CaptureImageOptions，它的属性如表 12.3 所示。

表 12.3　CaptureImageOptions 中的属性

属性名称	说明
limit	采集图片的数量
mode	采集图片保存的格式

12.4 使用采集视频信息

介绍完了 PhoneGap 对音频和图像文件的采集后，本节继续介绍 Capture 的最后一个功能，即对视频的采集。下面是采集视频并将视频发送到服务器的一个例子。

```
01  <!DOCTYPE html>
02  <html>
03  <head>
04  <title> Capture 对视频的采集</title>
05  <meta …省略 />
06  <script type="text/javascript" charset="utf-8" src="cordova.js"></script>
07  <script type="text/javascript" charset="utf-8">
08      // 采集视频
09      function mycaptureVideo() {
10          // 省略了可选参数 CaptureVideoOptions
11          navigator.device.capture.captureVideo(captureSuccess,
captureError);
12      }
13      // 视频采集成功
14      function captureSuccess(mediaFiles) {
15          var i, len;
16          for (i = 0, len = mediaFiles.length; i < len; i += 1) {
17              uploadFile(mediaFiles[i]);
18          }
19      }
20      // 视频采集成功
21      function captureError(error) {
22          // 采集失败则弹出对话框
23          alert("采集失败");
24      }
25      // 上传采集到的文件
26      function uploadFile(mediaFile) {
27          var ft = new FileTransfer(),
28              path = mediaFile.fullPath,
29              name = mediaFile.name;
30          // 上传操作
31          ft.upload(path,
32              "http://192.168.1.106/index.php",,
```

```
33            function(result) {
34                alert("上传成功");
35            },
36            function(error) {
37                alert("上传失败");
38            },
39            { fileName: name });
40        }
41    </script>
42    <style>
43    * { margin:auto; background:#999; }
44    #button
45    {
46        width:400px;
47        height:100px;
48        background:#f00;
49        margin-top:30px;
50        color:#fff;
51        font-size:48px;
52        text-align:center;
53        line-height:100px;
54    }
55    </style>
56    </head>
57    <body>
58        <div id="button" onclick="mycaptureVideo();">采集</div>
59    </body>
60    </html>
```

运行后结果如图 12.10 所示，点击屏幕顶部的"采集"按钮，可以跳转到录像界面开始视频的采集，之后可以看到"上传成功"的提示。

图 12.10　范例运行后的界面

与图像采集功能类似，该功能在进行一些传统摄像应用的开发时会显得非常无力。但是在进行一些社交应用的开发时，比如类似微信对讲功能的视频对讲器或者上传视频等，也还是不错的。

范例第 11 行使用参数 CaptureVideoOptions 对视频的采集进行设置，它的各项属性与 CaptureAudioOptions 相同，因此可参考表 12.1 的内容。

12.5　实战：手机上的录音机

本章已经学习了利用 PhoneGap 进行音频处理的一些方法，尤其是 12.1.5 小节中还用一个比较复杂的例子演示了获取和显示播放进度的方法。但是本章给出的例子，为了便于读者快速学习，都设计得过于粗糙，整个界面上就只有几行简单的文字，不像一个正式的产品。本节将做一个比较复杂的实战，来实现录音机 APP。

12.5.1　需求分析

本节的例子会比较复杂，但是由于篇幅限制仍然不会加入新的知识，主要是实现录音和播放的功能，并将这一功能在一套完整的界面中实现。为了拥有更好的视觉效果，在本节例子中将为放音功能加入进度条的视觉效果，而录音功能也要加入一个简单的计时功能。

本例所使用的界面结构如图 12.11 所示。

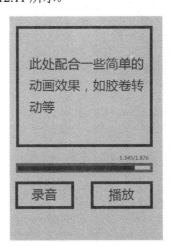

图 12.11　录音机的界面设计

由于界面比较简单且没有专职的美工，为了达到"美化"的效果，在配色上就需要用一些有强对比度的颜色，比如全黑背景加上亮度较高的绿色或者蓝色（黑客帝国数字雨的那种配色）。虽然一直有开发者抱怨这样的方案会显得非常山寨、非常低级，但不得不说在缺少全职美工又没有 UI 素材可用时，这是最好的方案了。

> 由于使用太多素材不便于读者学习，因此在范例中笔者会尽量不使用图片等素材，保证将最基础的内容展现给读者。在实际开发中，即使没有美工，也有许多 UI 插件(比如 jQuery Mobile)可以供个人开发者使用，使得没有美工基础的开发者也能做出不错的界面。

　　程序运行后，可以点击"录音"按钮对声音进行录制。此时，该按钮上的"录音"字样变为"停止"，界面上方将会播放动画代表录音正在进行中，进度条上方的时间标签显示录音时间。当录音完成后，点击"停止"录音结束。

　　"播放"按钮也是同理，而且随着播放的进行，屏幕中央的进度条也会随之变化来响应播放的进度。

12.5.2　界面实现

　　准备一张图片，长宽均为 160 像素，背景透明，如图 12.12 所示作为顶部"播放"动画效果的原形素材，命名为 rec.png。新建一个文件命名为 index.html，具体内容如下所示。

```
01  <!DOCTYPE HTML>
02  <html>
03  <head>
04      <meta …省略 />
05      <title>录音界面</title>
06      <script          type="text/javascript"          charset="utf-8"
src="cordova.js"></script>
07      <!--引入样式文件-->
08      <link rel="stylesheet" type="text/css" href="style.css">
09  <script type="text/javascript" charset="utf-8">
10      // 此处加入 JavaScript 代码
11  </script>
12  </head>
13  <body>
14      <div id="rec">
15          <!--顶部-->
16          <div id="top">
17              <div id="top_rec">
18                  <!--顶部动画图片-->
19                  <div id="pic"></div>
20              </div>
21          </div>
22          <!--中部-->
23          <div id="mid">
```

```
24            <div id="mid_rec">
25                <!--显示时间-->
26                <div id="mid_rec_num">1.222/2.222 S </div>
27                <div id="mid_rec_bar">
28                    <div id="bar"></div>
29                </div>
30            </div>
31        </div>
32        <!--底部-->
33        <div id="bottom">
34            <!--底部两按钮-->
35            <div id="bottom_rec">
36                <div id="button_left">录音</div>
37                <div id="button_right">播放</div>
38            </div>
39        </div>
40    </div>
41 </body>
42 </html>
```

再新建一个文件 style.css，内容如下：

```
/**清空默认边距**/
* { margin:0px; padding:0px; }
/**将#rec 至于中间位置，保证兼容性**/
body { margin:auto; }
/**根据测试机型设置固定大小，暂时不考虑其他机型的适配**/
#rec
{
margin:auto;
width:320px;
height:510px;
background:#000;
}
/**顶部**/
#top
{
width:320px;
height:270px;
float:left;
```

```
}
/**中间**/
#mid
{
 width:320px;
 height:80px;
 float:left;
}
/**底部**/
#bottom
{
 width:320px;
 height:100px;
 float:left;
}
/**用来显示顶部的边框**/
#top_rec
{
 width:200px;
 height:200px;
 border:3px solid #00ff00;
 margin:50px 57px 0 57px;
}
/**显示顶部动画图片**/
#pic
{
 width:160px;
 height:160px;
 margin:20px;
 background:url(rec.png);
}
/**显示中间边框**/
#mid_rec
{
 width:300px;
 height:40px;
 border:3px solid #00ff00;
 margin:45px 7px 0 7px;
}
```

```
/**用于显示进度信息**/
#mid_rec_num
{
width:300px;
height:24px;
line-height:24px;
color:#00ff00;
text-align:right;
font-size:18px;
float:left;
}
/**进度条的绿色背景**/
#mid_rec_bar
{
width:300px;
height:16px;
background:#ffff00;
float:left;
}
/**黄色进度条**/
#bar
{
width:20px;
height:16px;
background:#00ff00;
float:left;
}
/**底部外框**/
#bottom_rec
{
width:300px;
height:50px;
margin:30px 10px 0 10px;
}
/**左侧的按钮**/
#button_left
{
width:134px;
height:40px;
```

```
float:left;

border:3px solid #00ff00;

border-radius:15px;

-webkit-border-radius:15px;

font-size:26px;

color:#00ff00;

text-align:center;

line-height:40px;

}

/**右侧的按钮**/

#button_right

{

width:134px;

height:40px;

float:left;

border:3px solid #00ff00;

margin-left:20px;

border-radius:15px;

-webkit-border-radius:15px;

font-size:26px;

color:#00ff00;

text-align:center;

line-height:40px;

}
```

运行之后的效果如图 12.12 所示。

图 12.12　实现后的界面效果

在实际使用时，顶部胶带轮盘的图片是可以转动的，从而形成一种正在进行播放或者是录音的状态效果，底部的进度条以及按钮上的字样也是根据当前应用的状态自行改变的。

在本应用项目中，大致分为以下几个状态：

- 未录音：应用处于运行状态，但是未进行"录音"操作。两按钮内容分别为"录音"和"播放"，由于未进行录音操作，"播放"功能不可用。
- 录音中：应用处于运行状态，正在进行录音。两按钮内容分别为"停止"和"播放"，顶部胶带轮盘转动，"播放"功能不可用。
- 录音完成：应用处于运行状态，已经结束录音。两按钮内容分别为"录音"和"播放"，顶部胶带轮盘静止，由于已完成录音操作，"录音"功能不可用，"播放"功能可用。
- 播放中：应用处于运行状态，已经完成录音。两按钮内容分别为"录音"和"暂停"，顶部胶带轮盘转动，由于已经完成了录音操作，"录音"功能不可用，"播放"功能可用。
- 暂停中：应用处于运行状态，播放声音被暂停。两按钮内容分别为"录音"和"播放"且"录音"功能不可用。
- 播放完成：应用处于运行状态，播放声音完成。两按钮分别为"录音"和"播放"，点击"播放"按钮将重新播放声音。

在下一小节中，将根据以上 6 个状态来为界面加入交互。

12.5.3　界面交互的实现

根据上一节列出的 6 个状态，需要分别实现两个按钮被点击时的响应函数 onRecording()和 onRecordPlay()。此外还需要控制顶部胶带轮盘图片转动和静止的函数 recordRun()和 recordStop()，以及设置播放进度和录音时间的函数 setBar()和 setTime()。

新建文件 do.js 并在 index.html 的第 7 行插入代码引入 JS 脚本文件：

```
<script type="text/javascript" charset="utf-8" src="js/do.js "></script>
```

其中的具体内容如下：

```
01    var applicationStatus = 0;
02    var run_ID = 0;
03    var angle = 0;
04    // 获取录音的总长度，小数，单位为秒
05    var curTime = 0;
06    // 当前播放时间，小数，单位为秒
07    var nowTime = 0;
08    // 使用计数器获取的录音总长度，整数，单位为秒
09    var culTime =0;
10    // 为胶带轮盘转动设定计时器
```

```
11    function recordRun() {
12        run_ID = setInterval( changeAngle,50);
13    }
14    // 改变胶带轮盘转动的角度
15    function changeAngle() {
16        document.getElementById("pic").css({"transform":
"rotate("+angle+"deg)","-webkit-transform":"rotate("+angle+"deg)"});
17
18        angle = angle + 1;
19        alert(angle);
20    }
21    // 停止胶带轮盘转动
22    function recordStop() {
23        clearInterval(run_ID);
24    }
25    //开始和结束录音
26    function onRecording() {
27        switch ( applicationStatus)
28        {
29            case 0:
30                // 未录音，点击按钮开始录音
31                applicationStatus = 1;
32                document.getElementById("button_left").innerHTML="停止";
33                recordRun();
34                break;
35            case 1:
36                // 正在录音中，点击按钮结束录音
37                applicationStatus = 2;
38                document.getElementById("button_left").innerHTML="录音";
39                recordStop();
40                break;
41            default:
42                // 其他状态，录音已经完成，按钮不可用
43                alert("按钮不可用！");
44        }
45    }
46    // 开始和结束放音
47    function onRecordPlay() {
48        switch ( applicationStatus) {
```

```
49              case 2:
50                  // 录音完成，点击按钮开始播放
51                  applicationStatus = 3;
52                  document.getElementById("button_right").innerHTML="暂停";
53                  recordRun();
54                  break;
55          case 3:
56                  // 播放中，点击按钮暂停
57                  applicationStatus = 4;
58                  document.getElementById("button_right").innerHTML="播放";
59                  recordStop();
60                  break;
61          case 4:
62                  // 暂停中，点击按钮播放
63                  applicationStatus = 3;
64                  document.getElementById("button_right").innerHTML="暂停";
65                  recordRun();
66                  break;
67          case 5:
68                  // 播放完成，点击按钮开始播放
69                  applicationStatus = 3;
70                  document.getElementById("button_right").innerHTML="暂停";
71                  recordRun();
72                  break;
73          default:
74                  // 其他状态，按钮不可用
75                  alert("按钮不可用！");
76      }
77  }
78  // 在播放时，设置进度条以及数字时间的进度
79  function setBar() {
80      var wid = 300 * nowTime / curTime;
81      document.getElementById("bar").style.width = wid + px;
82      document.getElementById("bar").innerHTML = nowTime + "/" + curTime + "S";
83  }
84  // 在录音时，用来设置显示数字时间
85  function setTime() {
86      document.getElementById("bar").innerHTML = culTime + "/--";
87  }
```

在代码第 1 行声明了一个变量 applicationStatus，用它的值来记录当前录音或者是播放的状态，在函数 onRecording()（第 26~45 行）和函数 onRecordPlay()（第 47~77 行）中都是依靠此变量来判断接下来要进行何种操作的。

第 3 行中的变量 angle 用来记录胶带转盘转动的角度，在第 15~20 行的函数 changeAngle()中对它进行引用。该函数每运行一次，胶带转盘都会转动 1 度，由于 setInterval()的作用，只要不对它进行停止操作，胶带转盘将一直转动下去。

可以通过修改 setInterval()的时间参数来设置转盘转动的速度。通过动画来向用户展示应用所处的状态是一种非常常用而且能有效提升用户体验的方法。在实际开发中还可设置在录音和放音时转盘分别向不同的方向转动来加以区分。

第 79~87 行中定义了两个函数，分别用来在录制声音和播放时设置进度条的进度，由于在录制声音时，根本不知道要录制多久，因此也无法使用进度条，只能利用数字显示已经录制的秒数。当声音被播放时，则可以利用 Media 对象获取音频的总长度和当前播放进度。而之前的 index.html 文件中，id 值为 bar 的 div 元素被加入了绿色的背景，通过调整它的宽度就可以形成进度条一点一点增长的效果了。

此外，目前一些函数还没有完成，比如 onRecordPlay()和 onRecording()还没有开始对 PhoneGap 播放和录制声音的方法加以调用，这些在下一小节中将会补充完整。

12.5.4　录音和播放功能的实现

上一小节已经实现了该项目的界面以及交互功能，本小节我们继续实现最核心的录音和播放功能。观察 10.5.2 节的第一段代码，会发现第 10 行有一句：“// 此处加入 JavaScript 代码”，原来笔者早就做出了准备。

本小节就要在这个位置插入用来实现录音以及播放功能的函数，如下所示。

```
01    // 设置录音保存文件
02    var mysrc = "myrecording.mp3";
03    // 新建 Media 对象
04    var myrec = new Media(mysrc, onSuccess, onError);
05    // 设置录音计时计数器
06    var recInterval = 0;
07    // 设置录音播放计数器
08    var mediaTimer = 0;
09    // 创建 Media 对象成功
10    function onSuccess() {
11        alert("recordAudio():Audio Success");
12    }
```

```
13     // 创建 Media 对象失败
14     function onError(error) {
15        alert('code: '   + error.code   + '\n' +
16              'message: ' + error.message + '\n');
17     }
18     // 开始录音
19     function recordStart() {
20        // 开始录音
21        myrec.startRecord();
22        // 设置计数器用来计算录音时间
23        recInterval = setInterval(function() {
24           culTime = culTime + 1;
25           // 调用 setTime()函数显示录音时间
26           setTime();
27        }, 1000);
28     }
29     // 结束录音
30     function recordFinish() {
31        // 停止录音
32        myrec.stopRecord();
33        // 结束计数器
34        clearInterval(recInterval);
35        curTime = myrec.getDuration();
36     }
37     // 播放录音
38     function recordPlay() {
39        if(myrec) {
40           myrec.play();
41           mediaTimer = setInterval(function() {
42             // 获取播放进度
43             myrec.getCurrentPosition(
44             // 成功获取播放进度
45             function(position) {
46                   // 将获取的播放进度存放在变量 nowTime 中
47                   nowTime = position;
48                   // 设置进度条显示播放进度
49                   setBar();
50             },
51             // 获取播放进度失败
```

```
52              function(e) {
53                    // 不进行操作
54            }
55          );
56      }, 1000);
57    }
58 }
59 // 暂停播放录音
60 function recordPause() {
61    // 暂停播放
62    myrec.pause();
63    // 清除计数器计时
64    clearInterval(mediaTimer);
65 }
```

至此，该应用所需要的录音和播放功能也已经实现了，代码中新定义了 4 个变量，它们的作用可以根据代码中的注释进行理解（第 1~8 行）。然后分别定义了用来实现对音频进行录制、结束录制、播放和暂停的函数，在这些函数中会用到新定义的这 4 个变量。

> 由于变量作用域的关系，这些变量必须在函数外进行定义。

至于具体的内容在本章之前几节中都已经有过介绍，希望读者根据注释自行理解代码的内容，也当作是一种复习。

12.5.5 完整的案例呈现

也许有性急的读者已经迫不及待的将程序敲好，放在虚拟机或者实体机中去运行了，却发现完全无法录音和放音。当年笔者照着书自学数据结构时也遇到过这样的糗事，代码都敲进去了，可是 Visual C++ 就是一个劲地报错。虽然各个功能需要的函数都写好了，可是没经过组合又怎么能发挥作用呢？

所以尽管心急，还是要老老实实的回到代码中，对 do.js 做一些简单的修改。这次修改主要是针对 onRecording() 和 onRecordPlay() 两个函数进行的。

```
01    //开始和结束录音
02    function onRecording() {
03        switch ( applicationStatus)
04        {
05           case 0:
06                // 未录音，点击按钮开始录音
07                applicationStatus = 1;
```

```
08              document.getElementById("button_left").innerHTML="停止";
09              recordRun();
10              // 此处加入录音功能
11              recordStart();
12              break;
13          case 1:
14              // 正在录音中，点击按钮结束录音
15              applicationStatus = 2;
16              document.getElementById("button_left").innerHTML="录音";
17              recordStop();
18              // 加入录音结束功能
19              recordFinish();
20              break;
21          default:
22              // 其他状态，录音已经完成，按钮不可用
23              alert("按钮不可用！");
24      }
25  }
26  // 开始和结束放音
27  function onRecordPlay() {
28      switch ( applicationStatus) {
29          case 2:
30              // 录音完成，点击按钮开始播放
31              applicationStatus = 3;
32              document.getElementById("button_right").innerHTML="暂停";
33              recordRun();
34              // 加入播放功能
35              recordPlay();
36              break;
37          case 3:
38              // 播放中，点击按钮暂停
39              applicationStatus = 4;
40              document.getElementById("button_right").innerHTML="播放";
41              recordStop();
42              // 加入播放暂停功能
43              recordPause();
44              break;
45          case 4:
46              // 暂停中，点击按钮播放
47              applicationStatus = 3;
48              document.getElementById("button_right").innerHTML="暂停";
49              recordRun();
50              // 加入播放功能
```

```
51              recordPlay();
52              break;
53          case 5:
54              // 播放完成，点击按钮开始播放
55              applicationStatus = 3;
56              document.getElementById("button_right").innerHTML="暂停";
57              recordRun();
58              // 加入播放功能
59              recordPlay();
60              break;
61          default:
62              // 其他状态，按钮不可用
63              alert("按钮不可用！");
64      }
65  }
```

在范例的第 11、19、35、43、52 和 59 行分别加入了录音和播放功能的函数，使得整个程序完整了起来，再运行就能够实现最初设计的功能了。

也许有读者认为按照笔者最初介绍的 PhoneGap 知识点时采用的习惯，应该先写好 PhoneGap 相关的函数（比如本章介绍的录音和播放功能的框架）才对。但是在实际开发中，这种想法却是不合适的。虽然使用 PhoneGap，无论是编译还是调试都非常方便，但是毕竟不如在浏览器中直接测试来的方便。因此在开发"大型项目"时，应将程序本身界面以及交互所需要的函数完成，并在本机浏览器上测试通过，之后再去考虑具体功能的实现。这样才能保证会有最高的生产效率。

虽然这个"录音机"已经可以使用了，但它还只是一个模型，有许多不完善的地方，比如它只能录制一段声音并且没有保存的功能，读者可以逐渐将其完善起来。

12.6 小结

本章学习了使用 PhoneGap 中的 Media 和 Capture 对声音媒体文件进行操作的方法，并实现了一个简单的录音机应用。通过本章的学习，读者应该已经有能力去独立实现一些类似的应用，比如网络播放器、录音机等等。但是，许多知识却并不是仅靠一本书就能介绍清楚的，比如 release() 方法的使用以及媒体文件对设备硬件的占用等，这都需要在实际的开发中去体会。

第 13 章
◀ PhoneGap 的本地存储 ▶

对本地存储功能的支持是 HTML 5 的一大进步，同样在 PhoneGap 中也没有忽略这一功能。在 PhoneGap 中，Storage 类基于 W3C Web SQL Database Specification 提供了设备对本地存储的访问。在许多设备中，这些功能都是使用 HTML 5 的本地存储功能来实现的，只有少数设备由于不能很好地支持 HTML 5 的一些属性，而不得不靠一些底层的功能来实现。

本章主要内容包括：

- 复习 HTML 5 中的本地存储功能
- 学习 PhoneGap 中的本地存储功能
- 掌握 PhoneGap 对数据库的操作
- 掌握键值对的保存方法

13.1 手机上可以使用的本地存储

读者学到这里，已经明白了在一个移动 APP 中，PhoneGap 主要用来调用移动设备底层的一些功能，如摄像图、录音程序等，而 HTML 5 主要实现一些页面级别的应用。两者都提供了存储功能，具体如何选择，本节通过对比两者的使用情况来分析。

13.1.1 HTML 5 中的本地存储

第 6 章我们学习过 HTML 5 中的本地存储，现在我们通过一个例子来回顾下。

```
01   <!DOCTYPE html>
02   <html>
03   <head>
04   <title>利用 HTML 5中的本地存储功能实现访问次数的记录</title>
05   <meta http-equiv="Content-Type" content="text/html; charset=utf-8" />
06   <script type="text/javascript" charset="utf-8">
```

```
07          // 记录上一次本页被访问的时间
08      var lastdata = null;
09      // 页面被加载时执行
10      function storage() {
11          // 如果有访问记录
12          if (localStorage.pagecount) {
13              // 记录数加一
14              localStorage.pagecount=Number(localStorage.pagecount) +1;
15              // 获取上次访问本页面的时间
16              lastdata = localStorage.newvisit;
17              // 获取当前系统时间
18              localStorage.newvisit=new Date();
19          }
20          // 本页没有被访问过
21          else {
22              // 创建访问记录并将次数记为1
23              localStorage.pagecount=1;
24              // 获取当前系统时间
25              localStorage.newvisit=new Date();
26          }
27      }
28      function count() {
29          // 本页被访问次数大于一，则说明有上次访问的时间记录
30          if(localStorage.pagecount > 1) {
31              alert("你访问了本页面" +
32                      localStorage.pagecount +
33                      "次" +
34                      "您上一次访问的时间是" +
35                      lastdata);
36          }
37          else {
38              alert("您访问了本页面" + localStorage.pagecount + "次");
39          }
40      }
41  </script>
42  <style>
43  #button { width:200px; height:200px; background:#f00; }
44  </style>
45  </head>
```

```
46    <body onload="storage();">
47        <h1 id="welcome">欢迎访问</h1>
48        <div id="button" onclick="count();"></div>
49    </body>
50    </html>
```

将页面保存为 localStorage.html 并运行，用鼠标单击屏幕左上角的红色方块，即可弹出对话框显示该页面被访问的次数，以及之前访问该页面的时间信息，如图 13.1 所示。

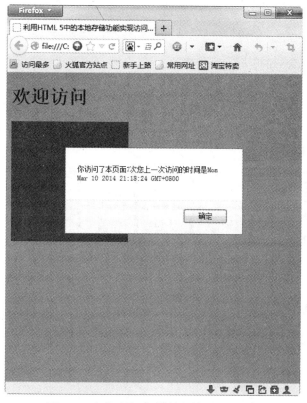

图 13.1　之前对该页面的访问被记录了下来

本例使用了 HTML 5 中的 localStorage()方法，在 HTML 5 标准中提供了两种可以实现本地存储的方法 localStorage 和 sessionStorage。其中 localStorage 的存储是永久性的，而 sessionStorage 存储的内容则会在浏览器关闭后被全部清除。在具体用法上它们两个没有太大区别，只需要为 localStorage 或者 sessionStorage 加入属性即可，如范例第 23 行所示。

在一些基于 HTML 5 的应用中，就可以使用类似的方法，在本地存储一些数据以避免重复下载。此外，一些聊天记录，甚至是利用 PhoneGap 来做一款号码本或便签，都可以用类似的方法来实现存储。

13.1.2　PhoneGap 中的本地存储功能

上一小节介绍了 HTML 5 中的本地存储功能，那么在 PhoneGap 中的本地存储又是什么样呢？与上一小节介绍的内容又有什么联系？这些都是在本节中要解决的问题。

PhoneGap 的本地存储功能被设计成以键值对的形式来永久性地保存数据，比如以下代码：

```
window.localStorage.setItem("keyname","被存储的内容");
```

当开发者想要使用被存储的数据时，就可以使用以下代码来调用：

```
var str = window.localStorage.getItem("keyname");
```

而这种方法正是 IndexedDB 标准所推崇的。

 有些读者可能不理解什么是键值对，举个例子吧。如果有一个表格，内容如图 13.2 所示，那么表格中每一项的列名与它唯一对应的内容就组成了一对键值对。比如周一对应的是馒头。

周一	周二	周三	周四	周五
馒头	米饭	大饼	拉面	面包

图 13.2　周一到周五的早饭构成的键值对

此外，PhoneGap 的存储 API 中还提供了一个简单的数据库，这显然是受到 Web SQL Database 的影响。虽然说目前没有一种通用的 SQL 语言，但是由于在移动设备中普遍预装的仅仅是一个 SQLLite，因此可以将 SQLLite SQL 的语法作为在 PhoneGap 中使用 SQL 语言的标准。

在实际操作中可以采用如下的方法来新建一个数据库：

```
newDB = window.openDatabase(
        name,                   // 数据库名称
        version,                // 数据库的版本号
        display_name,           // 数据库的显示名称
        size                    // 数据库初始大小
);
```

之后就可以像操作 SQL 一样对数据库进行操作，比如：

```
var sql_query = "SELECT * FROM tablename";              // 要执行的 SQL 语句
newDB.excuteSql(sql_query, onSuccess, onError);          // 执行
```

当然实际使用时比现在所介绍的内容要复杂得多，不过这并不影响它的便利性，甚至可以说

PhoneGap 中的本地存储功能是它最常用也是最好用的一组 API。

13.2　PhoneGap 对数据库的操作

前面分析过 PhoneGap 提供的本地存储功能，其中重点说明了数据库存储方式，本节介绍一下如何使用 PhoneGap 中的数据库操作。

13.2.1　数据库的使用

上一节已经介绍过，开发者可以在 PhoneGap 中以 SQLite SQL 的语法来进行数据操作，在进行这些操作时，需要有一个数据库来提供操作的基础，这就是本节将要介绍的 Database 对象。

Database 对象为开发者提供了对数据库进行操作的可能，可以简单地理解为一个 Database 就是一个可以被操作的数据库实体。它包含了两种方法：transaction 和 changeVersion，其中 transaction 非常常用，一般通过它来执行一些语句，比如数据库的创建和数据的插入；changeVersion() 方法一般不会被用到，它用来实现对数据库版本号的查询。

但是要怎样才能获得一个 Database 对象呢？可以使用 Storage 对象中的 openDatabase() 方法实现。具体方法在上一节中已经介绍过，如下所示：

```
var newDatabase= window.openDatabase(name, version, display_name, size);
```

 注意不是 createDatabae 而是 openDatabase，它的作用是创建并返回一个新的 Database 对象，不过当要被创建的数据库已经存在时，它还会执行打开数据的操作。

在打开了数据库之后，要对它进行一些查询或更新的操作，Database 对象使用方法 transaction() 来完成这些操作，具体方法如下：

```
newDatabase.transaction(populateDB,              // 要执行的操作
    error,                        // 操作执行失败的回调函数
    success);                     // 执行成功的回调函数
```

该方法中要执行的操作又牵扯到了一个新的对象，那就是 SQLTransaction 对象，它包含了允许用户对数据库进行操作的方法 executeSql()。通过 executeSql() 方法，用户可以在设备上直接执行一条或者多条 SQL 语句。下面给出一个利用这个方法来对数据库进行操作的例子。

```
01    <!DOCTYPE html>
02    <html>
03    <head>
04    <title>利用 PhoneGap 的 API 操作数据库</title>
```

```
05    <meta …… />
06    <script type="text/javascript" charset="utf-8" src="cordova.js"></script>
07    <script type="text/javascript" charset="utf-8">
08        // 设置设备加载完毕的触发器函数 onDeviceReady()
09        document.addEventListener("deviceready", onDeviceReady, false);
10        // 设备加载完毕
11        function onDeviceReady() {
12            // 新建一个数据库，名为 myNewDatase
13            var myNewDatase = window.openDatabase("myNewDatase", "1.0", "a Test
Demo", 200000);
14            // 对数据库进行操作
15            myNewDatase.transaction(populateDB, error, success);
16        }
17        // 对数据库要进行的操作
18        function populateDB(tx) {
19            // 如果表 MYDEMO 已经存在则将它删除
20            tx.executeSql('DROP TABLE IF EXISTS MYDEMO');
21            // 创建一个名为 MYDEMO 的新的表，其中包括两个字段 id 和 data
22            tx.executeSql('CREATE TABLE IF NOT EXISTS MYDEMO (id unique, data)');
23            // 向表中插入一组数据
24            tx.executeSql('INSERT INTO MYDEMO (id, data) VALUES (1, "First
data")');
25            // 再插入一组数据
26            tx.executeSql('INSERT INTO MYDEMO (id, data) VALUES (2, "Second
data")');
27            // 再插入一组数据
28            tx.executeSql('INSERT INTO MYDEMO (id, data) VALUES (2, "Third
data")');
30        }
31        // 操作失败
32        function error(err) {
33            alert("数据库操作失败"+err.message);
34        }
35        // 操作成功
36        function success() {
37            alert("数据库操作成功");
38        }
39    </script>
40    </head>
```

```
41    <body>
42        <h1>利用 PhoneGap 的 API 操作数据库</h1>
43    </body>
44    </html>
```

编译之后运行结果如图 13.3 所示。

图 13.3　运行之后的结果竟然是发生了错误

没有想到，运行之后的范例竟然发生了错误，不要紧张，这个错误是为了引出另一个对象而特意留下的。这就是 SQLError 对象，它用来在数据库操作错误时记录错误的原因，它所包含的错误类型如表 13.1 所示。

表 13.1　SQLError 对象中记录的错误类型

错误类型	说明
UNKNOW_ERR	未知错误
DATABASE_ERR	数据库错误
VERSION_ERR	版本错误
TOO_LARGE_ERR	数据过大
QUOTA_ERR	超出数据配额
SYNTAX_ERR	语法错误
CONSTRAINT_ERR	约束错误
TIMEOUT_ERR	超时

本范例出现的错误类型被默认作为自定义函数 error 的参数传递了下来，如范例第 32 行的参

数和第 33 行的 err.message。那么这到底是一种什么错误呢？

观察范例的第 22 行有一段"id unique"这样的内容，也就是说，新插入的内容中 id 的值必须是唯一的，而在范例的 26 行和 28 行中连续两次插入了 id 为 2 的内容，因此造成了数据插入的错误。将第 28 行删除后，运行结果如图 13.4 所示。

图 13.4　最终运行成功的结果

 虽然说 SQLError 对象能够对出现的错误进行信息提示，但是一些本身操作上的错误确实无法识别，就好像汽车上的自动导航会在你偏离目标路线时给你提示，但当你设定了错误的目标后自动导航是无法判断的。因此该对象有时会给出 undefined 这种错误类型。

接下来，我们需要了解一下 SQL 语句究竟是怎样被执行的呢？通过范例的第 19~28 行也许能找到一些答案。

```
// 如果表 MYDEMO 已经存在则将它删除
tx.executeSql('DROP TABLE IF EXISTS MYDEMO');
// 创建一个名为 MYDEMO 的新的表，其中包括两个字段 id 和 data
tx.executeSql('CREATE TABLE IF NOT EXISTS MYDEMO (id unique, data)');
// 向表中插入一组数据
tx.executeSql('INSERT INTO MYDEMO (id, data) VALUES (1, "First data")');
// 再插入一组数据
tx.executeSql('INSERT INTO MYDEMO (id, data) VALUES (2, "Second data")');
```

可以看到 SQL 语句被包含在一个名为 executeSql() 的方法中，这正是执行 SQL 语句时所使用的方法。但是前面那个 tx 又是什么呢？

其实这个对象在之前已经介绍过了，那就是 SQLTransaction，它被当作参数传递到了 populateDB 中，如范例第 18 行，这样就可以利用 SQL 语句来实现对数据库的操作了。

13.2.2　数据库内容的读取

上一节介绍了 PhoneGap 中对数据库进行操作的方法，但是不知道读者有没有产生一个疑问。数据库主要实现对数据的增、删、改、查等操作，增和删的功能都实现了，想必改也是不难的，可是查询到的数据要怎样使用呢？这将是本小节中要介绍的内容。

我们知道从数据库中查询的内容，需要有相应的"容器"来盛放它们，这个"容器"就是 SQLResultSet 对象。下面的例子展示了一种对数据库中内容进行查询的方法。

```
01   <!DOCTYPE html>
02   <html>
03   <head>
04   <title>利用 SQLResultSet 对象实现数据库的查询</title>
05   <meta ……/>
06   <script type="text/javascript" charset="utf-8" src="cordova.js"></script>
07   <script type="text/javascript" charset="utf-8">
08       // 设置设备加载完毕的触发器函数 onDeviceReady
09       document.addEventListener("deviceready", onDeviceReady, false);
10       // 向数据库中写入数据
11       function populatedb(tx) {
12           // 如果之前数据库已存在则将其删除
13           tx.executeSql('DROP TABLE IF EXISTS MYDEMO');
14           // 创建新的数据库对象，名为 MYDEMO
15           tx.executeSql('CREATE TABLE IF NOT EXISTS MYDEMO (id unique, data)');
16           // 插入一条数据
17           tx.executeSql('INSERT INTO MYDEMO (id, data) VALUES (1, "First
data")');
18           // 再插入一条数据
19           tx.executeSql('INSERT INTO MYDEMO (id, data) VALUES (2, "Second
data")');
20           // 再插入一条数据
21           tx.executeSql('INSERT INTO MYDEMO (id, data) VALUES (999, "so many
data")');
22       }
23       // 执行查询命令
24       function querydb(tx) {
25           // 查询表 MYDEMO 中的全部内容
26           tx.executeSql('SELECT * FROM MYDEMO', [], querySuccess, error);
27       }
28       // 查询成功
```

```
29      function querySuccess(tx, results) {
30          //记录读取的内容
31          var str = "";
32          // 数据库中数据的条数
33          var len = results.rows.length;
34          str = "共有: " + len +
35                  " 条记录,分别是" +
36                  "\n";
37          // 遍历从数据库中读出的记录
38          for (var i=0; i<len; i++){
39              str = str +
40                  "行数为 " + i +
41                  " ID : " + results.rows.item(i).id +
42                  " 内容  " + results.rows.item(i).data +
43                  "\n";
44          }
45          // 显示读出的内容
46          alert(str);
47      }
48      // 失败
49      function error(err) {
50          alert("Error processing SQL: "+err.code);
51      }
52      // 成功
53      function success() {
54          // 打开数据库
55          var myNewDatase = window.openDatabase("Database", "1.0", "My Test Demo", 200000);
56          myNewDatase.transaction(querydb, error);
57      }
58      // 设备加载完毕
59      function onDeviceReady() {
60          // 新建一个数据库
61          var myNewDatase = window.openDatabase("Database", "1.0", "My Test Demo", 200000);
62          // 对数据库执行操作
63          myNewDatase.transaction(populatedb, error, success);
64      }
65  </script>
```

270

```
66       </head>
67       <body>
68           <h1>利用 SQLResultSet 对象实现数据库的查询</h1>
69       </body>
70       </html>
```

运行之后的结果如图 13.5 所示，可以看到在范例的第 17~21 行中被插入的数据已经全部被读取并显示出来了。

图 13.5　使用 SQLResultSet 对象读出了数据库中的内容

接下来就要看看这到底是怎么实现的，在范例的第 63 行开始执行对数据库的操作，而在它的回调函数 success 中却比 13.2.1 小节的同名函数中多加入了一些新内容（见第 55、56 行处）。

首先使用 openDatabase()打开了名为 Database 的数据库，由于该数据在第 61 行中已经被创建（按照执行顺序应当先执行 61 行处的 openDatabase()方法），因此此处 openDatabase()方法的作用是打开一个已有的数据库，然后再对它进行操作（第 56 行）。

新的操作在自定义函数 querydb（第 24~27 行）中被执行，它所执行的只有一条 SQL 语句：

```
SELECT * FROM MYDEMO
```

即查询表 MYDEMO 中的全部内容。该方法声明了两个回调函数，当 SQL 语句被执行成功时，将会进入函数 querySuccess 之中，同时也会将一个类行为 SQLResultSet 的对象传入其中。它所包含的属性如表 13.2 所示。

表 13.2　SQLResultSet 类中的属性

属性名称	说明
insertId	数据库中记录的 id
rowAffected	SQL 语句执行后所作用到的记录的条数
rows	这是一个 SQLResultSetRowList 类型的对象，包含了读操作中获取的记录内容

范例第 33 行就利用了 SQLResultSet 对象中 rows 对象的 length 属性来返回数据库中记录的条数。既然已经提到了 rows，那么就有必要再介绍一下 SQLResultSetRowList 类，它的结构比较简单，除了已经使用过的 length 之外，就只有一个名为 item 的数组对象，其中包含了数据库中每条记录的值。如范例第 39~43 行就是它的使用方法。

> 虽然本地数据库的使用大大地方便了开发者，但是由于 SQLLite 本身的局限性导致了本地存储功能的不够强大，比如无法支持正则表达式、不能支持多表查询等。希望 PhoneGap 在今后的版本中能够加强这方面的支持。

13.3 键值对的使用方法

数据库是 PhoneGap 本地存储功能中最方便实用的一种 API，但是事无绝对，在某些特定情况下它就未必是最方便的了。因此就会有其他方法与它形成互补。这就是 PhoneGap 中的另一种存储方式：键值对。它的使用方法如下所示。

```
01   <!DOCTYPE html>
02   <html>
03   <meta ……. />
04   <head>
05   <script src="cordova.js" type="text/javascript" charset="utf-8"></script>
06   <script type="text/javascript" charset="utf-8">
07       // 插入一组键值对
08       function charu() {
09           // 设置 key 对应的值为："本地存储"
10           window.localStorage.setItem("key", "本地存储");
11           // 获取 key 对应的键值，即"本地存储"
12           var value = window.localStorage.getItem("key");
13           // 将获取的内容显示在屏幕上
14           var para=document.createElement("p");
15           var node=document.createTextNode("插入了一条数据，现在 value 的值为："+ value);
16           para.appendChild(node);
17           var scr=document.getElementById("screen");
18           scr.appendChild(para);
19       }
```

```
20        // 将本地存储中的键值对清空
21        function shanchu() {
22            // 执行清空操作
23            window.localStorage.clear();
24            // 再读取 key 对应的键值内容，存入变量 value 中
25            var value = window.localStorage.getItem("key");
26            // 将 value 中的内容显示
27            var para=document.createElement("p");
28            var node=document.createTextNode("删除了一条数据，现在 value 的值为：" +
value);
29            para.appendChild(node);
30            var scr=document.getElementById("screen");
31            scr.appendChild(para);
32        }
33    </script>
34    <style>
35    /*屏幕上部的方块用于显示内容*/
36    #screen
37    {
38        width:90%;
39        height:300px;
40        margin:30px auto 0 auto;
41        border:1px solid #000;
42    }
43    /*按钮的样式*/
44    .button
45    {
46        width:90%;
47        height:60px;
48        line-height:60px;
49        font-size:40px;
50        font-weight:900;
51        color:#fff;
52        background:#f00;
53        margin:30px auto 0 auto;
54        text-align:center;
55    }
```

```
56    /*用于在顶部显示内容的字体样式*/
57    p
58    {
59        font-size:14px;
60        margin:0px 2% 0px 2%;
61        width:98%;
62        height:18px;
63        line-height:18px;
64    }
65    </style>
66    </head>
67    <body>
68        <div id="screen"></div>
69        <div class="button" onclick="charu();">写入数据</div>
70        <div class="button" onclick="shanchu();">删除数据</div>
71    </body>
72    </html>
```

运行之后的结果如图 13.6 所示。单击"写入数据"按钮，将会向 key 对应的键值对中写入内容"本地存储"，而当单击"删除数据"按钮时，则会将本地存储中的全部键值对删除。

在本例中，只有第 10、12、23 和 25 行是与本地存储有关的内容，因此将针对这两个地方进行讲解。第 10 行和 12 行的作用是写入一对键值对并将它读取出来。在写入键值对的时候按照如下格式进行：

```
window.localStorage.setItem("键名", "键值内容");
```

当需要使用它时，使用如下的方法进行调用（如范例第 12、25 行）：

```
var 变量名 = window.localStorage.getItem("键名");
```

在第 23 行中使用了 clear()方法，将全部键值对清除：

```
window.localStorage.clear();
```

通过点击"删除数据"按钮后的结果可以看出，当执行了该方法之后，key 对应的键值变成了 null，也就是空，说明确实是被清除了。

除了 clear 以外，其实还有一种用来删除键值内容的方法，这就是 removeItem()方法，用来实现对指定键值对的删除操作，使用方法如下：

```
window.localStorage.removeItem("键名");
```

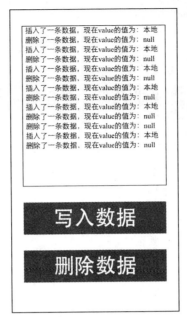

图 13.6　屏幕上部的显示部分能观察 key 对应键值对的内容

　　最后一定还会有读者觉得使用键值对时，需要记录下每个键值对的键名非常不方便，PhoneGap 也提供了获取本地存储中键名的方法：

```
keyName = window.localStorage.key(0);
```

　　其中 keyName 中用来保存获取到的键名，而最后那个 0 则用来作为索引，获取要使用被定义的第几组键值对的键名。

13.4　小结

　　本章从 HTML 5 的本地存储说起，介绍了 PhoneGap 中本地存储的使用方法，并对数据库的查询和键值对的查询分别作了介绍。由于使用方法的不同导致了这两种方法有着不同的特点。比如，要保存一系列的文章或电话号码，那肯定是数据库方式比较方便，但如果只是要保存一组数据，那么自然要首选键值对的方式。除此之外，还可以使用 HTML 5 本身的存储方式。本章虽然内容不多，却需要读者不断地思考，在实际应用中选择最适合、最简便的方式来处理数据。

第 14 章
◄ 一个简单的"今日头条"新闻APP ►

本章是一个整体的 APP 开发，主要功能是实现一个类似新闻头条的 APP。由于本章所要实战的项目是一个 APP 与服务器端交互的整体，它也包括后台服务器端的操作，比如 PHP 后台的编写。前端页面主要由 HTML 5 和 jQuery 完成。

本章主要内容包括：

- 了解 JSON 数据的格式以及如何使用 JSON 数据
- 使用 Ajax 获取其他页面上的内容
- 如何实现"跨域"读取其他页面上的内容
- 实现 HTML 5 新闻 APP

14.1 "今日头条"的功能

本章所需要实现的功能非常简单，只需要在服务端生成新闻列表，然后在手机上利用 jQuery 的 Ajax 功能获取这些数据，最后将获取的数据显示出来。

此外，本项目的服务端将采用 PHP，因为 PHP 的资料还是最容易找到的，并且常用的 CMS（如织梦、DISCUZ、PHPCMS 等）均采用了 PHP，因此现阶段对于个人开发者来说，PHP 是最合适的。

14.2 "今日头条"的界面设计和实现

首先设计出应用的界面，本次需要的界面有两个，分别是首页的新闻列表和点开某个列表项之后显示的具体新闻内容。大部分新闻的界面都是图 14.1 所示的样子，本节就设计一个这样简单的"今日头条"。

图 14.1　通用的新闻界面

14.2.1　新闻列表界面的设计

　　由于本章所展示的仅仅是一个例子，笔者省略了一般此类应用常用的图片轮播等元素，仍然保留了必不可少的顶部栏。设计出的界面如图 14.2 所示。

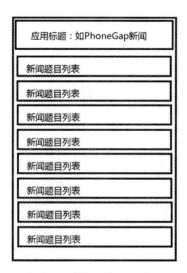

图 14.2　新闻列表界面布局

　　为了保证显示的效果，需要将顶部栏固定在屏幕的底部，而中央的新闻列表，可以根据用户的需要进行上下滑动。

　　具体实现方法如以下代码所示。

```
//14-1.html
01    <!DOCTYPE html>
```

```
02    <html>
03    <head>
04    <meta ...... />
05    <title>新闻列表界面的实现</title>
06    </head>
07    <style type="text/css">
08    * { margin:0px; }                    /* 清除页面自带边距 */
09    body { background:#0C9; }             /* 设置背景颜色 */
10    .main_rec                            /* 页面的全部内容均写在这个元素中 */
11    {
12        width:100%;
13        min-height:100px;
14        background-color:#0C9;
15        overflow:auto;
16    }
17    header                               /* 顶部栏 */
18    {
19        width:100%;
20        height:40px;
21        background-color:#006;
22        position:fixed;
23        top:0px;
24    }
25    header h1                            /* 顶部栏中的标题 */
26    {
27        width:100%;
28        height:40px;
28        text-align:center;
30        color:#FFF;
31        font-size:24px;
32        line-height:40px;
33        font-weight:bold;
34    }
35    .content                            /* 这里面显示具体新闻列表 */
36    {
37        width:100%;
38        min-height:60px;
39        margin-top:40px;
40        position:relative;
41        float:left;
42        overflow:inherit;
43    }
44    .list_rec                           /* 每一个列表项 */
45    {
46        width:96%;
47        height:36px;
48        margin:2px 2%;
```

278

```
49          background-color:#063;
50          float:left;
51      }
52      .list_title                    /* 列表项中的字体样式 */
53      {
54          width:98%;
55          height:36px;
56          float:left;
57          margin-left:2%;
58          color:#000;
59          text-align:left;
60          line-height:36px;
61          font-size:24px;
62      }
63      </style>
64      <body>
65          <div class="main_rec">
66              <header>
67                  <h1>PhoneGap 新闻</h1>
68              </header>
69              <div class="content">
70                  <div class="list_rec">
71                      <div class="list_title">新闻题目</div>
72                  </div>
73                  <!--此处省略部分内容，可将本例第70~72行的部分复制多次进行补全 -->
74              </div>
75          </div>
76      </body>
77      </html>
```

运行后得到界面如图 14.3 所示。

图 14.3　实现后的新闻列表界面

在 header 元素中使用了属性 position:fixed，以保证顶部栏能够永远固定在屏幕顶部，如范例第 22 行所示。在具体的内容中，为了保证其中的列表项不会溢出，就需要对它的 overflow 属性进行设置，如第 15 行所示。

除此之外笔者不再对本范例做过多介绍，请读者根据注释自行对范例中的内容进行理解。

14.2.2　新闻内容页的实现

与新闻列表的设计思想相同，具体的新闻内容界面也采取了尽量简单的设计思想，且在本范例中仅显示新闻的题目、作者以及新闻内容。此外为了保持应用界面的一致性，还要在新闻内容界面中加入与新闻列表中相同风格的顶部栏。为了保证用户在看完一条新闻之后，能够顺利地返回新闻列表查看其他新闻，还要在头部栏中加入一个"返回"按钮，最终布局如图 14.4 所示。

关于"返回"按钮的位置一直是移动开发领域一个比较有争议的问题，因为按照一般人机交互的理论，应当将操作按钮尽量靠近屏幕的右下方位置以便用户进行单手操作。但是通过图 14.4 可以看到，放置"返回"按钮的位置恰恰是单手操作最难以触碰到的左上角。读者可以将其理解为是为了防止用户因为误触而有意为之，也可以理解为是习惯所致。

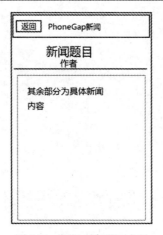

图 14.4　新闻内容界面布局

该界面的具体实现方法如下所示。

```
//14-2.html
01    <!DOCTYPE html>
02    <html>
03    <head>
04    <meta ...... />
05    <title>新闻内容界面的实现</title>
06    </head>
07    <style type="text/css">
```

```
08    * { margin:0px; }                    /* 清除页面自带边距 */
09    body { background:#0C9; }            /* 设置背景颜色 */
10    .main_rec                            /* 页面的全部内容均写在这个元素中 */
11    {
12        width:100%;
13        min-height:100px;
14        background-color:#0C9;
15        overflow:auto;
16    }
17    header                               /* 顶部栏 */
18    {
19        width:100%;
20        height:40px;
21        background-color:#006;
22        position:fixed;
23        top:0px;
24        z-index:999;                     /* 保证顶部栏不会被遮挡 */
25    }
26    header h1                            /* 顶部栏中的标题 */
27    {
28        width:100%;
29        height:40px;
30        text-align:center;
31        color:#FFF;
32        font-size:24px;
33        line-height:40px;
34        font-weight:bold;
35    }
36    #back                                /* 返回按钮 */
37    {
38        width:48px;
39        height:24px;
40        background-color:#f00;
41        position:fixed;
42        top:8px;
43        left:16px;
44        z-index:1000;
45        font-size:18px;
46        color:#FFF;
```

```
47        text-align:center;
48        line-height:24px;
49    }
50    .content                         /* 这里面显示具体新闻列表 */
51    {
52        width:100%;
53        min-height:60px;
54        margin-top:40px;                /* 保证不会被顶部栏遮挡 */
55        position:relative;
56        float:left;
57        overflow:inherit;
58    }
59    .content h1                       /* 新闻标题 */
60    {
61        width:100%;
62        height:60px;
63        text-align:center;
64        color:#000;
65        font-size:36px;
66        line-height:60px;
67        float:left;
68    }
59    .content h4                       /* 用来显示作者、日期等内容 */
70    {
71        width:100%;
72        height:25px;
73        color:#000;
74        font-size:12px;
75        text-align:center;
76        float:left;
77    }
78    #line                             /* 这是一条分割线 */
79    {
80        width:94%;
81        height:1px;
82        border:solid 1px #FFFFFF;
83        float:left;
84        margin-left:3%;
85    }
```

```
86    #neirong                          /* 新闻正文内容 */
87    {
88        width:92%;
89        float:left;
90        overflow:inherit;
91        margin:9px 3%;
92        color:#000;
93        font-size:16px;
94        line-height:24px;
95        text-indent:20px;                  /* 文本的首行缩进 */
96    }
97    </style>
98    <body>
99        <div class="main_rec">
100           <header>
101               <div id="back">返回</div>
102               <h1>PhoneGap 新闻</h1>
103           </header>
104           <div class="content">
105               <h1>新闻题目</h1>
106               <h4>作者：猫爷  发表日期：2014-4-7</h4>
107               <div id="line"></div>
108               <div id="neirong">正文内容</div>
109           </div>
110       </div>
111   </body>
112   </html>
```

所实现的界面运行后如图 14.5 所示。

图 14.5　最终实现的新闻内容界面

读者可自行阅读代码进行理解，这里只介绍第 78~85 行处的 CSS 样式。因为有不少开发者在页面中实现一些分割线之类的效果时都会采用图片，这样可能比较方便。但是，为了保证页面的加载速度，且为今后的维护方便考虑，笔者建议页面中的元素还是尽量使用 CSS 来实现。

 即使是彩色线条也是可以通过背景的渐变简单实现的，这样虽然最初可能工作量稍微大一点，但是长远来说比用图片要方便得多。

14.2.3 界面的进一步整合

前面的内容已经实现了新闻列表和新闻内容页的设计，不过现在还有一个问题。那就是由于本项目使用 PhoneGap 完成，因此在客户端只有 JavaScript 脚本可以使用，这就使得如何在两个页面间传递数据成为了一个难题。虽然 HTML 提供了 window.location.search 的方法来实现在 HTML 页面间进行参数传递，可这毕竟还是不太方便，有没有能够代替它的方案呢？

回想本书中介绍过的知识，本地存储也许是个不错的想法，可是其实还有更好的办法。因为本项目中实际上只有两个页面，可以利用 JavaScript 将它们整合到一个页面中，不但能够有效提高页面间切换的速度，而且能够减少一些不必要的流量浪费。

```
//14-3.html
01   <!DOCTYPE html>
02   <html>
03   <head>
04   <meta ...... />
05   <title>将两页面整合为一个页面</title>
06   <script>
07   // 从新闻内容界面返回，显示新闻列表
08   function show_list() {
09       // 获取两个界面中的元素
10       var list = document.getElementById("list");
11       var news = document.getElementById("news");
12       // 对两界面中的元素进行显示和隐藏的设置
13       news.style.display = "none";
14       list.style.display = "block";
15   }
16   // 用户点击新闻列表项，跳至相对应的新闻内容页面
17   function show_news() {
18       // 获取两个界面中的元素
19       var list = document.getElementById("list");
20       var news = document.getElementById("news");
21       // 对两界面中的元素进行显示和隐藏的设置
22       list.style.display = "none";
23       news.style.display = "block";
```

```
24      }
25  </script>
26  </head>
27  <style type="text/css">
28  * {  }                              /* 清除页面自带边距 */
29  body {  }                           /* 设置背景颜色 */
30  .main_rec {  }                      /* 页面的全部内容均写在这个元素中 */
31  header {  }                         /* 顶部栏 */
32  header h1 {  }                      /* 顶部栏中的标题 */
33  #back {  }                          /* 返回按钮 */
34  .content {  }                       /* 这里面显示具体新闻列表 */
35  .content h1 {  }                    /* 新闻标题 */
36  .content h4 {  }                    /* 用来显示作者、日期等内容 */
37  #line {  }                          /* 这是一条分割线 */
38  #neirong {  }                       /* 新闻正文内容 */
39  .list_rec {  }                      /* 每一个列表项 */
40  .list_title {  }                    /* 列表项中的字体样式 */
41  </style>
42  <body>
43      <div class="main_rec" id="news">
44          <header>
45              <div id="back" onClick="show_list();">返回</div>
46              <h1>PhoneGap 新闻</h1>
47          </header>
48          <div class="content">
49              <h1>新闻题目</h1>
50              <h4>作者：猫爷  发表日期：2014-4-7</h4>
51              <div id="line"></div>
52              <div id="neirong">正文内容</div>
53          </div>
54      </div>
55      <!--上面部分是新闻内容，下面部分是新闻列表-->
56      <div class="main_rec" id="list" style="display:none">
57          <header>
58              <h1>PhoneGap 新闻</h1>
59          </header>
60          <div class="content">
61              <div class="list_rec" onClick="show_news();">
62                  <div class="list_title">新闻题目</div>
63              </div>
64          <!--由于篇幅问题，此部分省略了部分内容，读者可复制第61~63行内容进行补全-->
65          </div>
66      </div>
```

```
67    </body>
68    </html>
```

运行之后屏幕上显示首页新闻列表界面，用户随意点击一条新闻标题页面内容，就会切换到新闻内容界面，而当用户再点击左上角的"返回"按钮时，界面则会返回到新闻列表界面中去。

14.3 利用 Ajax 获取服务器上的信息

界面实现之后，接下来要做的就是把从网络上得来的信息显示在屏幕上了。这时就遇到了一个难题：怎样获取网络上的信息。这对 Web 开发者来说似乎非常容易，因为他们只需要选择一门脚本语言（ASP、PHP、JSP 甚至 Ruby）将要显示的内容上传到服务器上，用户就可以通过浏览器进行访问了。

但是对于 PhoneGap 的开发者来说解决这个问题非常困难，排除掉难以获得信任的 API，可以使用的只剩下 HTML、CSS 和 JavaScript。准确点说，在实现获取来自网络的信息这一点上，能依靠的只剩下 JavaScript 了。

14.3.1 使用 Ajax 获取 JSON 数据

好在 JavaScript 为开发者提供了一种可以异步与服务器交换数据，并能够对页面进行更新的技术，叫做 Ajax。笔者毫不客气的说，你甚至都不用异步，只要能让我更新数据就足够了。这就是下面的代码所实现的功能。

```
01    <!DOCTYPE html>
02    <html>
03    <head>
04    <meta ...... />
05    <title>使用 Ajax 获取 json 数据</title>
06    <script src="jquery-1.7.1.min.js">
07    </script>
08    <script>
09    function myAjax() {
10        // 使用 Ajax 的 getJSON 方法
11        $.getJSON("test.js",function(result){
12            // 遍历获取的 JSON 数据
13            $.each(result, function(i, field){
14                // 将获取的 JSON 数据显示出来
15                $("p").append(field + " ");
16            });
17        });
```

```
18      }
19    </script>
20    </head>
21    <body>
22      <p></p>
23      <h1 onclick="myAjax();">点击这里获取数据</h1>
24    </body>
25    </html>
```

此外，还需要在同一目录下保存内容{ "firstName": "Bill","lastName": "Gates","age": 60}到文件 test.js 中去。之后运行上述代码，点击屏幕上的文字，结果如图 14.6 所示，图中被框起来的部分是利用 Ajax 从 test.js 文件中读出的数据。

图 14.6　利用 Ajax 获取其他文件中的 JSON 数据

接下来要做的就是将 test.js 上传到服务器了，读者可以使用 Xampp、AppServ 等一键安装包来在 Windows 下安装 Apache 以及 PHP 服务器环境。安装完成后可以在如图 14.7 所示的面板中启动服务器。

```
┌──────────────────────────────────────────────────────────────────────────┐
│ ☒               XAMPP Control Panel v3.2.1  [ Compiled: May 7th 2013 ]   _ ☐ ✕ │
│ ┌────┐                                                                          │
│ │ ☒  │     XAMPP Control Panel v3.2.1                          🖉 Config        │
│ └────┘                                                                          │
│ Modules                                                            🌐 Netstat    │
│ Service  Module   PID(s)      Port(s)  Actions                                  │
│                   4612                                             ■ Shell       │
│ ☐        Apache   5168        80, 443  [Stop ] [Admin] [Config] [Logs]          │
│                                                                   📁 Explorer    │
│ ☐        MySQL    1048        3306     [Stop ] [Admin] [Config] [Logs]          │
│                                                                   📝 Services    │
│ ☐        FileZilla                     [Start] [Admin] [Config] [Logs]          │
│                                                                   ⊙ Help         │
│ ☐        Mercury                       [Start] [Admin] [Config] [Logs]          │
│                                                                   🔲 Quit        │
│ ☐        Tomcat                        [Start] [Admin] [Config] [Logs]          │
│                                                                                  │
│ 12:44:26 [main]    All prerequisites found                                      │
│ 12:44:26 [main]    Initializing Modules                                         │
│ 12:44:26 [main]    Starting Check-Timer                                         │
│ 12:44:26 [main]    Control Panel Ready                                          │
│ 12:44:28 [Apache]  Attempting to start Apache app...                            │
│ 12:44:28 [Apache]  Status change detected: running                              │
│ 12:44:29 [mysql]   Attempting to start MySQL app...                             │
│ 12:44:29 [mysql]   Status change detected: running                              │
│ 12:44:34 [main]    Executing "c:\xampp\"                                        │
└──────────────────────────────────────────────────────────────────────────┘
```

图 14.7　Xampp 的控制面板

把 test.js 文件上传到 Apache 根目录之后，上述代码的第 11 行修改为：

```
$.getJSON("http://127.0.0.1/test.js",function(result)
```

　　然后再运行修改后的范例，发现已经无法获取 test.js 中的 JSON 数据了。但是如果将范例代码也一同复制到 Apache 根目录下，通过浏览器执行范例，的确能够获取 JSON 数据。这就说明了代码上是没有错误的，那到底是哪里出了错误呢？

　　问题出在了 jQuery 的 getJSON 方法上，虽然通过 Ajax 可以访问其他文件或者页面上的数据，但是出于安全考虑，却要求这两个页面必须处在同一个"域"中。这下子就麻烦了，好不容易想到了获取数据的方法却也不能使用，这该如何是好啊。

14.3.2　使用 JavaScript 跨域解决方案

　　上一小节我们所使用的获取 JSON 数据的方法由于跨域的原因失败了，但是实际上通过上一小节的例子，我们已经非常接近解决问题的最终方案了。在揭示解决方法之前，笔者先解释一下什么是跨域。

　　跨域问题是 JavaScript 安全体系中为了防止一些不安全的调用而设计的一种同源策略，具体如表 14.1 所示。

表 14.1　JavaScript 中的同源策略

URL	说明	是否允许通信
http://www.a.com/a.js http://www.a.com/b.js	同一域名下同一目录	允许
http://www.a.com/lab/a.js http://www.a.com/script/b.js	同一域名下不同目录	允许
http://www.a.com:8000/a.js http://www.a.com/b.js	同一域名下不同端口	不允许
http://www.a.com/a.js https://www.a.com/b.js	同一域名下同一目录不同协议	不允许
http://www.a.com/a.js http://70.32.92.74/b.js	域名和域名相应的 IP	不允许
http://www.a.com/a.js http://script.a.com/b.js	主域名和子域名	不允许
http://www.a.a.com/a.js http://www.b.a.com/b.js	同一域名下的不同子域名	不允许
http://www.cnblogs.com/a.js http://www.a.com/b.js	不同域名	不允许

　　在实际运行 PhoneGap 时，显然是处于不同域名下的情况（甚至就是两个没有关系的 IP），在同源策略中是不能允许它们进行通信的。但是这难不倒伟大的程序员们，他们发现了许多可以突破这种限制的方法，比如下面的代码。

```
01    <!DOCTYPE html>
02    <html>
03    <head>
04    <meta ...... />
05    <title>使用引入的方式获取 JSON 数据</title>
06    <script src="jquery-1.7.1.min.js">
07    </script>
08    <script type="text/javascript" src="http://127.0.0.1/test.js"></script>
09    <script>
10    // JSON 数据已经被获取，只需要将它们显示出来
11    function myAjax() {
12        $("p").append(json.firstName);
13        $("p").append("</br>");
14        $("p").append(json.lastName);
15        $("p").append("</br>");
16        $("p").append(json.age);
17        $("p").append("</br>");
18    }
19    </script>
20    </head>
21    <body>
22        <p></p>
23        <h1 onclick="myAjax();">点击这里获取数据</h1>
24    </body>
25    </html>
```

此外，还需要对上传到服务器上的文件 test.js 做一些修改，修改后的内容为：

```
var json = { "firstName": "Bill","lastName": "Gates","age": 60 }
```

然后再运行本范例，就可以发现已经能够实现跨域获取 JSON 数据了，如图 14.8 所示。

```
Bill
Gates
60
```

点击这里获取数据

图 14.8　从服务器上获取的 JSON 数据

这样一来读者可能就明白了，只要能够在服务端生成相应的数据，就能够很容易地利用这种方法来实现对信息的跨域获取了。

> 在实际开发中，常常使用类似的原理来将一些内容进行封装。然后利用 jQuery 中的 Ajax 来提供对下拉刷新等功能的支持。本项目主要是为了展示原理，因此不考虑这些功能。

289

14.3.3 "今日头条"服务端的实现

现在要做的就是要利用 PHP 来实现服务端 JSON 数据的生成了，这实际上不过是从数据库读取信息，然后对字符串做一些简单拼接的工作，因此很容易实现。现在首先需要设计一个数据库。由于数据量不大，可以仅设计两个表来实现，这两个表分别是记录了新闻列表、作者等内容的 news_List 表和记录了每条新闻具体内容的表 news_Neirong。它们的具体结构如表 14.2 和表 14.3 所示。

表 14.2　表 news_List 的数据结构

字段名	类型	说明
id	int	用来表示每一条新闻的 id，它的值是唯一的
author	text	用来记录新闻的作者
date	date	用来记录新闻发生的日期
title	text	新闻的标题

表 14.3　表 news_Neirong 的数据结构

字段名	类型	说明
id	int	用来表示每一条新闻的 id，它的值是唯一的
content	text	新闻的具体内容

在 phpMyAdmin 中查看创建好的数据库，如图 14.9 所示。

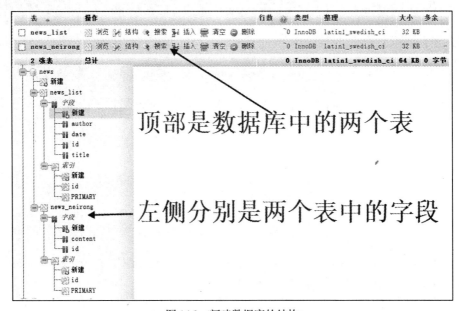

图 14.9　新建数据库的结构

接下来在服务器根目录下新建一个文件，命名为 test.php，按照下面的内容进行编辑。

```php
//14-6.php
01   <?php
02       // 设置页面显示的文字编码
03       header("Content-Type: text/html;charset=utf-8");
04       // 设置默认显示新闻的条数
05       $number = 20;
06       // 从 GET 参数判断是否需要对显示新闻条数进行修改
07       if(count($_GET)>0)
08       {
09           $number = $_GET['number'];
10       }
11       // 连接数据库
12       $con = mysql_connect("localhost", "root", "");
13       // 设置数据库的编码方式，一定要与数据库的编码方式相同
14       mysql_query("set names utf8");
15       // 下面一大段代码均是为了拼接出 JSON 格式的字符串并显示
16       echo "var json = [";
17       if($con)
18       {
19           // 选择要使用的数据库
20           mysql_select_db("news", $con);
21           // 数据库查询语句
22           $query = "SELECT * FROM news_List,news_Neirong WHERE
23                     news_List.id = news_Neirong.id ORDER BY news_List.id
DESC ";
24           // 通过参数设置查询数据的条目
25           $query = $query."LIMIT ".(string)$number;
26           $result = mysql_query($query);                 // 执行查询操作
27           $i = 0;                      // 用来判断是否为第一条数据
28           while($row = mysql_fetch_array($result))
29           {
30               if($i != 0)              // 如果是第一条数据，则在数据前不显示逗号分隔符
31               {
32                   echo ",";
33               }else
34               {
35                   $i = 1;
36               }
37               echo '{ "';
```

```
38              echo 'title":';
39              echo '"';
40              echo $row['title'];
41              echo '",';
42              echo '"';
43              echo 'author":';
44              echo '"';
45              echo $row['author'];
46              echo '",';
47              echo '"';
48              echo 'date":';
49              echo '"';
50              echo $row['date'];
51              echo '",';
52              echo '"';
53              echo 'content":';
54              echo '"';
55              echo $row['content'];
56              echo '"}';
57          }
58      }else
59      {
60          // 如果连接数据库失败，仍然可以返回一条 JSON 数据
61          echo '{ "title":"服 务 器 出 错 了 ","author":"猫 爷
","date":"2014-04-07","content":"重启吧，亲！"}';
62      }
63      echo "]";
64      mysql_close($con);
65  ?>
```

保存范例文件，并在浏览器中输入地址 http://127.0.0.1/test.php，在打开的页面上可以看到如图 14.10 所示的数据。

 在测试时一定不要忘记向数据库中输入测试数据，否则得到的是一个空白的页面。

var json = [{ "title":"第二条新闻","author":"猫爷","date":"2014-04-07","content":"我刚刚下楼吃了碗泡面，结果发现好像泡面会更好吃一点"},{ "title":"第一条新闻","author":"猫爷","date":"2014-04-07","content":"这是第一条新闻，用于对第15章中的项目进行测试。"}]

图 14.10　利用 PHP 生成的 JSON 数据

但是现在有一个问题，在前面的范例中引入的是一个后缀为 js 的文件，虽然可以认为这是 JSON 的缩写，但是这并不影响浏览器将它作为标准的 JavaScript 脚本文件来解析，而在本范例中返回的地址是一个 PHP 文件，这会不会影响读取的效果呢？因此还需要使用下面的方法再做一次测试。

```
01    <!DOCTYPE html>
02    <html>
03    <head>
04    <meta ...... />
05    <title>使用引入的方式获取 JSON 数据</title>
06    <!-- 引入 jQuery 脚本文件 -->
07    <script src="jquery-1.7.1.min.js">
08    </script>
09    <!-- 引入 JSON 源数据 -->
10    <script type="text/javascript" src="http://127.0.0.1/test.php"></script>
11    <script>
12    // JSON 数据已经被获取，只需要将它们显示出来
13    function myAjax() {
14        // 遍历从 JSON 中获取的数据并将它们显示出来
15        for(i=0; i<json.length; i++) {
16            $("p").append(json[i].title);          // 显示新闻的标题
17            $("p").append(" ");
18            $("p").append(json[i].author);         // 显示新闻作者
19            $("p").append(" ");
20            $("p").append(json[i].date);           // 显示新闻日期
21            $("p").append(" ");
22            $("p").append(json[i].content);        // 显示新闻内容
23            $("p").append("</br>");                // 最后换行结束一条新闻的显示
24        }
25    }
26    </script>
27    </head>
28    <body>
29        <p></p>
30        <h1 onclick="myAjax();">点击这里获取数据</h1>
31    </body>
32    </html>
```

运行后点击屏幕上的"点击这里获取数据"字样，可以看到确实能够从 PHP 页面上获取到数据，如图 14.11 所示。

这是为什么呢？简单地说，就是由于在范例的第 10 行中，对 script 标签进行设置时为它设置了一个属性 type="text/javascript"，这样一来浏览器进行解析的时候不管这是一个什么类型的文件都会以 JavaScript 的形式去执行其中的内容。也就是相当于在一个外部的 js（JavaScript）文件中定义了一组 JSON 数据，只不过这里的 JSON 数据是由 PHP 动态生成的。

> 第二条新闻 猫爷 2014-04-07 我刚刚下楼吃了碗拉面，结果发现好像泡面会更好吃一点
> 第一条新闻 猫爷 2014-04-07 这是第一条新闻，用于对第15章中的项目进行测试。
>
> # 点击这里获取数据

图 14.11 从 PHP 页面中获取的 JSON 数据

14.4 让数据显示出来

在实现了从服务端读取数据的功能之后，接下来的工作就比较轻松了，只需要将这些数据在之前写好的 HTML 页面中显示出来，然后利用 PhoneGap 打包就可以了。为了方便读者学习，笔者将直接在 14.2 节创建的两个基础 HTML 界面上进行展示，然后再将完整的代码整合到 14.2.3 小节中实现的界面上去。首先来实现新闻列表的显示。

14.4.1 新闻列表的显示

找到 14-1.html 文件，按照以下内容对它进行修改。

```
01  <!DOCTYPE html>
02  <html>
03  <head>
04  <meta ...... />
05  <title>新闻列表的显示</title>
06  <!-- 引入 JSON 源数据 -->
07  <script type="text/javascript" src="http://127.0.0.1/test.php"></script>
08  <script>
09  function show_new(i) {
10      i++;
11      alert("这是第" + i + "条新闻");
12  }
13  </script>
14  </head>
15  <style type="text/css">
16  /* 此处省略了 CSS 样式文件，读者可参考14-1.html 自行补全 */
17  </style>
18  <body>
19      <div class="main_rec">
20          <header>
21              <h1>PhoneGap 新闻</h1>
22          </header>
```

```
23          <div class="content" id="content_list">
24            <script>
25                for(i=0; i<json.length; i++) {
26                  str = "";
27                  // 生成<div class="list_rec" onClick="show_new();">
28                  str = str + '<div class="';
29                  str = str + 'list_rec';
30                  str = str + '" onClick=';
31                  str = str + '"show_new(';
32                  str = str + i;
33                  str = str + ');">';
34                  // 生成<div class="list_title">
35                  str = str + '<div class="';
36                  str = str + 'list_title">';
37                  // 加入新闻标题
38                  str = str + json[i].title;
39                  // 生成</div></div>
40                  str = str + '</div></div>';
41                  document.write(str);
42                }
43            </script>
44          </div>
45        </div>
46      </body>
47    </html>
```

运行后的结果如图 14.12 所示。

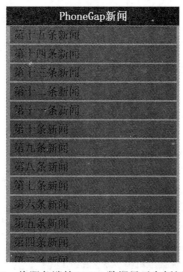

图 14.12　将服务端的 JSON 数据显示在新闻列表中

可以看到，相对于未修改前，代码变化其实并不大，仅有两个主要的变化。一是在代码的开头引入了 JSON 源，即第 7 行。二是在第 24~42 行使用了字符拼接，得到了一段 HTML 脚本，然后利用 document.write 方法将这段脚本显示出来。

此外，在这段代码中还加入了一个新的自定义函数 show_new(i)，它用来作为今后显示新闻内容时对用户点击操作预留的接口，这里先不管它。目前，当用户点击新闻列表时，该函数会弹出一个对话框告诉用户这是第几条新闻。

此处需要说明一下，为什么要选用 document.write 这种方式在页面上显示数据，而不采用 JavaScript 中的一些 DOM 方法动态地对内容进行排列布局。笔者这样做主要是有两个原因：

第一原因是在本范例中要求在页面一打开时就将获取的数据显示出来，虽然说 JSON 数据比较轻量，能够快速地获取到来自网络的 JSON 数据，但是这毕竟是需要时间的。如果在页面一打开时就自动对数据进行动态显示，会导致实际上什么数据也没有获取到就打开（空白）页面了，这显然是不行的。

另一个原因就是这样做很简单，好理解。

14.4.2 新闻内容的显示

与新闻列表相比，在页面上显示出新闻的内容相对是太简单了，因为它不需要考虑一共有多少条数据。这次我们将在 14-2.html 的基础上进行修改，具体方法如下所示。

```
01    <!DOCTYPE html>
02    <html>
03    <head>
04    <meta ...... />
05    <title>将新闻内容显示出来</title>
06    <!-- 引入 JSON 源数据 -->
07    <script type="text/javascript" src="http://127.0.0.1/test.php"></script>
08    <script>
09        // 此标记用于记录当前显示的新闻编号
10        var news_Id = 0;
11        function show() {
12            // 显示新闻标题
13            document.getElementById("news_Title"). innerHTML=json[news_Id].title;
14            // 显示新闻内容
15            document.getElementById("neirong"). innerHTML=json[news_Id].content;
16            // 获取新闻作者以及发布时间信息
17            var info = "作者："+json[news_Id].author+"  发表日期：
"+json[news_Id].date;
18            // 将新闻作者以及发布时间等信息显示出来
19            document.getElementById("news_Info").innerHTML=info;
20        }
21    </script>
```

```
22      </head>
23      <style type="text/css">
24      /* 此处省略了 CSS 样式文件，读者可参考14-2.html 自行补全 */
25      </style>
26      <body>
27          <div class="main_rec" onClick="show();">
28              <header>
29                  <div id="back">返回</div>
30                  <h1>PhoneGap 新闻</h1>
31              </header>
32          <div class="content">
33              <h1 id="news_Title"></h1>
34              <h4 id="news_Info">作者：  发表日期：</h4>
35              <div id="line"></div>
36              <div id="neirong">
37              </div>
38          </div>
39          </div>
40      </body>
41      </html>
```

运行后的结果如图 14.13 所示。

需要注意的是，在运行本范例时，需要先点击一下屏幕才能获取到，这是由于如果直接进行获取所显示数据的操作，可能在获取数据之前产生错误而采取的变通之法。乍一看这可能会让某些用户觉得很不爽，但是再一想这个页面本来就是需要通过点击来实现的，因此也就没有什么特别需要担忧的了。

图 14.13　点击屏幕后新闻内容被显示出来

14.4.3　项目的最终实现

至此，该项目的全部功能就已经实现了，现在要做的就是将这两个页面结合在一起，请各位读者找到 14-3.html（14.2.3 节）的代码，参照本节介绍的代码进行修改。修改后的内容如下所示。

```
01   <!DOCTYPE html>
02   <html>
03   <head>
04   <meta ...... />
05   <title>最终实现的新闻客户端页面</title>
06   <!-- 引入 JSON 源数据 -->
07   <script type="text/javascript" src="http://127.0.0.1/test.php">
08   </script>
09   <script>
10   // 用来从新闻内容界面返回到新闻列表
11   function show_list() {
12       var list = document.getElementById("list");
13       var news = document.getElementById("news");
14       news.style.display = "none";
15       list.style.display = "block";
16   }
17   // 从新闻列表切换到新闻内容页
18   function show_news() {
19       var list = document.getElementById("list");
20       var news = document.getElementById("news");
21       list.style.display = "none";
22       news.style.display = "block";
23   }
24   //  用户点击新闻列表项后触发此操作，实现的功能是显示相应的新闻内容
25   function show_new(i) {
26       // 显示新闻内容页
27       show_news();
28       // 将新闻内容加载到页面上
29       show(i);
30   }
31   // 将相应的新闻内容加载到屏幕上，其中 id 的值是新闻编号
32   function show(id) {
33       // 显示新闻标题
34       document.getElementById("news_Title").innerHTML=json[id].title;
35       // 显示新闻内容
36       document.getElementById("neirong").innerHTML=json[id].content;
37       // 获取新闻作者以及发布时间信息
```

```
38          var info = "作者: "+json[id].author+"  发表日期: "+json[id].date;
39          // 将新闻作者以及发布时间等信息显示出来
40          document.getElementById("news_Info").innerHTML=info;
41      }
42  </script>
43  </head>
44  <style type="text/css">
45  /* 此处省略了 CSS 样式文件, 读者可参考14-1.html 自行补全 */
46  </style>
47  <body>
48      <div class="main_rec" id="news" style="display:none;">
49          <header>
50              <div id="back" onClick="show_list();">返回</div>
51              <h1>PhoneGap 新闻</h1>
52          </header>
53          <div class="content">
54              <h1 id="news_Title">新闻题目</h1>
55              <h4 id="news_Info">作者: 猫爷  发表日期: 2014-4-7</h4>
56              <div id="line"></div>
57              <div id="neirong">正文内容</div>
58          </div>
59      </div>
60      <!--上面部分是新闻内容, 下面部分是新闻列表-->
61      <div class="main_rec" id="list">
62          <header>
63              <h1 onClick="show_news();">PhoneGap 新闻</h1>
64          </header>
65          <div class="content">
66          <script>
67              for(i=0; i<json.length; i++) {
68                  str = "";
69                  // 生成<div class="list_rec" onClick="show_new();">
70                  str = str + '<div class="';
71                  str = str + 'list_rec';
72                  str = str + '" onClick=';
73                  str = str + '"show_new(';
74                  str = str + i;
```

```
75                    str = str + ');">';
76                    // 生成<div class="list_title">
77                    str = str + '<div class="';
78                    str = str + 'list_title">';
79                    // 加入新闻标题
80                    str = str + json[i].title;
81                    // 生成</div></div>
82                    str = str + '</div></div>';
83                    document.write(str);
84                }
85            </script>
86        </div>
87    </div>
88 </body>
90 </html>
```

　　这样一来应用就可以以一个独立 APP 的形式运行了。双击之后显示的是新闻列表，如图 14.14 所示，点击任意一个列表项，会切换到相应的新闻内容界面，如图 14.15 所示，再点击"返回"按钮又回到新闻列表界面。

　　下面笔者再讲解一下实现的思路（不是代码的原理，而是怎样由前两小节的代码得到该例代码）。首先，在 14-3.html 中已经准备好了两个界面之间切换的功能，但是它在内容的显示方面仍然是"静态的"，即无法从服务端获取数据。因此第一部就是引入外部的 JSON 数据，如范例第 7 行所示。

　　接下来就是将这些数据在列表页面中显示，如范例第 66~85 行所示，与 14.4.1 节中完全一样，直接复制就可以了。由于此处引用了一个自定义函数 show_new()，因此需要连该函数一起复制过来。此时，该函数就可以发挥一些作用了，比如页面间的跳转。

　　此外，由于新闻编号在该自定义函数中被当作参数传递，因此可以通过该函数来实现新闻内容的加载（范例第 32~41 行）。

 由于在此处使用的 innerHTML 方法，会直接替换掉之前写在元素中的内容，因此不需要考虑在第二次打开新闻内容时，内容会不会重叠的问题。

　　最后，可以把整个 HTML 文件复制到 PhoneGap 中进行测试了，注意，如果是在真机上进行测试的话，不要忘记了连接网络。还有，如果是使用一键安装的 Apache，可能默认是不能被外网访问的，需要在 httpd-xampp.conf 文件中找到一行内容为"Deny from all"的语句用"#"注释掉。

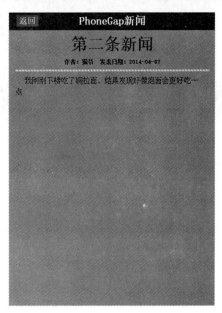

图 14.14 新闻列表 图 14.15 新闻内容界面

14.5 小结

到此为止，一款具有一定实用价值的"今日头条"新闻客户端就算完成了。笔者认为，本章所使用的这个例子要比许多真正上线的原生安卓新闻应用要"好用"得多，而且它实现起来非常简单，最重要的是除了最终的测试，其他所有步骤都是通过 PC 端的浏览器来进行的，这使得笔者在开发时，不必对着那个令人懊恼的模拟器较劲了。如果有更高追求的读者，可以尝试着使用 Ajax 配合网上一些下拉刷新的插件，来实现真正的异步加载功能，让这个"今日头条"APP 的功能更加强大。

第 15 章

HTML 5+PhoneGap实现通讯录APP

本章利用 PhoneGap 中的联系人对象制作一款电话号码本。此外本章还要补充一个之前遗漏的重要知识点，即在 PhoneGap 中自定义插件的方法，本章将利用此方法来实现 PhoneGap 的电话拨号功能。另外，本章将使用 jQuery Mobile 来生成应用的界面。

 本章因为使用安卓开发环境，所以，如果有兴趣的读者可以参考最后的附录来配置安卓开发环境。

本章主要内容包括：

- 学会使用 jQuery Mobile 来实现界面
- 学会使用 JavaScript 来动态加载页面内容
- 如何将 PhoneGap 中读取的联系人信息加载到应用中
- PhoneGap 插件的制作方法

15.1 项目介绍

本章将模仿安卓系统自带的联系人功能，实现一款简单的电话号码本的功能，它包括对联系人列表的查看、新建联系人、删除联系人以及电话的拨打、短信发送等功能。在设计这款应用之前可以参考安卓系统自带的联系人界面，如图 15.1 所示。

通过"新建联系人"进入到如图 15.2 所示的界面，用户可以在其中创建新的联系人。

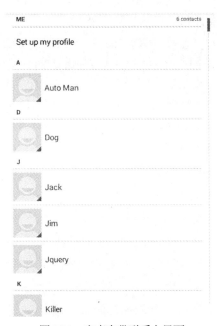

图 15.1 安卓自带联系人界面

图 15.2　新建联系人的界面

当然也可以点开某个具体的联系人页面来对联系人的资料进行编辑或查看，如图 15.3 所示。

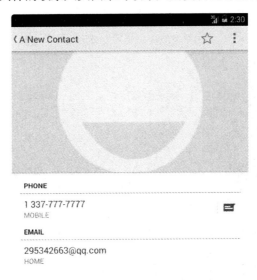

图 15.3　可在该界面查看某联系人的具体信息

此外还可以直接通过联系人的界面对联系人进行拨号。本章将实现这么一款有类似功能的应用，实现时会根据实际需要作一些简单的调整。

15.2　为 PhoneGap 编写插件

通过上一届的讲解，读者已经对本章的项目有一个大概的了解。另外，本项目有两个重要的功能是利用本章所实现的 APP 完成发送短信和拨打电话。通过学习本书，我们知道，在 PhoneGap 中并没有提供实现这两个功能的 API。当然可以用一些非常 "土鳖" 的办法来糊弄用户，比如用户单击代表 "发送" 功能的按钮后，弹出一个对话框提示 "对不起，该功能正在开发中，敬请期待"。但是这绝对会在招来用户的咒骂之前，先招来读者的咒骂，因此只能寻找其他办法。

作为一名勤劳而又聪明的劳动人民，笔者一直坚信拿来主义，即：有现成的为什么不用。但是当没有现成的工具可以使用时，笔者也不会随意向需求认输。本节将实现利用 PhoneGap 发送短信和打电话的功能插件，来弥补 PhoneGap 的不足。

15.2.1 实现发短信的插件

本小节详细地介绍为 PhoneGap 开发短信插件的方法，也顺便让读者了解一下怎样为 PhoneGap 加入自己需要的新功能的 API。

在为 PhoneGap 开发插件时，由于需要对设备的功能进行调用，因此需要读者具备一定的安卓 SDK 开发基础（本章之前我们所有的介绍都允许读者没有任何 SDK 基础）。开发插件属于比较 "高级" 的技能，但是这并不代表它有多难掌握，相信读者根据笔者的引导一定能够彻底地掌握。

首先在项目中新建一个类命名为 Message，并让它继承类 Plugin，在其中编写代码如下所示。

```
01    package com.example.helloword;
02    // 引入需要的类
03    import org.apache.cordova.api.CallbackContext;
04    import org.apache.cordova.api.CordovaPlugin;
05    import org.json.JSONArray;
06    import org.json.JSONException;
07    import org.json.JSONObject;
08    import android.telephony.SmsManager;
09    // 新建类 Message 继承自类 CordovaPlugin,有些版本中可能会使用 Plugin 类
10    public class Message extends CordovaPlugin {
11        // 声明一个字符串作为判断是否执行来自 HTML 的操作标志
12        public static final String SEND = "send";
13        // 具体执行发短信操作的部分
14        @Override
15        public boolean execute(String action, JSONArray args,
16                CallbackContext callbackContext) throws JSONException {
17            // 在此处加入具体操作,首先判断来自 HTML 页面的请求是否为发送短信
18            if(SEND.equals(action)) {
19                JSONObject jsonObj = new JSONObject();
20                // 获取来自 HTML 页面的参数
```

```
21              String target = args.getString(0);
22              String content = args.getString(1);
23              // 实现发送短信的类，在使用时要保证在 AndroidManifest.xml 中已经声明相
应的权限
24              SmsManager sms = SmsManager.getDefault();
25              // 发送短信
26              sms.sendTextMessage(target, null, content, null, null);
27          }
28          return super.execute(action, args, callbackContext);
29      }
30
31  }
```

之后保存编写的代码。

> 在某些版本的 PhoneGap 中也许是需要继承 Plugin 类，或者是其他有类似名称的类，这是由
> 于 PhoneGap 版本不同造成的。如果遇到问题，读者可以翻阅相关的文档。

　　首先声明一个字符类型的常量 SEND（如范例第 12 行所示），因为 PhoneGap 需要接受一个
来自于 HTML 页面的请求信号，而该变量的值将被用来判断请求的类型。比如本例中 SEND 的值
为"send"，那么当 HTML 页面请求的值为"send"时，系统就会认为是要调用本例中所实现的
功能了。

　　再在 Message 类中重写一个方法 execute，在其他版本的 PhoneGap 中也许要使用不同的名称，
但是做法上是非常相似的，相信读者能够举一反三。具体的细节先不去理解，因为现在还没有完
成整个插件，想要理解范例中 19~22 行的内容有点难度。

　　首先在 www 目录下新建一个 js 文件，命名为 PhoneGapPlugin.js，在文件中加入如下面所示
的代码。

```
01  var Message = function() {};
02  Message.prototype = {
03      send: function(success, error, target, content) {
04          // 定义 API 的使用方法
05          PhoneGap.exec(success, error, "Message", "send", [ target,
content ]);
06      }
07  };
08  // 将定义好的 API 实例化
09  PhoneGap.addConstructor(function() {
10      PhoneGap.addPlugin("message", new Message());
```

```
11   });
```

有了这一段代码，就可以配合前面第一段代码理解整个插件的原理了。

先来看本范例的第 3 行中的参数，是不是有点眼熟呢？在 PhoneGap 提供的大多数 API 中都会用到 success 和 error 作为参数，分别表示调用 API 成功和失败。除此之外该 API 应该还有两个参数，分别保存短信发送的目标号码和短信的内容。

再看第 5 行，exec()方法的参数与定义的 API 参数非常类似，只是多了一个值为 "send" 的参数。再回头看看第一段代码的第 18 行，就是将接收到的来自 HTML 页面的参数与常量 SEND 做比较。而常量 SEND 的值又恰恰是 "send"。

这下应该明白了吧，exec 是 PhoneGap 中定义的一个方法，它能够将一些参数发送给系统，在本例中被 Message 类接受并处理。有读者可能要问为什么系统会知道这个方法要由 Message 类来处理呢？因为在 exec()方法的第 3 个参数中已经说明了处理这个请求的类名为 Message。

再回过头来看第一段代码中的第 19~22 行，这里使用了 getString()方法来获取来自 HTML 页面的请求中的参数，然后在第 26 行将参数中包含的内容发送到指定的号码中去。

当然，这并不代表插件就这样完成了，还需要对项目做一些简单的设置才能正常使用。在项目中找到目录 res/xml/config.xml，在该文件的最后加上一句：

```
<plugin name="Message" value="com.example.helloworld.Message"/>
```

实际上根据 PhoneGap 版本不同，以及读者自己所创建的项目名称或者设置不同，该步骤会略有区别，比如笔者在网上看到不少博客中都是在 res/xml/plugins.xml 中进行的配置。读者可以不必在意这种区别，只需要确定在 xml 目录下找到一个文件，文件中有不少类似图 15.4 中所显示的代码即可。另外，所插入部分的 name 属性一定要与自己创建的类名相同。

```
    <preference name="exit-on-suspend" value="false" />
<plugins>
    <plugin name="App" value="org.apache.cordova.App"/>
    <plugin name="Geolocation" value="org.apache.cordova.GeoBroker"/>
    <plugin name="Device" value="org.apache.cordova.Device"/>
    <plugin name="Accelerometer" value="org.apache.cordova.AccelListener"/>
    <plugin name="Compass" value="org.apache.cordova.CompassListener"/>
    <plugin name="Media" value="org.apache.cordova.AudioHandler"/>
    <plugin name="Camera" value="org.apache.cordova.CameraLauncher"/>
    <plugin name="Contacts" value="org.apache.cordova.ContactManager"/>
    <plugin name="File" value="org.apache.cordova.FileUtils"/>
    <plugin name="NetworkStatus" value="org.apache.cordova.NetworkManager"/>
    <plugin name="Notification" value="org.apache.cordova.Notification"/>
    <plugin name="Storage" value="org.apache.cordova.Storage"/>
    <plugin name="FileTransfer" value="org.apache.cordova.FileTransfer"/>
    <plugin name="Capture" value="org.apache.cordova.Capture"/>
    <plugin name="Battery" value="org.apache.cordova.BatteryListener"/>
    <plugin name="SplashScreen" value="org.apache.cordova.SplashScreen"/>
    <plugin name="Echo" value="org.apache.cordova.Echo" />
    <plugin name="Globalization" value="org.apache.cordova.Globalization"/>
    <plugin name="InAppBrowser" value="org.apache.cordova.InAppBrowser"/>
    <plugin name="Message" value="com.example.helloworld.Message"/>
</plugins>
</cordova>
```

这个是笔者插入的内容

图 15.4　在 plugins.xml 中插入的内容

最后，记得在使用自制插件时，还需要另外在 HTML 文件中引入自定义的 js 脚本，引入方法如下：

```
<script src="PhoneGapPlugin.js" type="text/javascript"></script>
```

接下来就可以在虚拟机上测试这个插件是不是真的有效了，使用方法如下所示。

```
01  <!DOCTYPE html>
02  <html>
03  <head>
04  <meta http-equiv="Content-Type" content="text/html; charset=utf-8" />
05  <title>使用 jQuery Mobile 实现短信编辑界面</title>
06  <meta name="viewport" content="width=device-width, initial-scale=1">
07  <!--引入 PhoneGap 所需的脚本文件 -->
08  <script src="cordova.js" type="text/javascript"></script>
09  <!--引入发送短信插件所需的脚本文件 -->
10  <script src="PhoneGapPlugin.js" type="text/javascript"></script>
11  <script>
12  function send() {
13      // 使用发送短信的 API 发送短信给另一台虚拟机，其中5556是另一台虚拟机的号码
14      window.plugins.message.send(success, error, "5556",
15                  "hello this is my first shortmessage by PhoneGap");
16  }
17  function success() {
18      alert("短信发送成功");
19  }
20  function error() {
21      alert("短信发送失败");
22  }
23  </script>
24  </head>
25  <body>
26      <h1 onClick="send();">发送短信</h1>
27  </body>
28  </html>
```

在 PhoneGap 中编译并在虚拟机上运行，运行之后点击屏幕上的"发送短信"字样，即可向另一台虚拟机发送短信（前提是另一台虚拟机已经打开），如图 15.5 是另一台虚拟机中接收到短信。

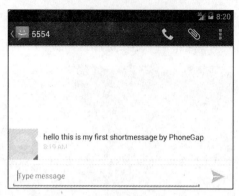

图 15.5　另一台虚拟机接收到了短信

可能有些读者还不了解应该怎样在虚拟机上测试发送短信的功能，在此笔者将做一个简单的介绍。在虚拟机的顶部会有一个比较奇怪的数字，一般为 5554，如图 15.6 所示。它代表当前虚拟机的号码，通过它可以对虚拟机进行短信、电话功能的测试。笔者又新建了一个虚拟机号码为 5556（注意这个号码是由系统分配的），然后通过号码为 5554 的虚拟机向它发送短信，就可以测试插件的短信功能了。

 这里教给使用真机进行测试的读者一个省钱的办法，那就是可以发送某些特定的内容给 10086，达到节约一毛话费/次的目的。其实对大多数开发者来说也许一毛钱根本不在乎，不过想到终于有机会搞怪了，会不会心情格外舒畅导致开发效率大增呢？这真是个有待考证的趣事。

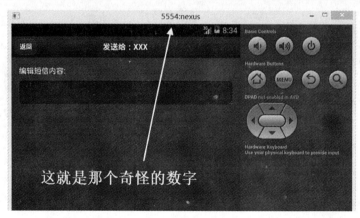

图 15.6　虚拟机的号码

15.2.2　为 PhoneGap 编写电话拨号插件

上一小节实现了一个在 PhoneGap 中不具备的短信发送功能，本小节将实现利用 PhoneGap 打电话的插件。

```
01    // 引入各种需要的类
```

```
02    package com.example.helloword;
03    import org.apache.cordova.api.CallbackContext;
04    import org.apache.cordova.api.CordovaPlugin;
05    import org.json.JSONArray;
06    import org.json.JSONException;
07    import org.json.JSONObject;
08    import android.content.Intent;
09    import android.net.Uri;
10    // 创建类 CALL 继承自类 CordovaPlugin
11    public class Call extends CordovaPlugin {
12        // 创建一个常量用来判断来自 HTML 的请求标志
13        public static final String CALL = "call";
14        @Override
15        public boolean execute(String action, JSONArray args,
16            CallbackContext callbackContext) throws JSONException {
17            // 获取来自 HTML 页面的参数
18            if(CALL.equals(action)) {
19                // 获取来自 HTML 的参数
20                JSONObject jsonObj = new JSONObject();
21                // 变量 number 中存放的是目标号码
22                String number = args.getString(0);
23                Intent intent = new Intent();
24                intent.setAction("android.intent.action.CALL");
25                intent.setData(Uri.parse("tel:"+ number));
26                // 拨号
27                startActivity(intent);
28            }
29            return super.execute(action, args, callbackContext);
30        }
31    }
```

接下来再编写对应的 JavaScript 文件，直接在 PhoneGapPlugin.js 中加入以下内容：

```
01    var Call = function() {};
02    Call.prototype = {
03        call: function(success, error, target) {
04            // 定义 API 的使用方法
05            PhoneGap.exec(success, error, "Call", "call", target);
06        }
07    };
08    // 将定义好的 API 实例化
09    PhoneGap.addConstructor(function() {
10        PhoneGap.addPlugin("call, new Call());
11    });
```

由于代码与上一小节中的类似，这里就不再做讲解了，请读者自行对比代码进行理解。

15.3 通讯录 APP 的界面设计

上一节通过编写插件的方式，实现了利用 PhoneGap 拨打电话和发短信的功能，而 PhoneGap 本身又提供了对联系人信息的获取功能，也就是说目前想要实现这款号码本应用的全部功能都可以实现了，技术上完全没有问题了。此时就可以放心大胆地进行界面设计了。

15.1 节已经明确了该应用将模仿安卓自带的联系人功能进行设计，也就是说主要功能就是对联系人的创建、删除，以及对联系人进行打电话或发短信的操作。

由此可以判断出，该应用最主要的界面应当是一个列表，观察图 15.1 中的界面会发现，安卓自带的联系人列表中并没有列出联系人的号码，笔者刚发现这一点的时候觉得有些不可思议。但当笔者经过了仔细思考后，发现这种做法在某种程度上是非常合情合理的。

因为对用户来说他们只需要知道电话将拨给哪个联系人，而不需要知道这个人的号码具体是多少，这可以省出一点手机上宝贵而有限的空间。因此在本项目中，我们也不会将联系人的号码显示在联系人列表中。

此外，在本项目中将取消列表中的联系人头像，毕竟现在越来越多的人开始愿意购买一部廉价的安卓手机作为备用机使用。他们只需要这部手机能够打电话就可以了，而且他们中的许多人也懒得为每一个联系人加入照片头像，但是每次打电话时看着空白的头像又会感到闹心，索性我们就取消这个头像显示功能好了。

再就是，还要在界面的底部保留让用户添加联系人的按钮。最终设计出的联系人列表如图 15.7 所示。

图 15.7　设计好的联系人列表

　　其中，顶部栏仅作装饰使用，也可以根据需要加入"退出"按钮，底部栏是一个按钮，用于新建联系人。顶部栏偏下的地方是一个搜索栏，用于查找联系人。而页面的主要空间则被联系人列表占据。列表中的每一项分为两部分，其中左侧显示联系人的姓名或是昵称，点击之后则会自动向该联系人拨打电话，右侧是一个图标，点击之后则会跳转到短信发送页面。

　　由此可知，该项目中还需要短信发送和新建联系人两个界面，分别如图 15.8 和图 15.9 所示。

　　图 15.8 展示的是短信发送的界面，可以在其中编辑短信内容并通过底部的"发送"按钮发送短信，也可以单击左上角的"返回"按钮取消短信编辑，并返回到联系人列表中去。此外，还应当能将短信发送的目标在顶部栏中显示出来，比如当笔者给 10086 发送短信时就应当显示出"发送给：10086"。

　　图 15.9 展示出的是新建联系人的界面，对比图 15.2 中的安卓原生的新建联系人界面会发现，笔者设计的界面在功能上要简单了许多，许多功能（比如邮箱和地址）都被有意识地省略了。但是读者可以思考一下，你们的日常生活中有多少人能够使用到这些选项呢？最简单的往往也是最方便的。

　　与笔者在图 15.8 中所展示的短信编辑界面类似，用户也可以通过左上角的"返回"按钮取消当前的操作。而短信编辑界面底部的"发送"按钮，在"新建联系人"界面中则被替换成了"保存联系人"，用户可以通过它来保存输入的联系人及其号码。

图 15.8　短信编辑和发送界面设计

图 15.9　新建联系人界面设计

　　读者在实际开发中也常常会遇到这样的问题，原本已经设计好了一套方案（并不局限于界面设计），但是当进度已经进行了一半时，突然发现了一个更好的想法，这时可能就会纠结要不要更改实现方案。

　　本书由于有要求必须使用 jQuery Mobile，并且笔者也没有考虑过将这款应用推向到市场，因此不需要为此而纠结。对于读者来说遇到类似的情况，首先要考虑时间上是否允许，而在时间允许的情况下则要尽可能的将两种方案不同的地方分别实现再进行对比。如果时间上仅够实现某一种方案，那么笔者建议还是坚持原有方案，在有余力的情况下再去尝试新的方案。

15.4 通讯录 APP 的界面实现

上一节已经设计好了通讯录 APP 的界面布局，本节要做的就是利用 jQuery Mobile 强大的 UI 控件，让这种布局以一套完整界面的形式展示出来。

15.4.1 联系人列表

首先按照图 15.7 中所设计的布局，利用 jQuery Mobile 实现联系人列表，具体的实现过程如下所示。

```
01  <!DOCTYPE html>
02  <html>
03  <head>
04  <meta http-equiv="Content-Type" content="text/html; charset=utf-8" />
05  <title>使用 jQuery Mobile 实现联系人列表</title>
06  <meta name="viewport" content="width=device-width, initial-scale=0.5">
07  <!-- 引入 jQuery Mobile 所需的 CSS 样式文件 -->
08  <link rel="stylesheet" href="jquery.mobile.min.css" />
09  <!-- 引入 jQuery 脚本文件用来提高对 jQuery Mobile 的支持 -->
10  <script src="jquery-1.7.1.min.js"></script>
11  <!-- 引入 jQuery Mobile 所需的脚本文件 -->
12  <script src="jquery.mobile.min.js"></script>
13  </head>
14  <body>
15     <div data-role="page" data-theme="a">
16       <div data-role="header" data-position="fixed">
17         <h1>联系人列表</h1>
18       </div>
19       <!--此处为列表控件 -->
20        <ul   id="mylist"   data-role="listview"   data-split-icon="gear"
data-filter="true">
21            <li>
22               <a>联系人</a>
23               <a></a>                      <!--空白的 a 标签用于显示列表项右侧的按钮 -->
24            </li>
25            <!--此处省略多行，内容与本范例第21~24行完全一致，读者可自行补齐-->
26        </ul>
```

```
27              <div data-role="footer" data-position="fixed">
28                  <div  data-role="navbar" data-position="fixed">
29                      <ul>
30                          <li><a><h2>新建联系人</h2></a></li>
31                      </ul>
32                  </div>
33              </div>
34          </div>
35      </body>
36  </html>
```

运行后的界面如图 15.10 所示。下面对本次使用的范例代码进行讲解。

图 15.10　实现后的联系人列表界面

首先要明确一点，由于不需要开发者自己编写 CSS，并且各个元素之间的显示关系都被 jQuery Mobile 做出了完整的定义，开发者不需要再编写大量的代码了。比如，当页面中使用顶部栏时，只要为 div 元素加入属性 data-role="header"，那么该元素就会显示在屏幕的最顶端，而不需要额外对它的位置进行定义。

在代码的开始部分，首先要将需要的 jQuery Mobile 的脚本和 CSS 样式文件引入到代码中，如范例第 8 行、10 行和 12 行所示，然后就可以在 body 标签中加入 page 元素，如范例第 15 行所示。

本范例使用了顶部栏和尾部栏，分别为 div 标签加入属性 data-role="header" 和 data-role="footer"来声明他们。为了保证它们始终位于屏幕的顶部和底部，并且不会对列表中的内容形成遮挡，需要对它们加入属性 data-position="fixed"，如范例第 16 行和第 27 行所示。

然后就可以向页面中加入列表了，在 jQuery Mobile 中，如果希望向页面中加入某个控件，只需要为相应的 div 标签指定它的 data-role 属性即可，如范例第 28 行所示。考虑到用户如果保存了许多联系人，在查找时可能会不方便，有时需要通过一个搜索栏来帮助用户查找相应的联系人，那么可以通过为列表控件加入属性 data-filter="true"，来为该列表加入一个具有动态查找功能的搜索框。

接下来就可以按照范例第 21~24 行的样式为列表中加入内容了，此处为了节约篇幅省略了一些重复的内容，读者可以自行加入进去，或者参考范例的代码。

15.4.2　新建联系人界面

实现了联系人列表之后，再来实现一个新建联系人的界面。新建一个 html 文件并命名为 create.html，按照如下所示输入代码。

```
01  <!DOCTYPE html>
02  <html>
03  <head>
04  <meta http-equiv="Content-Type" content="text/html; charset=utf-8" />
05  <title>使用 jQuery Mobile 实现新建联系人界面</title>
06  <meta name="viewport" content="width=device-width, initial-scale=1">
07  <!--引入 jQuery Mobile 的样式文件 -->
08  <link rel="stylesheet" href="jquery.mobile.min.css" />
09  <!--引入 jQuery 脚本文件 -->
10  <script src="jquery-1.7.1.min.js"></script>
11  <!--引入 jQuery Mobile 的脚本文件 -->
12  <script src="jquery.mobile.min.js"></script>
13  </head>
14  <body>
15      <div data-role="page" data-theme="a">
16          <div data-role="header" data-position="fixed">
17              <a href="index.html" data-role="button">返回</a>
18              <h1>新建联系人</h1>
19          </div>
20          <div data-role="content">
21              <label for="name">联系人姓名:</label>
22              <input type="text" id="name" placeholder="请输入联系人姓名" />
```

```
23              <label for="number">联系人号码:</label>
24              <input type="tel" id="number" placeholder="请输入联系人号码"/>
25          </div>
26        <div data-role="footer" data-position="fixed">
27          <div data-role="navbar" data-position="fixed">
28              <ul>
29                  <li><a href="#"><h2>创建联系人</h2></a></li>
30              </ul>
31          </div>
32        </div>
33      </div>
34  </body>
35  </html>
```

运行之后界面如图 15.11 所示。

图 15.11　新建联系人界面

可以通过界面左上角的"返回"按钮，取消新建联系人的操作，也可以点击底部的"创建联系人"来保存填写好的联系人信息。

从代码中可以看出，本例的整体结构与 15.4.1 小节的代码非常类似，只是将列表控件取消并加入了一个名为 content 的元素，见范例第 20~25 行所示，其中包含了两个标签和两个文本编辑框。代码中，label 声明了标签控件，可以通过设置它的 for 属性，使之与和它具有相同 id 的编辑框对应。另外，为文本编辑框指定属性 placeholder，可以设置该编辑框中的提示字符属性，如图 15.11 所示，可以看到编辑框中有"请输入联系人姓名"的提示字样。

15.4.3　短信编辑界面

　　本小节继续实现短信编辑界面。实际上本小节的任务非常简单，只需要在上一小节代码的基础上稍作修改就可以了。新建一个文件命名为 send.html，先将上一小节中的内容复制过来，再按照下面的内容对它进行修改。

```
01  <!DOCTYPE html>
02  <html>
03  <head>
04  <meta http-equiv="Content-Type" content="text/html; charset=utf-8" />
05  <title>使用 jQuery Mobile 实现短信编辑界面</title>
06  <meta name="viewport" content="width=device-width, initial-scale=1">
07  <!--引入 jQuery Mobile 的样式文件 -->
08  <link rel="stylesheet" href="jquery.mobile.min.css" />
09  <!--引入 jQuery 脚本文件 -->
10  <script src="jquery-1.7.1.min.js"></script>
11  <!--引入 jQuery Mobile 的脚本文件 -->
12  <script src="jquery.mobile.min.js"></script>
13  </head>
14  <body>
15      <div data-role="page" data-theme="a">
16          <div data-role="header" data-position="fixed">
17              <a href="index.html" data-role="button">返回</a>
18              <h1>发送给：XXX</h1>
19          </div>
20          <div data-role="content">
21              <label for="message">编辑短信内容:</label>
22              <textarea id="message"></textarea>
23          </div>
24          <div data-role="footer" data-position="fixed">
25              <div data-role="navbar" data-position="fixed">
26                  <ul>
27                      <li><a href="#"><h2>发送</h2></a></li>
28                  </ul>
29              </div>
30          </div>
31      </div>
32  </body>
33  </html>
```

　　是不是与前面的内容非常相似呢？甚至是更加简单明了。运行之后的界面如图 15.12 所示，这个界面相对简单，我们仅解释一下 textarea 标签用于声明输入大段文字的编辑框，其他与普通文本编辑框相同。

图 15.12　发送短信界面

15.5　界面功能的实现

　　上一节已经实现了在 15.3 节中设计的界面，本节接下来实现界面的功能。在上一节设计的联系人列表中的联系人是固定的，而在实际使用中的联系人列表是由 PhoneGap 在用户的手机中获取的。这就导致了在 15.4.1 节中所实现的界面是无法拿来直接使用的，而本节的任务就是对它做一些修改，使它变成一套真正有用的界面。

15.5.1　联系人数据的生成

　　在进行对界面的修改之前，需要先实现一段简单的脚本，用于生成一些简单的联系人数据，这样一来不但测试更加方便，而且只需要在最后一步时加入使用 PhoneGap 获取的联系人信息，就可以直接使用了。

　　还记得在上一章中实现的新闻 APP 嘛？可以说整个过程都是在 PC 端实现的，只有最后才需要在虚拟机或者是真机上进行几次测试。笔者非常享受这样的开发过程，因为这比完全在虚拟机中测试要有效率得多。本章的项目虽然要使用到一些 API 而不得不在开发中使用虚拟机测试，但是如果能够将不需要 API 的部分与需要 API 的部分尽量地分离，使得大多数工作能够在 PC 端进行测试，这无疑也有助于我们提高开发效率。

由于 JavaScript 并不是一种真正面向对象的语言，而是一种基于面向对象思想的脚本语言，因此是没有办法去实现一个专门的类用于保存联系人信息的，但是我们可以模拟一个这样的类，并按照一定的语法去使用它就可以解决问题了。

> 在本书前面的内容中也常常提到 PhoneGap 封装了某个类（比如 Contact 类），但是实际上这些类也是根本不存在的，仅仅由于 JavaScript 的特性却可以让用户像真正存在这些类一样对对象进行操作。

在本项目中，我们需要一个类 Person，在 Person 类中封装了联系人的姓名、号码等信息，在具体使用时可以按照如下所示的方法来实现：

```
var people = new Array();                    // 新建一个数组用于存放联系人信息
for( i=0; i<10; i++) {
    // 在实际开发中，将这部分换成利用 API 读取联系人信息。
    people[i] = new Object();                // 将数组元素类型转化为一个对象
    people[i].id = i;
    people[i].name = "XXX";
    people[i].number = "XXXXXXXXXX"
}
for(i=0; i<people.length; i++) {
    alert("第" + people[i].id + "个联系人是：" + people[i].name +  "号码是:" +
people[i].number);
    }
```

下面开始利用这段代码让联系人信息"动态地"加载到 jQuery Mobile 所实现的联系人列表中去，具体实现方法如下所示。

```
01    <!DOCTYPE html>
02    <html>
03    <head>
04    <meta http-equiv="Content-Type" content="text/html; charset=utf-8" />
05    <title>使用 jQuery Mobile 实现联系人列表</title>
06    <meta name="viewport" content="width=device-width, initial-scale=0.5">
07    <!-- 引入 jQuery Mobile 所需的 CSS 样式文件 -->
08    <link rel="stylesheet" href="jquery.mobile.min.css" />
09    <!-- 引入 jQuery 脚本文件来提高对 jQuery Mobile 的支持 -->
10    <script src="jquery-1.7.1.min.js"></script>
```

```
11    <!-- 引入 jQuery Mobile 所需的脚本文件 -->
12    <script src="jquery.mobile.min.js"></script>
13    <script>
14    var people = new Array();                    // 新建一个数组用于存放联系人信息
15    function show_List() {
16        for( i=0; i<10; i++) {
17        // 在实际开发中，将这部分换成利用 API 读取联系人信息。
18            people[i] = new Object();             // 将数组元素类型转化为一个对象
19            people[i].id = i;                     // 获取每个联系人的 id
20            people[i].name = "联系人" + i;         // 获取每个联系人的姓名
21            people[i].number = "0411" + i + i;    // 获取每个联系人的号码
22        }
23        for(i=0; i<people.length; i++) {
24        //  加  入  内  容    <li><a   onclick="call(i);"> 联 系 人 </a><a
onclick="message(i);"></a></li>
25            var str = ' <li>';
26            str = str + '<a onclick=\"call(' + i + ');\">';
27            str = str + people[i].name;
28            str = str + '</a>';
29            str = str + '<a onclick=\"message(' + i + ');\">';
30            str = str + '</a></li>';
31            $("#mylist").append(str);
32            $("#mylist").listview("refresh");
33        }
34    }
35    // 当程序完成时，在此处调用打电话的 API
36    function call(i) {
37        i++;
38        var str = "你想给第" + i + "个人打电话,";
39        str = str + "他叫: " + people[i-1].name + ",";
40        str = str + "他的电话号码是:" + people[i-1].number + "。";
41        alert(str);
42    }
43    // 当程序完成时，在此处调用发短信的 API
44    function message(i) {
45        i++;
46        var str = "你想给第" + i + "个人发短信,";
47        str = str + "他叫: " + people[i-1].name + ",";
48        str = str + "他的电话号码是:" + people[i-1].number + "。";
```

```
49          alert(str);
50      }
51  </script>
52  </head>
53  <body onLoad="show_List();">
54      <div data-role="page" data-theme="a">
55          <div data-role="header" data-position="fixed">
56              <h1>联系人列表</h1>
57          </div>
58          <!-- 这里是联系人列表 -->
59          <ul    id="mylist"    data-role="listview"    data-split-icon="gear"
data-filter="true">
60              <!-- 新加入的内容将在这里被显示出来 -->
61          </ul>
62          <div data-role="footer" data-position="fixed">
63              <div  data-role="navbar" data-position="fixed">
64                  <ul>
65                      <li><a><h2>新建联系人</h2></a></li>
66                  </ul>
67              </div>
68          </div>
69      </div>
70  </body>
71  </html>
```

　　运行之后的界面如图 15.13 所示。当用户点击屏幕上的列表项时，会以对话框的形式弹出当前选中的联系人的信息，如图 15.14 和图 15.15 所示。

　　本范例虽然看起来简单，没有涉及什么新的内容，但却较难掌握，尤其是在 jQuery Mobile 中动态地加载页面控件，一直令许多新手感到困扰。下面我们对范例中第 14~30 行的代码进行详细讲解。

　　首先在 JavaScript 中为对象使用数组的方法，前面已经提到过在 JavaScript 中实际是不存在类的，但是在 JavaScript 中却可以将任何一个元素都当作对象来使用。因此，在需要为对象定义数组时，只需要声明一个数组，然后像正常使用对象一样去使用数组中的每一个元素就可以了，如范例第 19~21 行所示。但是要注意在第 18 行中还有一句代码：

```
people[i] = new Object();
```

　　如果没有它的存在，是不能将元素 people[i]当作对象来对每个属性进行赋值的。

图 15.13　动态加载出的联系人列表

图 15.14　点击联系人名称时弹出的对话框　　　　图 15.15　点击列表项右侧按钮弹出的对话框

生成了联系人信息之后，接着要做的就是如何将这些信息在屏幕上显示出来，请看 15.4.1 节中的第 21~24 行代码内容：

```
<li>
<a>联系人</a>
<a></a>
</li>
```

它的作用是声明列表中的一个列表项，也是列表中实际被显示出来的部分，在该范例中要做的实际上也就是，将这部分的内容使用脚本加载到页面当中去。此外，为了对用户的操作加入响应，比如当用户点击列表项时进行拨打电话的操作，还要对这段代码做一点小小的修改，内容如下：

```
<li>
<a onClick="call(1)">联系人</a>
```

```
<a onClick="message(1)"></a>
</li>
```

其中 call 和 message 分别是对用户操作进行响应的自定义函数，见范例中第 36~50 行所示。而为了让系统能够知道用户到底选择了哪个列表，则需要为这两个函数加入一个参数，即上面代码中的 1。在实际使用时，该数字与相应联系人的 id 属性对应，由系统进行分配。

范例的第 25~31 行就是在 JavaScript 中生成这段代码时所使用的字符拼接方法，然后可以使用 jQuery 提供的 append()方法，将它们加入到列表中去（如范例第 31 行所示）。做到这一步，看到的结果就一定会是如图 15.16 所示的界面。

图 15.16 新加入的元素并没有被渲染成该有的样式

这是由于 jQuery Mobile 实际上就是一组 CSS 样式，开发者使用它时不需要知道这些样式具体是哪一个，而是由 jQuery Mobile 的脚本在页面被加载时动态进行分配。当页面被加载完毕之后，如果页面上的内容发生了改变，jQuery Mobile 是不知道的，因此也不会对新加入的元素进行渲染。

那该怎么办呢？一个比较笨的办法是直接到 jQuery Mobile 的 CSS 文件中找到与列表项对应的样式，然后利用 JavaScript 人工对它进行加载。聪明的开发者会去查阅文档，或者在阅读本章的内容之后，使用本范例第 32 行所使用的方法对被改变的元素样式进行刷新。

 由于目前使用 jQuery Mobile 开发的应用大多是基于 Web 的，可以利用后台的脚本来实现刷新，因此可能用不到这种对空间样式进行刷新的功能。但是当利用 jQuery Mobile 和 PhoneGap 进行本地应用开发时，由于开发者可以依靠的只剩下 JavaScript 了，这种刷新的技术就变得非常重要了。

15.5.2　页面的整合

上一小节已经实现了对通讯录联系人的动态加载，本小节将整合前面的代码，把它们合并到同一个页面中去。实现的方法如下所示。

```
01  <!DOCTYPE html>
02  <html>
03  <head>
04  <meta http-equiv="Content-Type" content="text/html; charset=utf-8" />
05  <title>使用 jQuery Mobile 实现联系人列表</title>
06  <meta name="viewport" content="width=device-width, initial-scale=0.5">
07  <!-- 引入 jQuery Mobile 所需的 CSS 样式文件 -->
08  <link rel="stylesheet" href="jquery.mobile.min.css" />
09  <!-- 引入 jQuery 脚本文件用来提高对 jQuery Mobile 的支持 -->
10  <script src="jquery-1.7.1.min.js"></script>
11  <!-- 引入 jQuery Mobile 所需的脚本文件 -->
12  <script src="jquery.mobile.min.js"></script>
13  <script>
14  var people = new Array();                    // 新建一个数组用于存放联系人信息
15  var contact_Id = 0;
16  function get_contacts() {
17      for( i=0; i<10; i++) {
18      // 在实际开发中，将这部分换成利用 API 读取联系人信息。
19          people[i] = new Object();            // 将数组元素类型转化为一个对象
20          people[i].id = i;
21          people[i].name = "联系人" + i;
22          people[i].number = "0411" + i + i;
23      }
24      show_List();
25  }
26  function show_List() {
27      for(i=0; i<people.length; i++) {
28          // 加入内容  <li><a onclick="call(i);"> 联系人 </a><a onclick="message(i);"></a></li>
29          var str = ' <li>';
30          str = str + '<a onclick=\"call(' + i + ');\">';
31          str = str + people[i].name;
32          str = str + '</a>';
33          str = str + '<a onclick=\"message(' + i + ');\">';
```

```
34              str = str + '</a></li>';
35              $("#mylist").append(str);
36              $("#mylist").listview("refresh");
37          }
38      }
39      // 当程序完成时，在此处调用打电话的 API
40      function call(i) {
41          i++;
42          var str = "你想给第" + i + "个人打电话,";
43          str = str + "他叫: " + people[i-1].name + ",";
44          str = str + "他的电话号码是:" + people[i-1].number + "。";
45          alert(str);
46      }
47      // 通过此处切换到短信编辑界面
48      function message(i) {
49          contact_Id = people[i].id;
50          document.getElementById("sendTo").innerHTML = "发送给" + people[i].name;
51          location.href="#message_edit";
52      }
53      // 当程序完成时，在此处调用发短信的 API
54      function send() {
55          var content = document.getElementById("message").value;
56          if(content != "") {
57              contact_Id++;
58              var str = "你想给第" + contact_Id + "个人发短信,";
59              str = str + "他叫: " + people[contact_Id-1].name + ",";
60              str = str + "他的电话号码是:" + people[contact_Id-1].number + "。";
61              alert(str);
62              alert(content);
63          }else {
64              alert("短信内容不能为空");
65          }
66      }
67      // 此处完成新建联系人的操作
68      function create() {
69          var name = document.getElementById("name").value;
70          var number = document.getElementById("number").value;
71          if( name != "" && number != "" ) {
72              var count = people.length;
```

```
73              people[i] = new Object();           // 将数组元素类型转化为一个对象
74              people[count].id = count;
75              people[count].number = number;
76              people[count].name = name;
77              var str = ' <li>';
78              str = str + '<a onclick=\"call(' + count + ');\">';
79              str = str + people[count].name;
80              str = str + '</a>';
81              str = str + '<a onclick=\"message(' + count + ');\">';
82              str = str + '</a></li>';
83              $("#mylist").append(str);
84              $("#mylist").listview("refresh");
85              location.href="#contact_list";
86          }
87      }
88  </script>
89  </head>
90  <body onLoad="get_contacts();">
91      <!-- 联系人列表界面 -->
92      <div data-role="page" data-theme="a" id="contact_list">
93          <div data-role="header" data-position=fixed">
94              <h1>联系人列表</h1>
95          </div>
96          <!-- 这里是联系人列表 -->
97          <ul    id="mylist"    data-role="listview"    data-split-icon="gear"
data-filter="true">
98              <!-- 新加入的内容将在这里被显示出来 -->
99          </ul>
100         <div data-role="footer" data-position="fixed">
101             <div  data-role="navbar" data-position="fixed">
102                 <ul>
103                     <li><a  href="#contact_create"><h2> 新 建 联 系 人
</h2></a></li>
104                 </ul>
105             </div>
106         </div>
107     </div>
108     <!-- 短信编辑界面 -->
109     <div data-role="page" data-theme="a" id="message_edit">
```

325

```
110        <div data-role="header" data-position="fixed">
111          <a href="#contact_list" data-role="button">返回</a>
112          <h1 id="sendTo">发送给：XXX</h1>
113        </div>
114        <div data-role="content">
115          <label for="message">编辑短信内容:</label>
116          <textarea id="message"></textarea>
117        </div>
118        <div data-role="footer" data-position="fixed">
119          <div  data-role="navbar" data-position="fixed">
120            <ul>
121              <li><a onclick="send();"><h2>发送</h2></a></li>
122            </ul>
123          </div>
124        </div>
125      </div>
126      <!-- 新建联系人界面 -->
127      <div data-role="page" data-theme="a" id="contact_create">
128        <div data-role="header" data-position="fixed">
129          <a href="#contact_list" data-role="button">返回</a>
130          <h1>新建联系人</h1>
131        </div>
132        <div data-role="content">
133          <label for="basic">联系人姓名:</label>
134          <input type="text" id="name" placeholder="请输入联系人姓名" />
135          <label for="basic">联系人号码:</label>
136          <input type="tel" id="number" placeholder="请输入联系人号码"/>
137        </div>
138        <div data-role="footer" data-position="fixed">
139          <div  data-role="navbar" data-position="fixed">
140            <ul>
141              <li><a onClick="create();"><h2>创建联系人</h2></a></li>
142            </ul>
143          </div>
144        </div>
145      </div>
146    </body>
147  </html>
```

上面代码第 92~107 行是联系人列表界面；第 109~125 行是本项目在发送短信时的短信编辑界面；最后第 127~145 行用于作为新建联系人界面来显示。在运行该页面后的界面与图 15.13 没有什么区别，只显示了联系人列表界面。那么页面中新加入的内容都到哪里去了呢？

这是由于 jQuery Mobile 对页面进行渲染时，会默认只显示页面中 id 为 home 的那个页面，但是在本范例的第 92 行、109 行和 127 行可以看到，此次改动为每一个 page 控件加入了一个 id，却并没有找到 id 值为 home 的页面。此时，jQuery Mobile 会默认只渲染第一个页面。

当需要时可以通过链接的方式在各个页面之间进行切换，如第 85 行和第 103 行所示。

除此之外，还可以看到在此次页面合并中，笔者新加入了一些页面的响应，如第 141 行的 onClick 属性等，用于为下一步加入 API 留下接口。另外还在页面中对脚本进行了添加和修改。目前所实现的界面功能如下：

- 实现了联系人列表的动态加载，如图 15.13 所示。本例将 get_contacts() 方法进行了修改，仅保留了生成联系人数据的部分，而将原本显示联系人的部分封装到函数 show_List 中。
- 实现了由联系人列表到短信编辑界面的切换，并且能够对短信编辑界面的信息进行处理，如图 15.17 和图 15.18 所示。

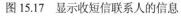

图 15.17　显示收短信联系人的信息　　　　图 15.18　能够获取所编辑短信的信息

第 48~52 行处的 message 函数获取了被用户选中的联系人的 id，并将其保存到变量 contact_Id 中，然后修改短信编辑页面中顶部栏的内容，并切换至该界面。

当用户编辑完短信后，可以点击屏幕底部的发送按钮，此时会执行在第 54~66 行处的函数 send。通过阅读此处代码可以看出，该函数正是通过获取 contact_Id 的值，来判断要将短信发送给哪个联系人的。

此外，还实现了新建联系人，以及在新建联系人之后返回联系人列表，并将新建的联系人显示在屏幕上的功能，如图 15.19 和图 15.20 所示。此时，如果点击联系人列表项，则能够获得该联系人的信息，如图 15.21 所示。该部分功能在范例中的第 68~87 行实现。

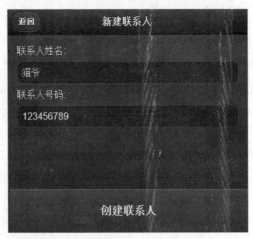

图 15.19　在新建联系人界面新建联系人

图 15.20　可以看到新创建的联系人被显示出来　　图 15.21　点击列表项则会显示新创建的联系人信息

15.6　通讯录 APP 最终功能的实现

通过上一节中的努力，可以说本项目已经实现得差不多了，现在要做的就是将所需要的 API
加入到该代码中来，然后在虚拟机上测试一下而已。请参照下面相应的 JavaScript 代码进行修改。

```
01    <script>
02    var people = new Array();                          // 新建一个数组用于存放联系人
信息
03    var contact_Id = 0;
04    document.addEventListener("deviceready", onDeviceReady, false);
05    // PhoneGap 加载完毕，现在可以安全地调用 PhoneGap 方法
06    function onDeviceReady() {
07        // 当设备加载完毕后获取联系人信息
08        get_contacts();
09    }
10    // 此处不再使用生成的联系人数据而改为 PhoneGap 获取联系人信息
11    function get_contacts() {
12        var options = new ContactFindOptions();
13        options.filter="";
14        // 查询联系人的姓名和号码信息
16        var fields = ["displayName", "phonenumbers"];
17        // 进行查询
18        navigator.contacts.find(fields, onGetSuccess, onGetError, options);
19        show_List();
20    }
21    // 获取联系人信息成功
22    function onGetSuccess() {
23        // 对获取的联系人信息进行遍历，将它们存储到全局数组中
24        for (var i=0; i<contacts.length; i++) {
25        // 以对象的形式对数组元素进行调用
26        people[i] = new Object();
27        // id 字段用来保存联系人的编号
28        people[i].id = i;
29        // name 保存联系人姓名
30        people[i].name = contacts[i].displayName;
31        // number 保存联系人号码
32        people[i].number = contacts[i].phonenumbers;
33    }
34    // 遇到错误
35    function onError() {
36        alert("错误");
37    }
38    // 当程序完成时，在此处调用打电话的API
39    function call(i) {
```

```
40         // 实现打电话
41         window.plugins.call.call(success, onError, people[contact_Id]);
42     }
43     // 通过此处切换到短信编辑界面
44     function message(i) {
45         contact_Id = people[i].id;
46         document.getElementById("sendTo").innerHTML = "发送给" + people[i].name;
47         location.href="#message_edit";
48     }
49     // 当程序完成时，在此处调用发短信的API
50     function send() {
51         var content = document.getElementById("message").value;
52         if(content != "") {
53             window.plugins.message.send(messagesuccess, onError,
people[contact_Id], content);
54         }else {
55             alert("短信内容不能为空");
56         }
57     }
58     function messagesuccess() {
59         alert("成功");
60     }
61     // 此处完成新建联系人的操作
62     function create() {
63         var name = document.getElementById("name").value;
64         var number = document.getElementById("number").value;
65         if( name != "" && number != "" ) {
66             var count = people.length;
67             people[i] = new Object();              // 将数组元素类型转化为一
个对象
68             people[count].id = count;
69             people[count].number = number;
70             people[count].name = name;
71             var str = ' <li>';
72             str = str + '<a onclick=\"call(' + count + ');\">';
73             str = str + people[count].name;
74             str = str + '</a>';
75             str = str + '<a onclick=\"message(' + count + ');\">';
76             str = str + '</a></li>';
```

330

```
77          $("#mylist").append(str);
78          $("#mylist").listview("refresh");
79          var contact = navigator.contacts.create();
80          contact.displayName = name;
81          contact.phonenumbers = number;
82          contact.save(messagesuccess,onError);
83          location.href="#contact_list";
84      }
85  }
86  </script>
```

然后就可以在虚拟机中进行测试了，注意一定要将之前写好的插件中的脚本引入到页面中来。

15.7 小结

本章不但补齐了前面章节没有介绍的 PhoneGap 插件实现方法，还在项目中使用了 jQuery Mobile，因此本章对于初学者来说是很有学习价值的。读者在学习完本章内容后，还要深入思考一些更加复杂的问题，比如怎么解决 PhoneGap 获取联系人效率的问题，以及如何将本地存储应用到项目中。至此，本书的实战项目就全部介绍完毕了。

附 录

◄ 安卓开发环境的搭建 ►

本书的开发因为着重于 Web APP 的开发，所以没有搭配专门的手机应用开发环境，但如果企业要求做混合开发，除了一些 Web APP 外，还需要 Native APP，那就需要搭建专门的安卓或 iOS 开发环境了。目前安卓开发人数众多，下面详细介绍下安卓开发环境的搭建。

在搭建安卓开发环境之前，首先要做的是安装和配置 JDK（Java Development Kit），它是 SUN 公司为 Java 开发者提供的编译工具，可以在百度搜索 JDK 之后到 Oracle 官网下载，如图 f1.1 所示。

图 f1.1　在百度中搜索 JDK

（1）单击网页中的"JDK DOWNLOAD"链接，就可以进入 JDK 的下载页面，如图 f1.2 所示。在下载页面中选中"Accept License Agreement"同意服务条款，再在下方的条款中选中要下载的 JDK 版本，如图 f1.3 所示。直接单击对应的版本即可完成下载。

提示　本书默认使用 Windows 操作系统，可以根据需要选择 32 位或者 64 位。

图 f1.2　选择下载 JDK

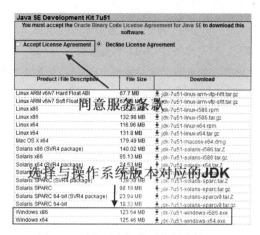

图 f1.3　选择对应操作系统版本的 JDK

（2）下载完成后，双击运行安装程序，得到如图 f1.4 所示的界面，单击"下一步"按钮继续安装。

图 f1.4　欢迎界面

（3）继续单击"下一步"按钮，JDK 开始安装。稍等几分钟后，JDK 安装完毕，得到如图 f1.5 所示的界面。接下来可以单击"后续步骤"按钮查看 JDK 配置环境变量的方法。

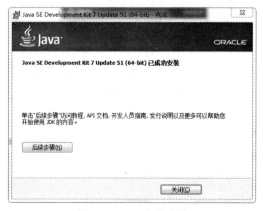

图 f1.5　JDK 安装完毕

实际上，随着新版本的不断出现，在新版本的 JDK 安装完成之后，就已经可以在 CMD 中使用 "java" 命令来调用。但是如果在 CMD 中执行命令 "javac" 却会显示出提示："javac" 不是内部或外部命令，也不是可运行的程序或批处理文件。如果使用 3.0.0 版本之后的 PhoneGap，手动配置 JDK 的环境变量还是非常有必要的。

（4）右击 "计算机"（在 XP 系统中为 "我的电脑"），在快捷菜单中选择 "属性" 命令，打开如图 f1.6 所示界面。选中左侧的 "高级系统设置" 选项，就弹出如图 f1.7 所示的对话框。

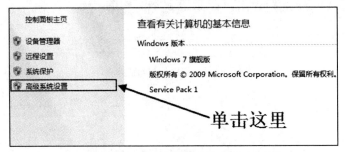

图 f1.6 选择 "高级系统设置"

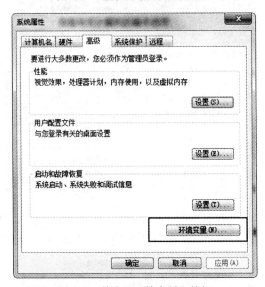

图 f1.7 单击 "环境变量" 按钮

（5）在某些系统中还要选中 "高级" 选项卡，才能得到图 f1.7 所示的界面，进入之后单击底部的 "环境变量" 按钮，就可以对环境变量进行设置，如图 f1.8 所示。

图 f1.8 在此处对环境变量进行设置

（6）新建一个系统变量命名为 JAVA_HOME，其中的内容为：C:\Program Files\Java\jdk1.7.0_51。再新建环境变量 classpath，内容为：.;%java_home%\lib。之后还要在环境变量中找到 path 变量，在其中加入内容：%java_home%\bin。

注意，是在原有的内容之后加入而不是替换，如原内容为：

```
C:\Program Files (x86)\NVIDIA Corporation\PhysX\Common;C:\Program Files
(x86)\Intel\iCLS Client\;%SystemRoot%\system32;%SystemRoot%;%SystemRoot%\System32
\Wbem;%SYSTEMROOT%\System32\WindowsPowerShell\v1.0\;
```

那么修改后的内容应为：

```
C:\Program Files (x86)\NVIDIA Corporation\PhysX\Common;C:\Program Files
(x86)\Intel\iCLS Client\;%SystemRoot%\system32;%SystemRoot%;%SystemRoot%\System32
\Wbem;%SYSTEMROOT%\System32\WindowsPowerShell\v1.0\; %java_home%\bin。
```

 要在原内容的最后先加入一个分号，将内容隔开。

在配置环境变量时要注意，环境变量实际上是 JDK 安装的真实路径，比如说在本例中 JDK 就被安装在了路径 C:\Program Files\Java\jdk1.7.0_51 下，如图 f1.9 所示。

图 f1.9 JDK 的安装路径

（7）配置完成后，在 CMD 中输入 javac–version，显示所安装 JDK 的版本号即可证明环境变量配置成功，如图 f1.10 所示。

图 f1.10　显示 JDK 版本号

（8）在完成了 JDK 的配置之后，就可以搭建安卓的开发环境了。本来这是非常复杂的一项任务，但是现在安卓官方已经为开发者提供了打包好的集成开发环境，只要去官网下载后解压即可完成。

在浏览器中输入网址 "http://developer.android.com/" 可以到安卓的开发者网站上下载最新版本的 SDK（Software Development Kit，即软件开发工具包），如图 f1.11 所示。

图 f1.11　在安卓开发者主页获取 SDK

（9）单击屏幕下方的 "Get the SDK" 按钮，进入如图 f1.12 所示的页面，单击右侧的 "Download The SDK" 按钮，进入如图 f1.12 所示的页面，选择要下载的 SDK 版本。

安卓 SDK 又叫做 ADT，是 Android Developer Tools（安卓开发者工具）的缩写。

（10）选中 "I have read and agree with the above terms and conditions"，根据需要选择是使用 32 位还是 64 位的开发环境，单击 "Download the SDK ADT Bundle for Windows" 按钮就可以开始下载了（如图 f1.13 所示）。

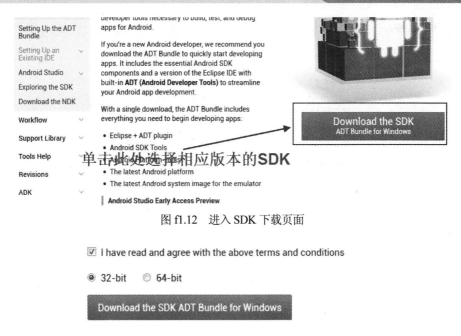

图 f1.12　进入 SDK 下载页面

图 f1.13　选择相应的版本即可进行下载

提　示　此处只提供了 Windows 环境下的 SDK，如果使用 Linux 还需要下载 Eclipse 进行配置。

（11）下载之后将它解压并复制到 D 盘根目录下（也可以是其他位置，但要保证其中不要有中文路径）。打开 D:\adt-bundle-windows-x86_64-20131030\eclipse 路径下的 eclipse 即可进入安卓开发环境。

（12）在菜单中选择 File|New|Android Application Project，弹出如图 f1.14 所示的窗口，按照图中的内容进行填写并单击 Next 按钮。

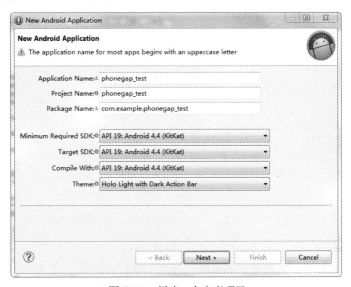

图 f1.14　新建一个安卓项目

（13）之后一直单击 Next 按钮，最终来到如图 f1.15 所示的界面，单击 Finish 按钮完成新项目的创建。

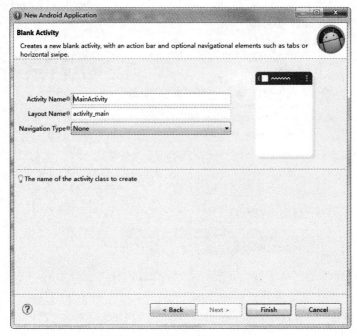

图 f1.15　完成新项目的创建

（14）由于安卓已经为开发者准备了简单的例子，因此当新建项目之后，实际上已经是一个简单且完整的例子了，可以直接编译运行。但是为了运行它，还需要新建一个虚拟机才行。在菜单中选中 Window|Android Virtual Device Manager，弹出如图 f1.16 所示的窗口。

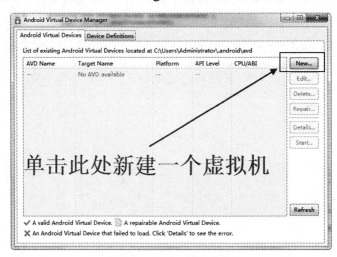

图 f1.16　新建一个虚拟机

（15）单击 New 按钮，新建一个虚拟机，其中"AVD Name"一栏填写虚拟机的名称，可以随意填写，由于笔者对 HTC 发布的 Nexus One 有着极深的热爱，因此常常会以此来作为名称。

"Device"一栏用来选择合适的设备分辨率以及屏幕尺寸。"Target"一栏选择所使用安卓系统的版本，一般来说 SDK 中会自带当前最新版本的系统，比如本例中使用的是 4.4 版本。如果想使用老版本则需要自己去下载。此外还可以在下方的其他选项中去设置虚拟机的内存以及 SD 卡等内容。单击 OK 按钮完成创建，如图 f1.17 所示。

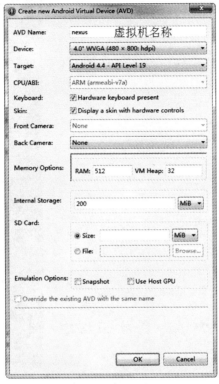

图 f1.17　设置新建虚拟机的各项属性

（16）接下来就可以选中刚刚新建好的安卓项目并右击，在弹出的菜单中选择 Run AS|Android Application 进行测试，如图 f1.18 所示。

 在第一次打开虚拟机时，由于系统需要进行安装和加载，因此等待的时间会比较长，请各位读者耐心一些。另外在第一次测试时为了能够减少等待时间，建议读者可以将虚拟机的屏幕分辨率尽量降低一点。

至此，安卓的开发环境就配置成功了。

图 f1.18　第一个安卓程序